전기 공유압 제어 이론 및 실습

설비보전 산업기사/기사
실기 공개 문제 수록

윤 홍 식 지음

光文閣
www.kwangmoonkag.co.kr

머 리 말

여러 산업 분야에서 동력을 전달하기 위한 방법으로 압축 공기 또는 기름 등의 유체를 사용하는 공기압 기술과 유압 기술이 널리 적용되고 있다. 이러한 공유압 기술에 전기, 전자, 정보, 제어 기술들이 융합되면서 공유압 시스템은 자동화, 대형화되고 우수한 성능을 가진 시스템으로 발전하고 있다.

이 책은 공유압 기술을 배우고자 하는 학생 또는 초급 실무자가 기초 지식을 습득하고, 실습을 통해 산업 현장의 공유압 설비를 이해할 수 있도록 구성하였다. 따라서 다양한 지식과 높은 수준이 요구되는 이론적인 설계 기술, 비례/서보 제어 기술 등은 다루지 않고, 전기 공유압 제어 시스템을 구성하는 실습에 필요한 내용을 다룬다.

공유압 기호는 여러 규격의 기호가 혼용되거나 임의의 기호로 표기되어 도면 판독이 어려운 경우가 있다. 이 책에서 사용된 기호는 학습 단계에서 올바른 기호를 익힐 수 있도록 ISO와 IEC 표준의 기호로 표기하였다.

제1장은 이 책의 실습에 필요한 기초적인 이론을, 제2장부터 제3장까지는 공유압 기기와 회로에 대해서 기술한다. 제4장은 전기회로를 이해하기 위한 전기 기기, 전기 실습 장치, 기본 전기회로에 대한 내용으로 구성하였다. 제5장은 공유압 작동기를 순차적으로 제어하는 다섯 가지의 전기회로 설계 방법을 다룬다. 제6장과 제7장은 기초적인 공기압 제어 및 전기 공유압 제어 실습 과제를 정리하였다. 제8장은 설비보전산업기사, 제9장은 설비보전기사의 공유압 시스템 공개 문제를 수록하여 다양한 문제 해결 능력을 키울 수 있도록 하였다.

주로 릴레이에 의해 이루어지는 시스템의 동작은 마이크로프로세서를 이용하는 PLC 또는 시뮬레이션 결과와 일치하지 않을 수 있다. 이 책에 적용된 전기회로는 릴레이에 의한 회로에서 오류를 최소화하는 방식으로 설계되었다. PLC로 구현해 보며

두 시스템의 차이점을 이해하고 개선할 수 있도록 학습한다면, 여러분들이 향후 관련 분야에서 시행착오를 줄이는 데 도움이 될 것이라고 생각한다.

이 책을 집필하면서 여러 번의 검토를 진행했지만 저자의 실수 등으로 인한 오류가 있을 수 있다. 여러분들의 지적과 조언을 바라며, 발견되는 오류들은 보완해 나갈 계획이다. 끝으로 이 책을 출판하도록 배려해 주신 도서출판 광문각의 관계자 여러분께 감사드린다.

목 차

제3장 공유압 회로 ··· 49

제4장 전기회로 기초 ··· 63

공유압 기초 이론

Craftsman Hydro-pneumatic

1. 공유압 시스템의 개요

동력을 전달하고 제어하기 위한 동력 시스템은 기본적으로 기계식, 유체식, 전기식이 있으며 이 방식들은 독자적으로 사용되거나 서로 결합되어 사용된다.

축, 기어, 벨트, 체인 등의 기계 요소를 사용하는 기계식 동력 시스템은 다른 동력 시스템과 비교하면 단거리 동력 전달에서 효율이 높으나 동력 전달 길이가 제한되고 유연성과 제어성이 좋지 않다는 단점이 있다. 기름 또는 공기 등의 유체 에너지를 이용하는 유체식과 전기 에너지를 이용하는 전기식 동력 시스템은 기계식에 비해 장거리 동력 전달이 용이하고 비교적 정밀하게 제어가 가능하다.

유체식 동력 시스템은 동력을 전달하는 작동 매체로 압축 공기를 사용하는 공기압 시스템, 기름과 같은 액체를 사용하는 유압 시스템으로 구분하는데, 이를 통틀어 공유압 또는 유공압 시스템이라고 한다. 공기압과 유압 시스템은 작동 원리는 비슷하지만 공기는 압축성 유체, 기름은 비압축성 유체이므로 어떤 유체를 사용하는지에 따라서 시스템의 특성이 다르게 된다. [그림 1.1]에 동력 시스템의 분류를 나타내었다.

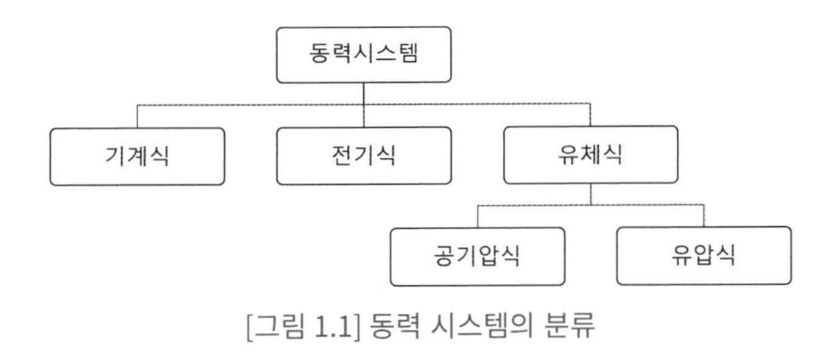

[그림 1.1] 동력 시스템의 분류

1.1 공기압 시스템의 장점 및 단점

1.1.1 공기압 시스템의 장점

① 공기압축기를 이용하여 동력원인 압축 공기를 쉽게 얻을 수 있다.

② 배관을 통해 힘의 전달이 간단하고 먼 거리 전달이 가능하다.

③ 공기는 압축성을 가지기 때문에 에너지 축적이 용이하다.

④ 압력, 유량, 방향 제어 밸브 조정에 의해 힘, 속도, 방향의 제어가 간단하다.

⑤ 압축 공기를 사용하므로 인화, 폭발의 위험 및 오염의 우려가 없다.

⑥ 공기의 압축성과 압력 제어 밸브의 사용으로 과부하에 대해 안전하다.

1. 1. 2 공기압 시스템의 단점

① 공기는 압축성을 가지기 때문에 전기나 유압에 비해 큰 힘을 얻을 수 없다.
② 공기의 압축성으로 인해 정밀한 위치 제어가 어렵다.
③ 부하 변동 시 작동 속도가 영향을 받기 때문에 정밀한 속도 제어가 어렵다.
④ 입력에 대한 출력의 제어 응답성이 떨어진다.
⑤ 배기 소음이 발생한다.
⑥ 윤활 장치가 필요하다.

1.2 유압 시스템의 장점 및 단점

1. 2. 1 유압 시스템의 장점

① 단위 질량당 출력 동력이 매우 크기 때문에 소형 장치로 큰 힘을 낼 수 있다. 따라서 비행기, 차량 등과 같은 가동형 장치에서 사용하기에 유리하다.
② 유압 유체의 압축성이 낮아 부하의 운동을 정밀하게 제어할 수 있다.
③ 압력 제어 밸브를 이용하여 힘의 조정이 쉽고, 과부가 방지가 간단하다.
④ 비압축성 유체를 사용하기 때문에 높은 응답성을 가진다.
⑤ 유압유는 그 자체가 윤활제이므로 윤활성이 좋고 유압 부품의 부식을 방지한다.

1. 2. 2 유압 시스템의 단점

① 온도에 따라서 유압유의 점도가 변하기 때문에 장치의 출력에 영향을 미친다.
② 많은 밸브와 배관 이음을 사용하기 때문에 누유에 의한 오염이 발생할 수 있다.
③ 기름을 사용하기 때문에 인화의 위험이 있다.
④ 유압유에 혼입되는 이물질은 고장을 일으키거나 부품 수명을 단축시킬 수 있다.
⑤ 유압 동력원에서 상대적으로 높은 소음이 발생한다.
⑥ 펌프 회전의 기계적 에너지를 유압 에너지로 변환하므로 기계식에 비해 에너지 효율이 낮은 편이다.

2. 공유압 기초 이론

2.1 압력과 유량

압력이란 물체의 단위 면적에 수직 방향으로 작용하는 힘의 크기로 정의된다. 단위 면적 A에 수직 방향으로 힘 F가 작용할 때 압력 P는 다음 식으로 나타낸다.

$$P = \frac{F}{A}$$

압력의 표시에 사용되는 SI 단위(국제 단위계)는 Pa(Pascal, =N/m^2)이며 필요에 따라서 k(kilo), M(Mega) 등의 접두어를 붙여서 사용한다. 많이 사용되는 다른 압력의 단위로는 bar와 kgf/cm^2가 있다. bar는 SI 단위는 아니지만 국제도량형위원회(CIPM)가 SI 단위와 함께 사용할 수 있는 단위로 승인한 단위이며, kgf/cm^2는 중력 단위계에서 압력을 표시하는 단위이다. 각 압력 단위들의 관계는 다음과 같다.

$$1\ bar = 10^5\ Pa = 0.1\ MPa = 1.01972\ kgf/cm^2$$

유량이란 단위 시간 동안에 흐르는 유체의 양(체적)으로 정의한다. 단면적 A인 배관에서 유체가 흐를 때 유체의 유속을 V라 하면 유량 Q는 다음 식으로 나타낸다.

$$Q = AV$$

유량의 표시에 사용되는 SI 단위는 m^3/s이다. 유체의 체적 단위로 사용되는 L(liter)는 SI 단위는 아니지만 SI 단위와 함께 사용하는 것이 허용되어, 다른 유량의 단위로는 L/min이 사용된다.

2.2 파스칼의 원리

밀폐된 용기 내에 정지되어 있는 유체의 일부에 가해지는 압력은 유체의 모든 부분에 동시에 같은 크기로 전달된다. 이것을 파스칼(Pascal)의 원리라고 한다.

[그림 1.2]는 파스칼의 원리에 의해 힘이 증폭되는 것을 보여 준다. 그림에서 두 개의 피스톤 단면적을 각각 A_1, A_2라 하고, 작은 단면적의 피스톤에 힘 F_1이 가해지면 용기 내부의 압력 P_1, P_2는 동일하므로 파스칼의 원리에 의해 출력 F_2가 증폭되는 다음 식이 성립된다.

$$P = \frac{F_1}{A_1} = \frac{F_2}{A_2}$$

$$F_2 = \frac{A_2}{A_1} F_1$$

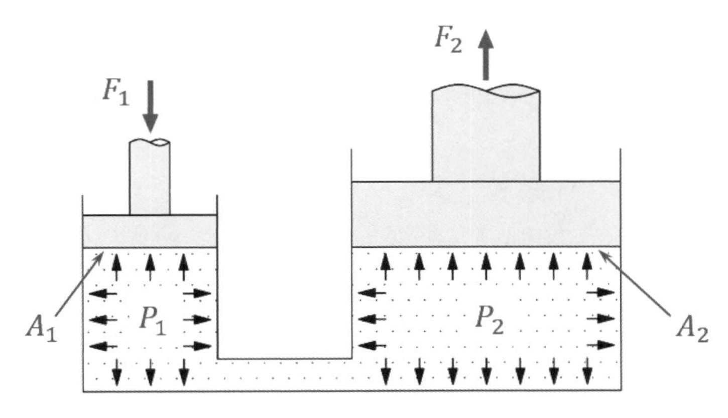

[그림 1.2] 파스칼의 원리를 이용한 힘의 증폭

2.3 연속의 법칙

유압 장치에서 펌프로부터 발생된 압유는 배관을 통해 작동기로 보내진다. 특별한 경우를 제외하고는 작동유의 흐름은 비압축성, 층류의 상태로 흐르는 정상류(steady state flow)라 가정한다.

정상 흐름일 때 관의 임의의 단면을 통과하는 유체의 체적유량 Q는 어느 단면에서도 일정하다. 이것을 연속의 법칙이라고 한다.

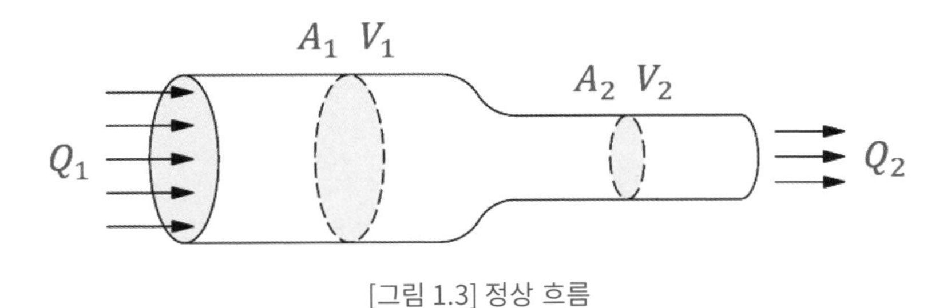

[그림 1.3] 정상 흐름

[그림 1.3]과 같은 관로의 흐름에서 임의의 두 지점의 단면적을 각각 A_1, A_2, 그 지점을 지나는 유체의 속도를 V_1, V_2라 하면 다음 식이 성립되며, 이 식을 연속방정식이라 한

다. 연속방정식으로부터 단면적이 작은 곳에서는 유속이 빨라지고 단면적이 큰 곳에서는 유속이 느리다는 것을 알 수 있다.

$$Q = A_1 V_1 = A_2 V_2$$

공유압 기기

1. 공기압 장치

1.1 공기압 장치의 구성

공기압 기기는 전동기 등으로 공기압축기를 구동하여 기계적 에너지를 압력 에너지로 변환시키고, 압축된 공기를 제어하여 액추에이터에 공급하는 일련의 기기를 의미하며, 이러한 공기압 기기의 결합체를 공기압 장치라고 한다.

일반적인 공기압 장치는 압축 공기를 생산하는 공기압 발생 장치, 압축 공기의 압력, 방향, 유량을 제어하는 공기압 제어 밸브, 압축 공기에 의해 기계적 일을 하는 액추에이터, 공기압 보조 기기, 배관으로 구성된다.

[그림 2.1]에 공기압 장치의 기본 구성을 나타내었다.

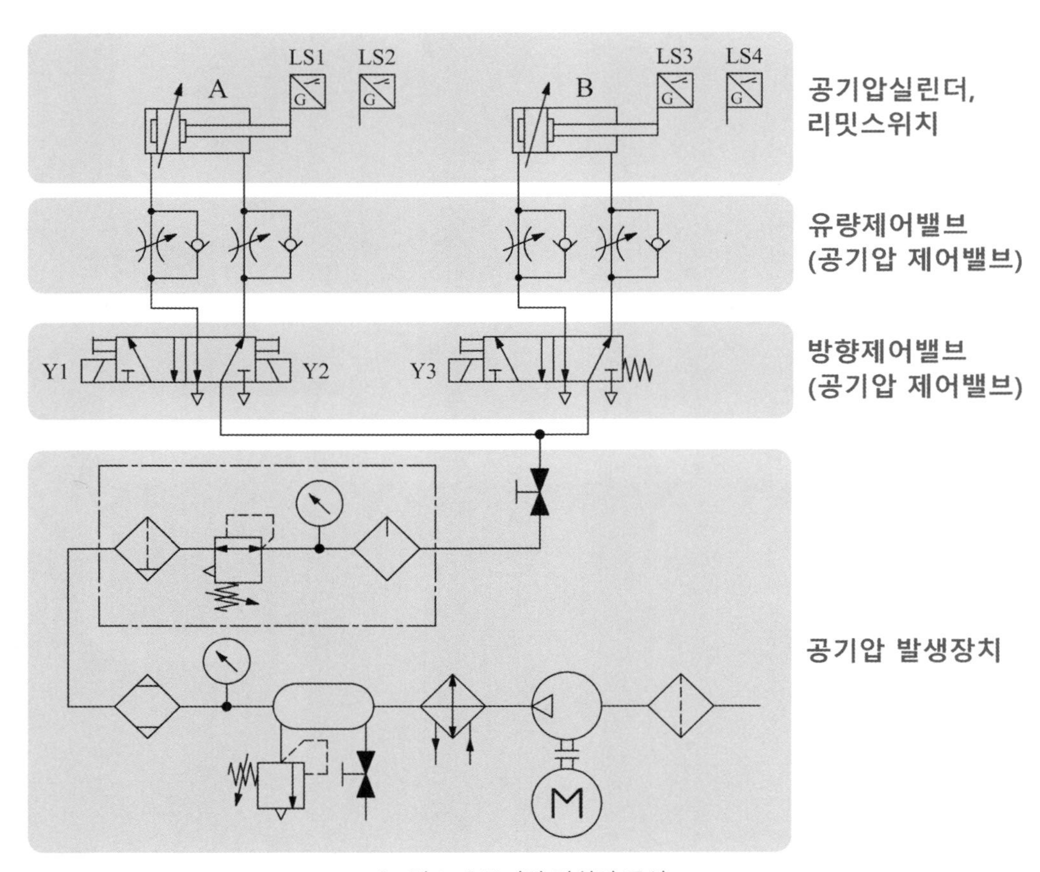

[그림 2.1] 공기압 장치의 구성

1.2 공기압 발생 장치

[그림 2.2]의 (a)는 공기압 발생 장치의 구성과 압축 공기의 생산 과정을 기호로 나타낸 것이며, 간략 기호는 (b)와 같이 표현된다.

① 흡입 필터를 통과하여 이물질이 제거된 공기는 ② 전기모터로 구동되는 ③ 공기압축기에 의해서 압축된다. 압축된 공기는 고온이므로 ④ 냉각기에 의해 냉각되어 ⑤ 공기탱크로 저장된다. 공기탱크에는 응축수를 배출하는 ⑥ 드레인 배출 밸브, 공기탱크 내의 압력이 설정 압력보다 높아지는 경우에 고압의 압축 공기를 배기하는 ⑦ 릴리프 밸브, 압력을 확인할 수 있는 ⑧ 압력 게이지가 설치되어 있다. 압축 공기 중에 포함된 수분은 ⑨ 건조기에 의해 제거된다. 수분이 건조된 압축 공기는 ⑩ 공기압 서비스 유닛으로 전달되어 ⑪ 필터에 의한 수분 및 이물질 제거, ⑫ 압력 조절 밸브에 의한 사용 압력의 설정, ⑭ 윤활기에 의한 윤활유 급유 과정을 거친 후에 사용된다.

[표 2.1]에 공기압 발생 장치 구성품의 명칭과 용도를 정리하여 나타내었다.

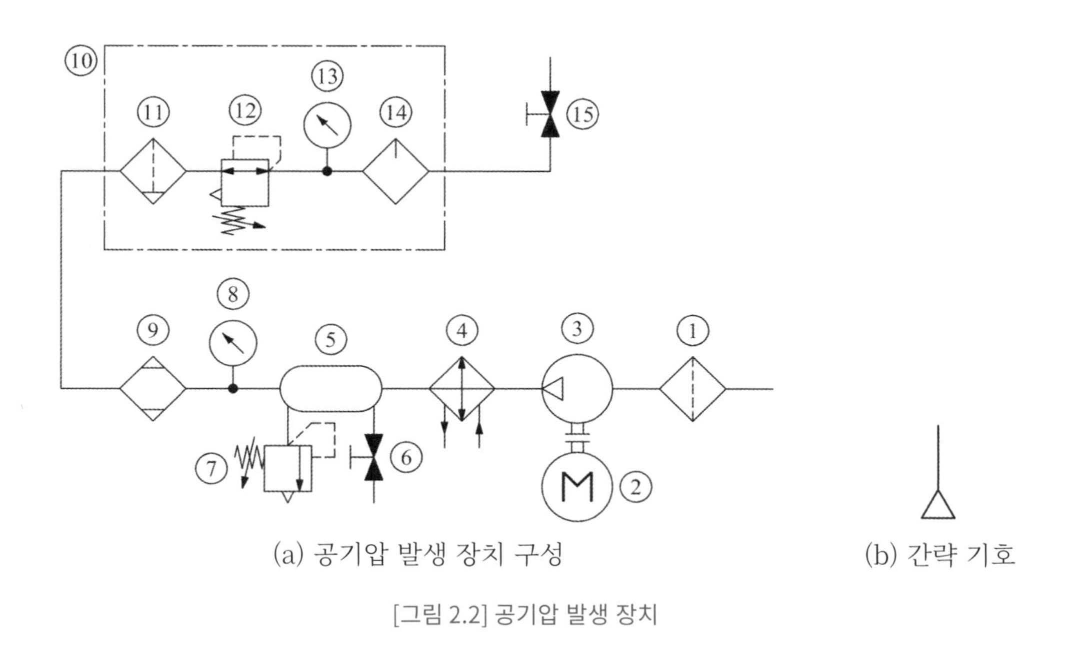

(a) 공기압 발생 장치 구성　　　(b) 간략 기호

[그림 2.2] 공기압 발생 장치

[표 2.1] 공기압 발생 장치 구성품의 명칭과 용도

번호	명칭	용도
1	흡입 필터	공기 중의 이물질 제거
2	전기모터	공기압축기를 구동
3	공기압축기	압축 공기 생산
4	냉각기	고온의 압축 공기를 냉각
5	공기탱크	압축 공기를 저장
6	드레인 배출 밸브	공기탱크 내의 응축수 배출
7	릴리프 밸브	설정 압력 이상일 때 공기를 배출
8	압력 게이지	압력을 표시
9	공기건조기	압축 공기 중의 수분을 건조시켜 제거
10	공기압 서비스 유닛	필터, 압력 조절 밸브, 윤활기를 조합한 기기
11	드레인 배출기 붙이 필터	압축 공기 중의 이물질 및 수분을 제거
12	압력 조절 밸브	장치의 사용 압력을 설정
13	압력 게이지	사용 압력을 표시
14	윤활기	장치에 윤활유 공급
15	스톱 밸브	압축 공기의 흐름을 개폐

1.2.1 공기압축기(air compressor)

공기압축기는 공기를 흡입하고 압축하여 배관을 통해 압축 공기를 공급하는 장치이며, 압축 방식에 따라서 동적식(dynamic)과 용적식(displacement)으로 나눌 수 있다. 동적식 공기압축기는 공기의 운동 에너지를 압력 에너지로 변환하는 방식으로 원심식, 축류식 등이 있다. 용적식 공기압축기는 한정된 공간에 갇힌 공기의 체적 변화를 통해 압축하는 방식으로 왕복식과 회전식이 있다. 왕복식은 피스톤이 실린더 내에서 왕복 운동을 하여 공기를 압축하며, 회전식은 로터가 회전하면서 공기를 압축하는 방식이다.

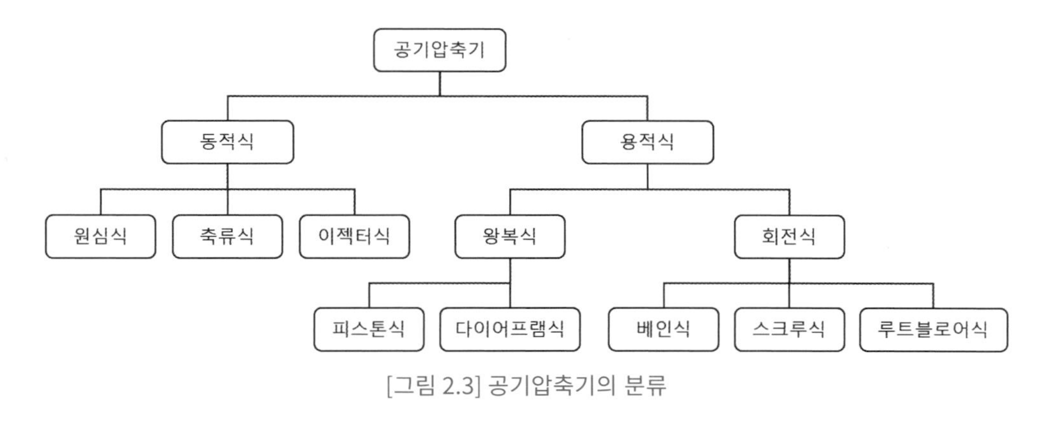

[그림 2.3] 공기압축기의 분류

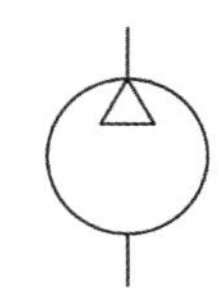

[그림 2.4] 공기압축기 기호

1.2.2 냉각기(cooler)

냉각기는 공기압축기의 출구 측에 설치하여 가열된 압축 공기를 냉각시키고 공기 중의 수분을 응축시켜 분리하는 기기이다. 일반적으로 냉각기는 40℃ 이하로 냉각하여 수분을 제거하며 냉각 방식에 따라 공냉식과 수냉식이 있다.

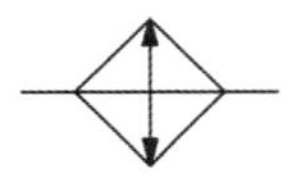

(a) 냉각액 관로를 표시하지 않는 경우

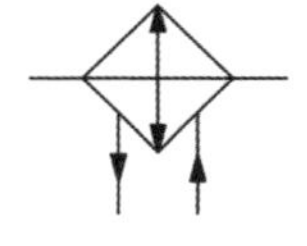

(b) 냉각액 관로를 표시하는 경우

[그림 2.5] 냉각기 기호

1.2.3 공기탱크(air tank)

공기탱크는 공기압축기에서 생산된 압축 공기를 저장하는 기기이다. 공기탱크의 압력을 적정 범위 안에서 유지하기 위해서 공기압축기의 작동은 압력 스위치의 신호에 의해 제어된다. 공기탱크는 다음과 같은 기능을 가지며, [그림 2.6]에 기호를 나타내었다.

① 공기 압력의 맥동을 제거하는 역할을 한다.
② 공기 소모량이 많아도 압축 공기의 공급을 안정화시키고 급격한 압력 강하를 방지한다.
③ 정전 시에도 일정 시간 동안 압축 공기를 공급한다.
④ 압축 공기를 냉각시켜 공기 중의 수분(드레인, 응축수)을 분리한다.

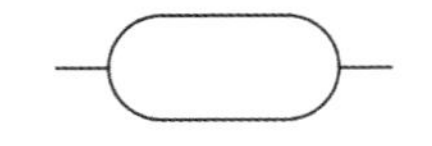

[그림 2.6] 공기탱크 기호

1.2.4 공기건조기(air dryer)

공기건조기는 압축 공기 중에 포함된 수분을 제거하여 건조한 공기를 만드는 기기이다. 건조 방식에 따라서 압축 공기를 10℃ 이하로 냉각하여 수분을 응축시켜 제거하는 냉동식, 실리카겔 등의 흡착제를 사용하여 건조시키는 흡착식, 염화마그네슘 등의 건조제를 사용하여 건조시키는 흡수식 건조기가 있다.

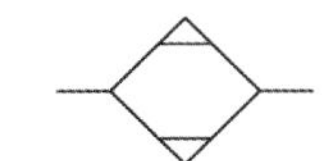

[그림 2.7] 공기건조기 기호

1.2.5 공기여과기(air filter)

공기여과기는 압축 공기 중에 포함된 수분 및 이물질을 제거하기 위해 공기압 회로의 입구부에 설치된다. 공기여과기로 유입된 압축 공기 중의 수분 및 이물질은 필터 케이스의 하부에 모이게 되고, 수동 배출 또는 자동 배출 밸브에 의해 외부로 배출된다. [그림 2.8]에 여러 가지 공기여과기의 기호를 나타내었다.

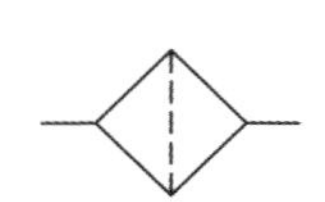

(a) 일반 기호

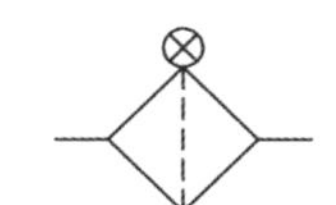

(b) 인디케이터 붙이

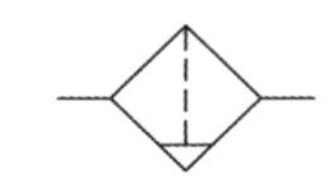

(c) 드레인 수동 배출

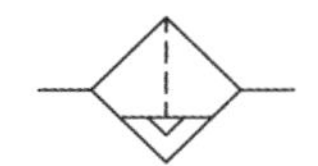

(d) 드레인 자동 배출

[그림 2.8] 공기여과기 기호

1.2.6 윤활기(lubricator)

윤활기는 벤투리(venturi)관 원리에 의해 분무 상태의 윤활유를 압축 공기에 혼합하여 보내는 기기이며, 공기압 장치의 구동부 등 윤활이 필요한 부분에 급유하기 위해 사용된다.

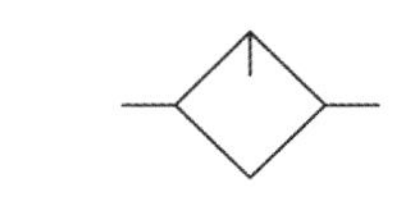

[그림 2.9] 윤활기 기호

1.2.7 공기압 조정 유닛(service unit)

공기압 조정 유닛은 공기여과기, 압력 조절 밸브(regulator), 윤활기를 조합한 기기이며 서비스 유닛, FRL 등으로 부른다. 공기압 조정 유닛의 압력 조절 밸브는 공기압축기에서 생산된 압축 공기의 압력을 감압하여 공기압 시스템에 안정된 압력을 공급하기 위해 사용된다.

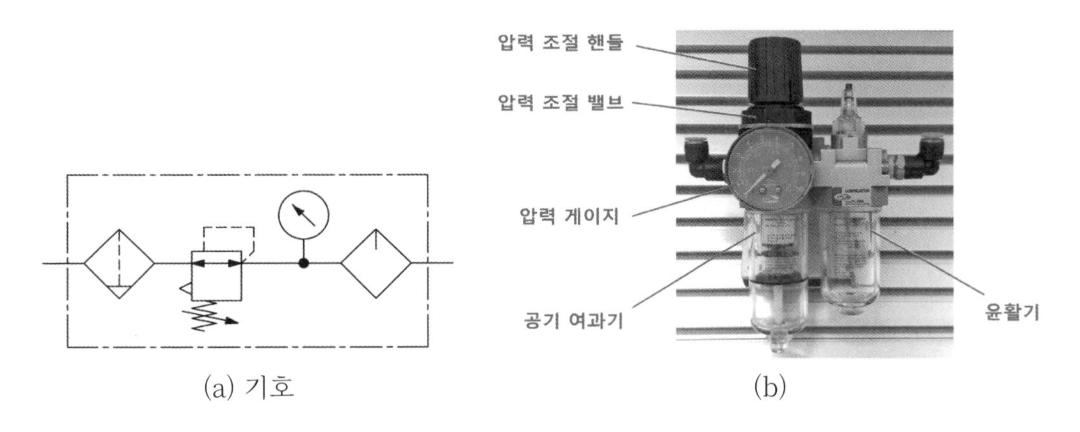

[그림 2.10] 공기압 조정 유닛

1.3 공기압 제어 밸브

공기압 작동기(actuator)는 공기압축기에서 생산된 압축 공기를 관로를 통해 전달받고, 유압 작동기는 유압펌프에서 발생된 압유를 전달받아 기계적인 일을 하게 된다. 작동기가 목적에 맞는 일을 하기 위해서는 압축 공기 또는 작동유의 압력, 유량, 흐름 방향을 제어해야 한다. 이러한 목적에 사용되는 기기를 제어 밸브라 한다. 압력을 제어하는 밸브를 압력 제어 밸브, 유량을 제어하는 밸브를 유량 제어 밸브, 유체의 흐름 방향을 제어하는 밸브를 방향 제어 밸브라 한다.

1.3.1 압력 제어 밸브

1) 릴리프 밸브(relief valve)

공기압 회로의 사용 압력은 압력 조절 밸브에 의해 감압하여 전달되지만, 기기의 고장 또는 이상이 발생하면 회로의 압력이 상승하는 과부하 상태가 될 수 있다. 릴리프 밸브는 회로의 압력이 상승하여 밸브의 설정 압력을 초과하면 압축 공기를 배기시켜 회로의 최고 압력을 제한하는 안전 밸브로 이용된다.

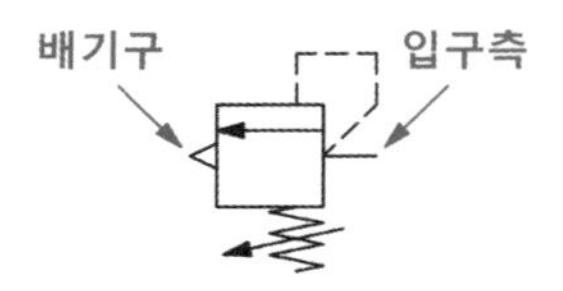

[그림 2.11] 릴리프 밸브 기호

2) 감압 밸브(reducing valve)

공기압 회로에서 일부분의 압력을 주회로의 압력보다 저압으로 감압하기 위하여 사용되는 밸브이다. 공기압 서비스 유닛의 압력 제어 밸브는 감압 밸브가 사용되며, 공기 압축기에서 생산된 압축 공기의 압력을 감압하여 사용하는 장치에 공급한다.

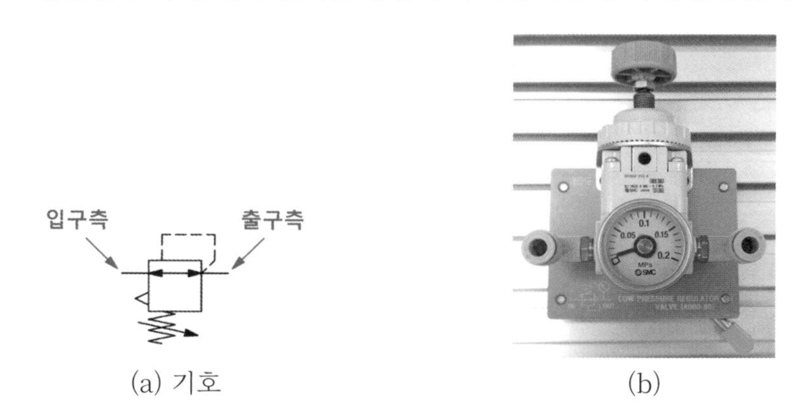

(a) 기호 (b)

[그림 2.12] 감압 밸브

1.3.2 유량 제어 밸브

1) 교축 밸브(throttle valve)

교축 밸브는 유로의 단면적을 변화시켜 통과하는 유량을 제어하는 밸브로 유체가 한쪽 방향으로만 흐를 수 있도록 하는 체크 밸브가 내장되지 않기 때문에 양방향으로 압축 공기의 유량을 조절할 수 있다.

[그림 2.13] 교축 밸브 기호

2) 일방향 유량 조절 밸브

유체의 흐름은 양쪽 방향으로 가능하지만 유량의 조절은 한쪽 방향으로만 가능하도록 체크 밸브와 교축 밸브를 조합하여 구성한 밸브이며 스피드 컨트롤 밸브(speed control valve)라고도 한다. [그림 2.14]는 일방향 유량 조절 밸브의 기호와 두 가지 형태의 밸브를 보여 준다. 기호에서 체크 밸브가 한쪽 방향의 유체 흐름을 차단하므로 압축 공기의 유량은 교축 밸브에 의해 조절된다.

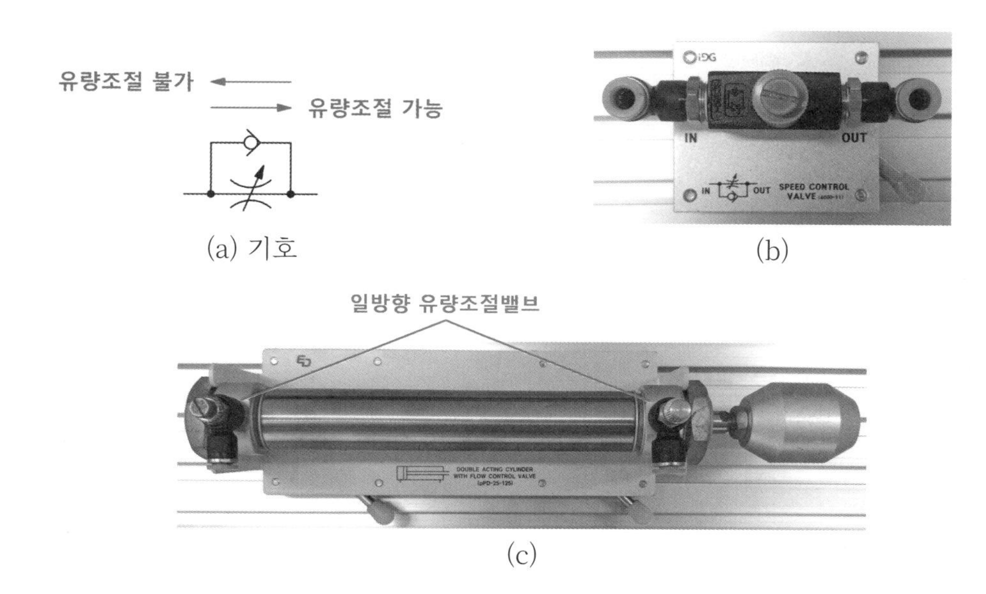

[그림 2.14] 일방향 유량 조절 밸브

3) 급속 배기 밸브(quick exhaust valve)

급속 배기 밸브는 공기압 실린더에서 배출되는 공기를 빠르게 배기하여 실린더의 속도를 증가시키고자 할 때 사용된다.

[그림 2.15]의 (a)에서 P포트로 유입되는 압축 공기는 내부의 다이어프램을 밀어 배기구를 막고 A포트를 통해 작동기로 공급된다.

작동기로부터 급속 배기 밸브의 A포트로 유입되는 공기는 밸브 내부의 유로를 통해 다이어프램을 밀어 P포트를 막는다. 이때 공기는 배기구를 통해 순간적으로 배출되어 배기 저항이 감소한다.

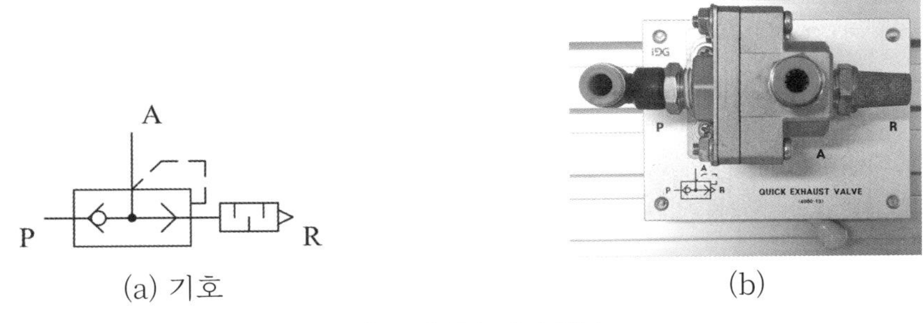

(a) 기호 (b)

[그림 2.15] 급속 배기 밸브

1.3.3 방향 제어 밸브

방향 제어 밸브는 실린더, 모터 등의 작동기로 공급하는 압축 공기의 흐름 방향을 제어하기 위하여 사용되며 구조, 기능, 조작 방법 등에 따라서 여러 종류가 있으므로 방향 제어 밸브의 기호 표시 방법을 익혀 두는 것이 필요하다.

1) 포트 및 위치의 수

포트의 수는 외부의 관로에 접속되어 압축 공기가 밸브에서 출입하는 연결구의 수를 말한다. 위치의 수는 밸브의 변환 수를 나타내며 방향 제어 밸브의 기호에서 나타나는 사각형의 수를 말한다. 사각형 내부에 그려진 화살표는 그 변환 위치에서 유로를 의미하며, ⊥ 또는 ⊤ 의 기호는 밸브 내부에서 유로가 차단되어 있는 것을 표시한다. 밸브의 위치 변환은 초기 위치에서 기호를 좌우로 움직여 얻을 수 있다.

[그림 2.16]에 5포트 2위치 방향 제어 밸브의 기호와 각 부분의 의미를 나타내었다.

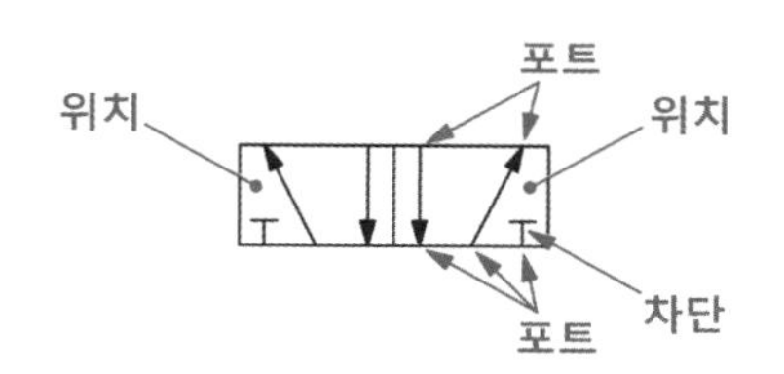

[그림 2.16] 5포트 2위치 방향 제어 밸브 기호

2) 연결구의 표시법

방향 제어 밸브의 연결구는 [표 2.2]와 같이 문자 또는 숫자로 표시된다.

[표 2.2] 밸브의 연결구 표시법

연결구	문자 표기(ISO 1219)	숫자 표기(ISO 5599)
압력 공급 포트	P	1
작업 포트	A, B, C	2, 4, 6
복귀 포트	R, S, T	3, 5, 7
제어 포트	X, Y, Z	10, 12, 14
누설 포트	L	9

3) 밸브의 조작 방식

방향 제어 밸브의 위치를 변환하기 위해서는 조작력이 필요하며 조작 방식의 기호를 방향 제어 밸브 기호의 좌우에 표시한다. 조작 방식에는 수동식, 기계 조작식, 전자식, 공기압 또는 유압식 등이 있다. 그 외에 조작력을 가하면 복귀 신호가 입력되기 전까지 그 상태를 유지하는 디텐트식이 있다.

[표 2.3]에 방향 제어 밸브의 조작 방식 기호를 나타내었다.

[표 2.3] 방향 제어 밸브의 조작 방식

조작 방식	종류	기호
수동식	수동식 기본 기호	
	누름 버튼	
	레버	
	페달	
기계 조작식	플런저	
	스프링	
	롤러	
공기압식 (공기압 파일럿 방식)	직접 작동형	
	간접 작동형	
유압식 (유압 파일럿 방식)	직접 작동형	
	간접 작동형	
전자식 (솔레노이드 방식)	직접 작동형	
	간접 작동형(공기압)	
	간접 작동형(유압)	
	비례 전자식	
디텐트식	유지형 방식	

4) 5포트 2위치 편측 솔레노이드 밸브

5포트 2위치 편측 솔레노이드 밸브는 한 개의 솔레노이드 동작에 의해서 P포트로 공급되는 압축 공기를 A 또는 B 포트로 전달한다. [그림 2.17]의 (a)와 같이 초기 상태에서 P포트로 공급된 압축 공기는 B포트로 전달되고, A포트로 유입되는 압축 공기는 R포트를 통해 배기된다. 솔레노이드에 전원이 인가되면 P포트로 공급된 압축 공기는 A포트로 전달되고, B포트로 유입되는 압축 공기는 R포트를 통해 배기된다. 솔레노이드에 전원이 차단되면 밸브는 스프링에 의해 초기 상태로 복귀한다.

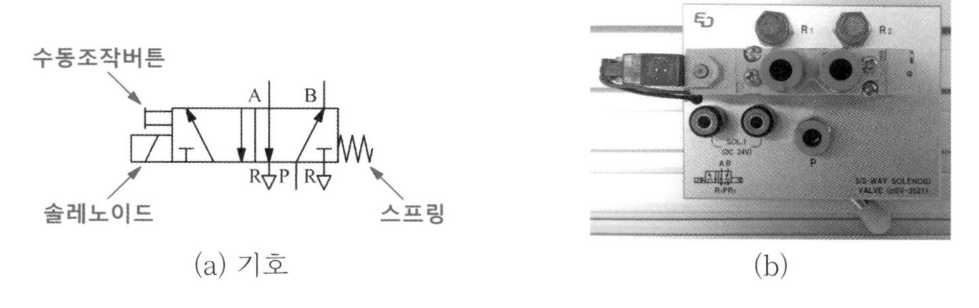

(a) 기호 (b)

[그림 2.17] 5/2way 편측 솔레노이드 밸브

5) 5포트 2위치 양측 솔레노이드 밸브

5포트 2위치 양측 솔레노이드 밸브는 두 개의 솔레노이드 동작에 의해서 P포트로 공급되는 압축 공기를 A 또는 B 포트로 전달한다. [그림 2.18]의 (a)에서 P포트의 압축 공기는 왼쪽의 솔레노이드에 전원이 인가되면 A포트로 전달되고, 오른쪽의 솔레노이드에 전원이 인가되면 B포트로 전달된다. 밸브를 초기 상태로 복귀시키는 스프링이 내장되지 않으므로 솔레노이드에 전원이 차단되어도 밸브는 마지막 동작 상태를 유지하게 된다.

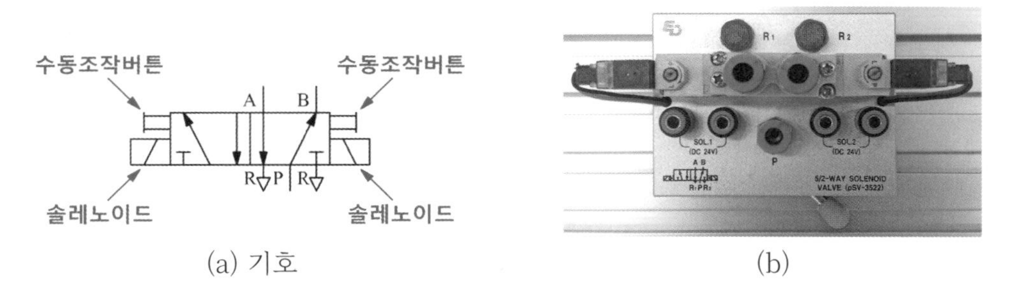

(a) 기호 (b)

[그림 2.18] 5/2way 양측 솔레노이드 밸브

1.3.4 기타 밸브

1) 체크 밸브(check valve)

체크 밸브는 유체가 한쪽 방향으로만 흐를 수 있도록 한 밸브로 역류 방지용으로 사용되며, 스프링을 내장한 것과 내장하지 않은 것이 있다.

(a) 스프링 내장하지 않음 (b) 스프링 내장

[그림 2.19] 체크 밸브 기호

2) 셔틀 밸브(shuttle valve)

셔틀 밸브는 두 개의 입구와 한 개의 출구로 구성되어 있으며, 두 개의 입구 중 어느 한쪽에 압축 공기가 작용하면 출구로 압축 공기가 나오게 되므로 OR 밸브라고도 한다. 두 입구 모두 압축 공기가 작용하면 높은 압력의 압축 공기가 출구로 나오게 된다.

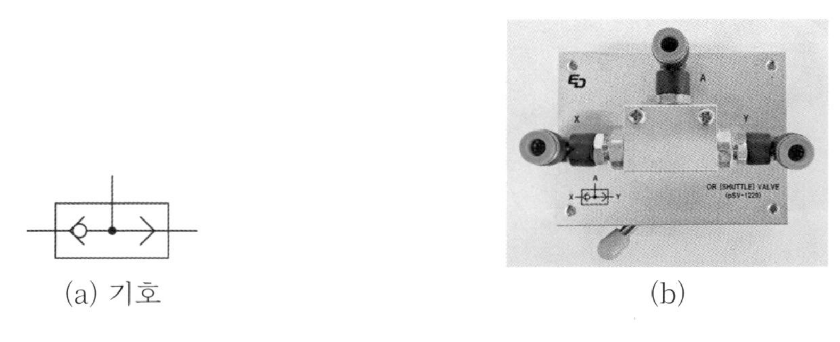

(a) 기호 (b)

[그림 2.20] 셔틀 밸브

3) 차단 밸브(shut off valve, stop valve)

차단 밸브는 공기의 흐름을 차단하거나 통과시키는 밸브로 구조에 따라 글로브(globe) 밸브, 게이트(gate) 밸브, 콕(cock) 등이 있다. 주로 공기압 동력원의 수동 개폐용으로 사용된다.

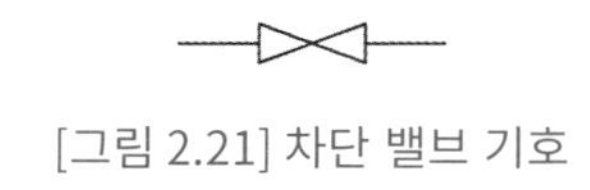

[그림 2.21] 차단 밸브 기호

1.4 공기압 작동기

공기압 장치 중에서 최종적인 일을 하는 기기를 공기압 작동기(액추에이터)라고 하며 공기압 작동기 중에서 피스톤 로드가 직선 운동을 하는 것을 공기압 실린더, 축이 연속적인 회전 운동을 하는 것을 공기압 모터, 그리고 축이 한정된 각도 범위에서 회전 운동하는 것을 요동형 작동기라고 한다.

1.4.1 공기압 실린더

공기압 실린더는 작동 방식에 따라서 단동 실린더와 복동 실린더로 구분된다.

단동 실린더는 한쪽 방향의 운동은 압축 공기에 의해 일어나고 반대 방향의 운동은 내장된 스프링이나 외력에 의해 일어난다.

복동 실린더는 피스톤의 양쪽에 압축 공기를 교대로 공급하여 전진 및 후진 운동을 하게 되며, 로드(rod)의 장착 방법에 따라서 편로드형과 양로드형이 있다. 이 외에도 피스톤의 형식, 설치 방법, 기능에 따라서 램형, 다이어프램형, 차동, 텔레스코프, 텐덤, 다위치제어, 로드리스 실린더 등 여러 종류의 실린더가 있다.

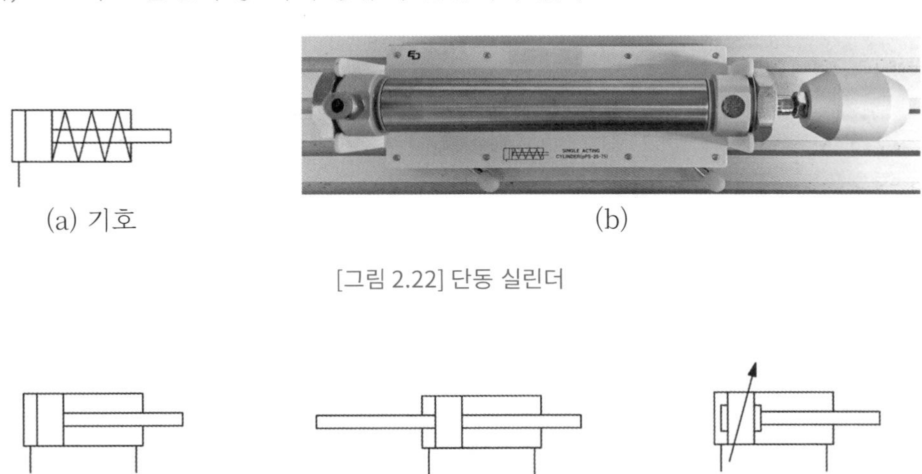

(a) 기호 (b)

[그림 2.22] 단동 실린더

(a) 편로드형 기호 (b) 양로드형 기호 (c) 쿠션 내장형 기호

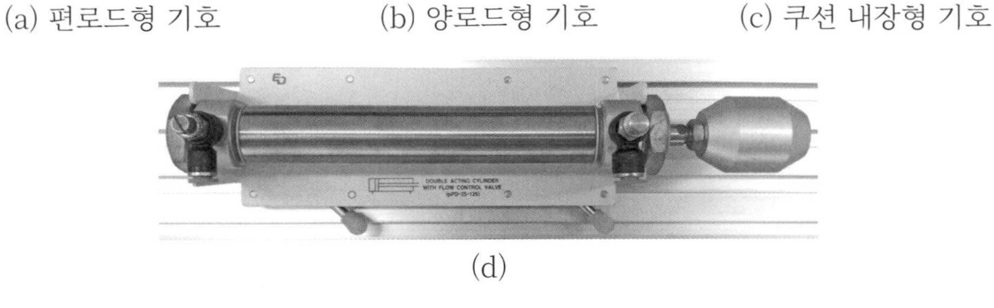

(d)

[그림 2.23] 복동 실린더

1.4.2 공기압 모터

공기압 모터는 압축 공기 에너지를 연속적인 회전 운동을 하는 기계적 에너지로 변환시켜 주는 작동기를 말한다. 공기압 모터는 구조 및 작동 방식에 따라서 베인, 피스톤, 기어, 터빈형 모터가 있다.

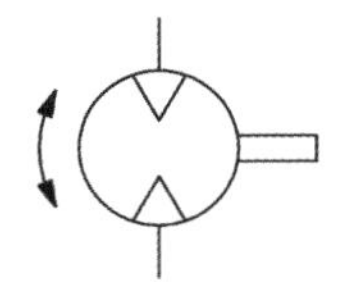

[그림 2.24] 공기압 모터 기호

1.4.3 공기압 요동형 작동기

공기압 요동형 작동기는 공기압 요동 모터라고도 부른다. 공기압 모터는 연속적인 회전 운동을 하지만 요동 모터는 제한적인 회전 운동을 하는 작동기이다. 종류로는 베인형과 피스톤형으로 구분된다. 베인형 요동 모터는 일반적으로 360° 이내의 회전 운동을 한다. 피스톤형 요동 모터는 실린더 피스톤의 직선 운동을 나사 또는 기어 등을 이용하여 회전 운동으로 변환하는 방식이며, 360° 이상의 회전각을 가지는 것도 제작이 가능하다.

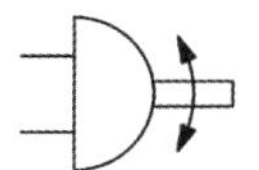

[그림 2.25] 요동형 작동기 기호

2. 유압 장치

2.1 유압 장치의 구성

유압 장치는 작동유의 압력 에너지를 이용하여 기계적인 일을 하는 시스템을 의미한다. 일반적인 유압 장치는 작동유에 압력 에너지를 발생시키는 유압 동력 장치, 작동유의 압력, 방향, 유량을 제어하는 제어 밸브, 압력 에너지를 기계적인 일로 변환시키는 액추에이터, 보조 기기, 배관으로 구성된다.

[그림 2.26]에 유압 장치의 기본 구성을 나타내었다.

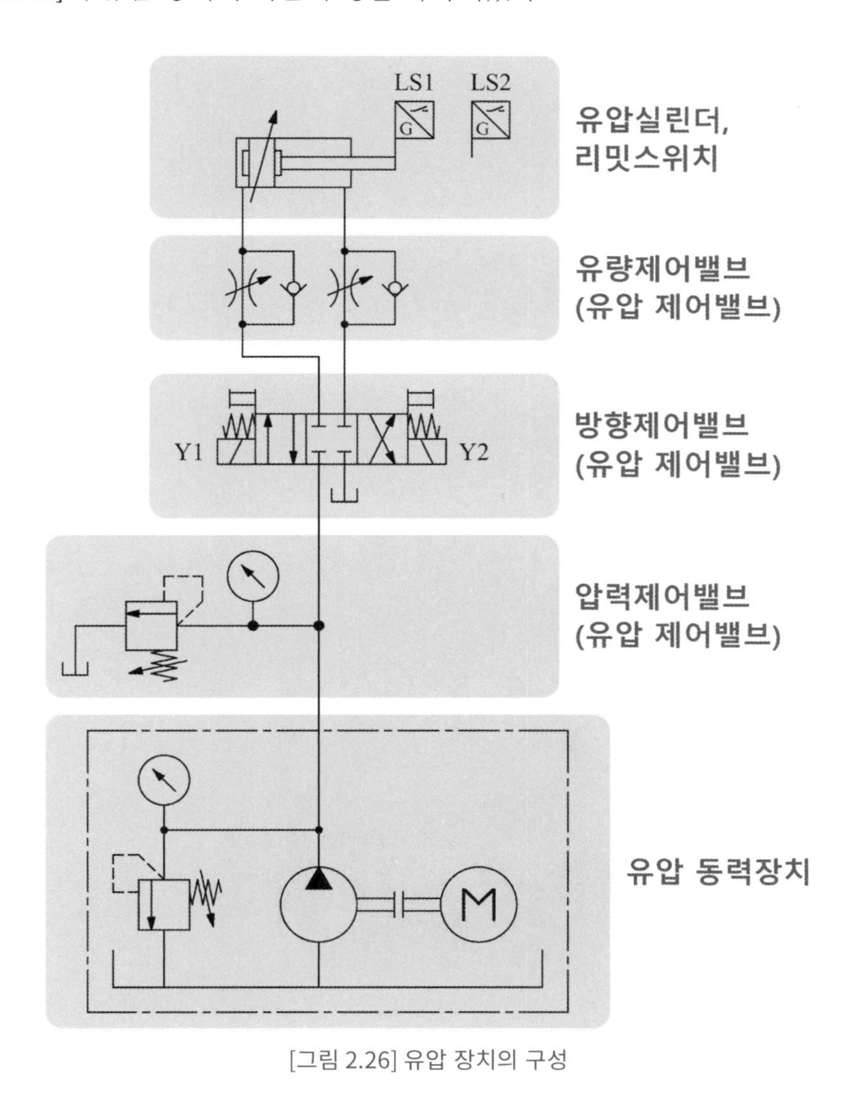

[그림 2.26] 유압 장치의 구성

2.2 유압 동력 장치

[그림 2.27]의 (a)는 유압 동력 장치의 구성을 보여 주며, 간략 기호는 (b)와 같다. ① 전기모터에 의해 구동되는 ② 유압펌프는 ③ 흡입 필터를 통과하여 이물질이 제거된 작동유를 흡입하고 토출한다. 유압 회로의 최대 압력은 ④ 릴리프 밸브에 의해 제한되고 ⑤ 압력 게이지는 유압 회로의 압력을 지시한다. 유압 회로에서 사용된 작동유는 ⑥ 냉각기와 ⑦ 복귀 라인 필터를 통과하여 ⑧ 기름탱크로 복귀된다. 기름탱크의 유면 변화에 따라서 외부로부터 먼지나 수분이 혼입될 경우가 있으므로 이를 방지하기 위하여 기름탱크에는 ⑨ 통기 필터가 설치된다.

[표 2.4]에 유압 동력 장치 구성품의 명칭과 용도를 정리하여 나타내었다.

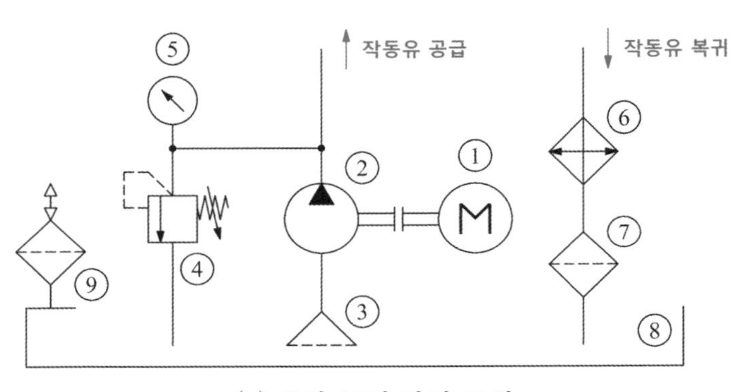

(a) 유압 동력 장치 구성

(b) 간략 기호

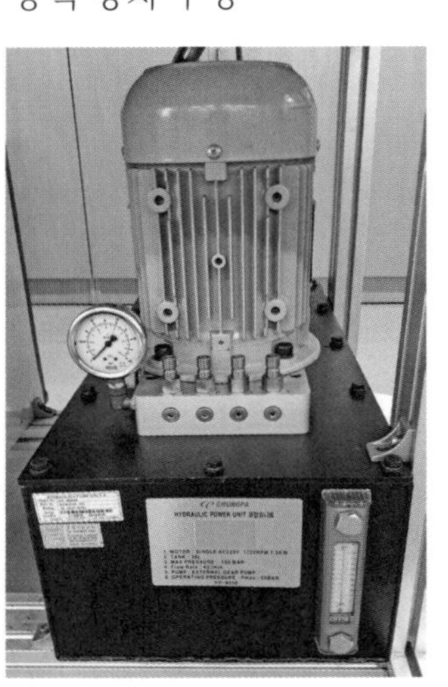

(c)

[그림 2.27] 유압 동력 장치

[표 2.4] 유압 동력 장치 구성품의 명칭과 용도

번호	명칭	용도
1	전기모터	유압펌프를 구동
2	유압펌프	작동유를 흡입하여 토출
3	흡입 필터	작동유 흡입 시 이물질 제거
4	릴리프 밸브	유압 회로의 최고 압력 설정
5	압력 게이지	유압 회로의 압력을 지시
6	냉각기	작동유 냉각
7	복귀 라인 필터	작동유 복귀 시 이물질 제거
8	기름탱크	작동유 저장
9	통기 필터	기름탱크로 유입되는 이물질 및 수분 제거

2.2.1 유압펌프

유압펌프는 전동기 또는 내연기관에서 공급되는 에너지를 유압 에너지로 변환하는 기기이다. 유압펌프에 의해 발생된 유체 에너지는 관로를 따라 유압 작동기로 전달되어 기계적인 에너지로 변환된다.

유압펌프는 작동 방식에 따라서 펌프의 축이 회전할 때마다 일정한 양을 토출하는 용적형(positive displacement type) 펌프와 토출량이 일정하지 않은 비용적형(nonpositive displacement type) 펌프로 구분된다.

용적형 펌프는 펌프 용적과 전동기의 회전수가 정해지면 토출 유량이 결정되는데, 펌프 용적을 조절할 수 없는 고정 용량형(fixed displacement type)과 펌프 용적을 조절 가능한 가변 용량형(variable displacement type)으로 구분할 수 있다.

고압의 압력 발생을 목적으로 하는 유압 시스템에서는 용적형 펌프가 사용되며 종류로는 기어 펌프, 베인 펌프, 피스톤 펌프, 스크류 펌프 등이 있다. 비용적형 펌프는 저압에서 유체를 수송하는 목적으로 주로 사용되며 원심 펌프, 프로펠러 펌프 등이 있다.

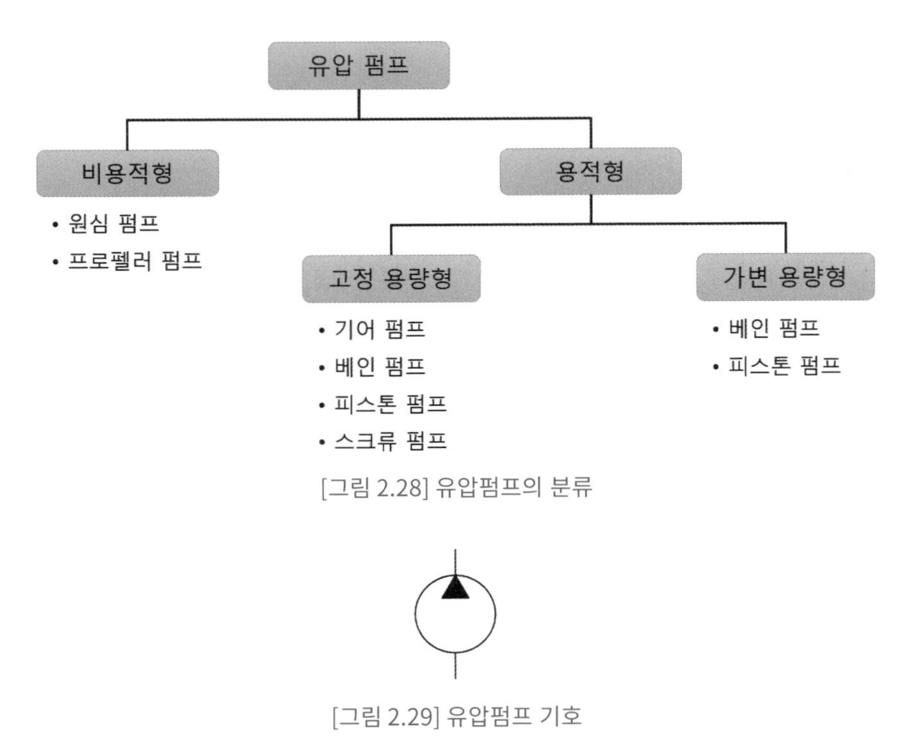

[그림 2.28] 유압펌프의 분류

[그림 2.29] 유압펌프 기호

2.2.2 유압펌프의 축 동력

유압펌프를 구동하는 전동기를 선정하기 위해서는 유압펌프의 축 구동에 필요한 동력을 구해야 한다.

유압펌프의 축 구동에 필요한 동력 Ls[kW]를 압력 P[bar], 유량 Q[L/min]의 기호 및 단위를 사용하여 나타내면 다음과 같다.

$$L_s = \frac{PQ}{600\eta} \quad [kW]$$

여기서 η는 펌프의 전효율이라 하며, 펌프의 축 동력이 펌프 내부에서 얼마만큼 유효한 펌프 동력으로 변환되는지를 나타내는 비율이다.

위의 식에서 압력 P의 단위가 kgf/cm^2로 주어지는 경우에 펌프의 축 구동에 필요한 동력은 다음 식으로 구한다.

$$L_s = \frac{PQ}{612\eta} \quad [kW]$$

2.3 유압 제어 밸브

2. 3. 1 압력 제어 밸브

압력 제어 밸브는 유압 회로 내의 압력을 설정값 이하로 유지하거나 회로의 압력이 설정값에 도달하면 회로를 변경시키는 등의 기능을 가지는 밸브이다. 종류로는 릴리프 밸브, 감압 밸브, 카운터 밸런스 밸브, 시퀀스 밸브, 언로딩 밸브, 압력 스위치 등이 있다.

1) 릴리프 밸브(relief valve)

유압펌프에서 토출된 작동유의 흐름이 차단되면 유압 회로의 압력은 상승하여 과부하 상태가 된다. 이러한 과부하를 제거하고 유압 회로의 최고 압력을 설정 압력 이하로 유지해 주는 압력 제어 밸브를 릴리프 밸브라 한다.

[그림 2.30]의 릴리프 밸브 기호에서 입구 측과 출구 측은 차단되어 있다. 입구 측의 압력이 설정 압력까지 상승하면 밸브 내부의 유로를 통해 압력이 전달되어 밸브가 열리고, 입구 측의 압유는 기름탱크로 유출되어 유압 회로의 최고 압력이 제한된다.

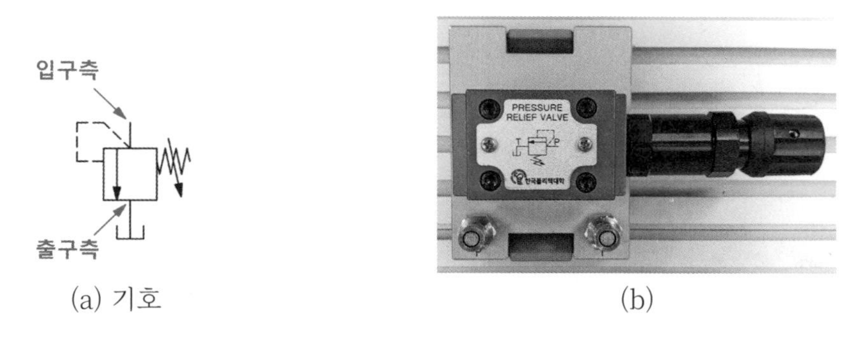

(a) 기호 (b)

[그림 2.30] 릴리프 밸브

2) 감압 밸브(reducing valve)

감압 밸브는 유압 회로 일부분의 압력을 릴리프 밸브의 설정 압력 이하로 낮추는 목적으로 사용되는 밸브이다.

[그림 2.31]의 감압 밸브 기호에서 입구 측과 출구 측은 개방되어 있으므로 입구 측의 압유는 출구 측의 감압 회로로 흐른다. 출구 측의 압력이 감압 밸브의 설정 압력까지 높아지면 입구와 출구를 연결하는 유로를 차단하여 압력 상승을 제한한다.

감압 밸브는 내부에서 발생하는 드레인을 기름 탱크로 배출해야 하므로 기름 탱크와 연결되는 외부 드레인 포트를 가지고 있다.

(a) 기호 (b)

[그림 2.31] 감압 밸브

3) 카운터 밸런스 밸브(counter balance valve)

카운터 밸런스 밸브는 한쪽 방향의 흐름에 대해서는 설정된 배압(유체가 배출될 때 갖는 압력)을 발생시키고, 다른 방향의 흐름은 무부하로 흐르도록 한 밸브로 릴리프 밸브와 체크 밸브를 조합한 형태의 압력 제어 밸브이다.

예를 들어, 수직 방향으로 작동하는 유압 실린더의 작동유 배출 측에 카운터 밸런스 밸브를 설치하면 유압 실린더가 자중에 의해 낙하하는 것을 방지할 수 있다.

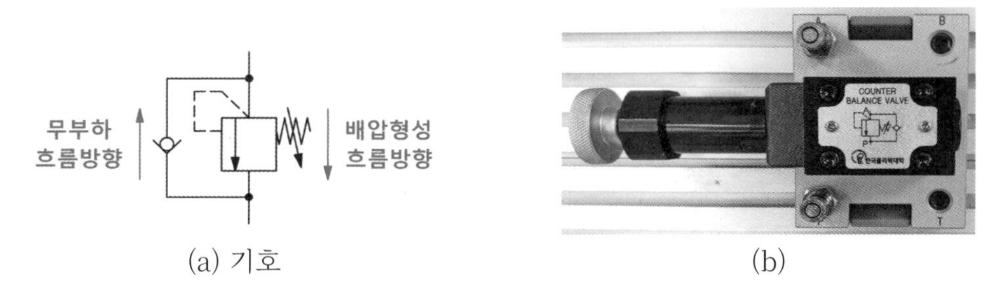

(a) 기호 (b)

[그림 2.32] 카운터 밸런스 밸브

4) 압력 스위치(pressure switch)

압력 스위치는 유압 회로의 압력이 설정 압력에 도달하면 접점을 개폐하는 스위치로 전기 신호에 의하여 전자 변환 밸브의 작동이나 유압펌프 구동용 전동기의 기동 및 정지, 램프를 점멸시키는 등의 목적으로 사용된다.

(a) 기호 (b)

[그림 2.33] 압력 스위치

5) 시퀀스 밸브(sequence valve)

시퀀스 밸브는 순차 작동 밸브라고도 하며 유압원의 주회로로부터 작동기 등이 둘 이상의 분기 회로를 가지는 경우에 각 작동기를 압력에 따라서 일정한 순서로 작동시키고자 하는 목적으로 사용된다.

시퀀스 밸브는 내부 파일럿식과 외부 파일럿식이 있으며, 작동유를 역방향으로 자유롭게 보낼 필요가 있는 경우에는 체크 밸브를 내장한 시퀀스 밸브를 사용한다.

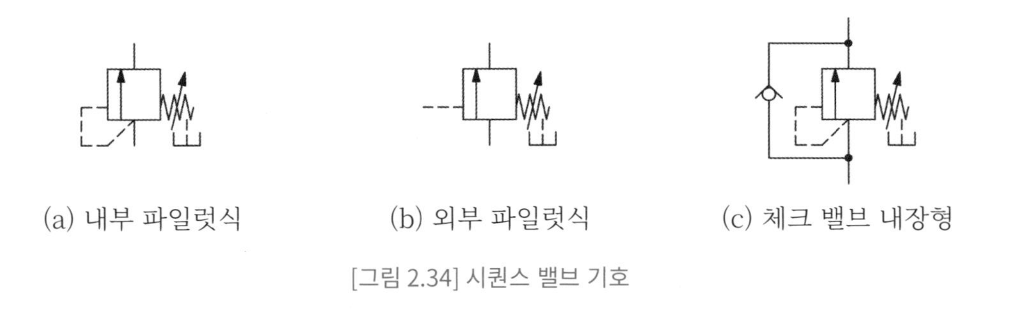

(a) 내부 파일럿식 (b) 외부 파일럿식 (c) 체크 밸브 내장형

[그림 2.34] 시퀀스 밸브 기호

6) 언로딩 밸브(무부하 밸브, unloading valve)

언로딩 밸브는 밸브에 작용하는 파일럿 압력이 설정값에 도달하면 펌프의 전 유량을 탱크로 흘려보내 펌프를 무부하로 만드는 밸브이다. 이 밸브는 하나의 회로에서 고압 소용량의 펌프, 저압 대용량의 펌프가 함께 사용되는 경우에 유압 회로의 압력에 따라서 저압 펌프를 무부하로 만들어 동력의 절감과 유온의 상승을 막는 용도로 사용된다.

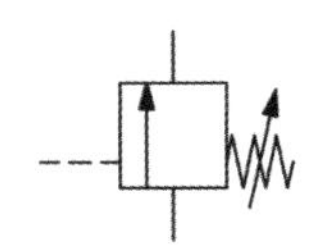

[그림 2.35] 언로딩 밸브 기호

2.3.2 유량 제어 밸브

1) 교축 밸브(양방향 유량 조절 밸브)

교축 밸브는 유로의 단면적을 변화시켜 통과하는 유량을 제어하는 밸브로 양쪽 흐름 방향의 유량을 조절할 수 있다.

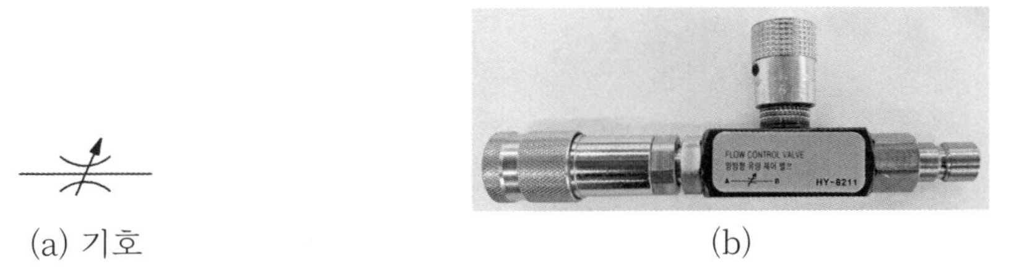

(a) 기호 (b)

[그림 2.36] 교축 밸브

2) 일방향 유량 조절 밸브

유체의 흐름은 양쪽 방향으로 가능하지만 유량의 조절은 한쪽 방향으로만 가능하도록 체크 밸브와 교축 밸브를 조합하여 구성한 밸브이다.

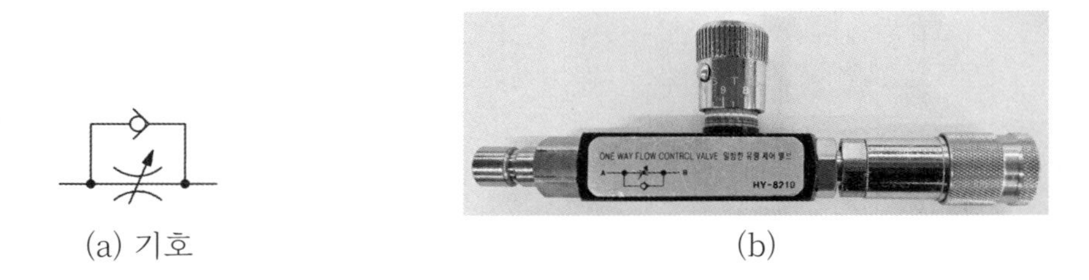

(a) 기호 (b)

[그림 2.37] 일방향 유량 조절 밸브

3) 압력 보상형 유량 조절 밸브

교축 밸브는 입구 측과 출구 측 압력 차의 변동에 의해 통과하는 유량이 변한다는 단점이 있다. 따라서 교축부 전후의 압력 차를 항상 일정하게 유지하는 압력 보상 기구를 내장하여 부하의 변동이 있어도 일정한 유량을 얻을 수 있도록 한 것이 압력 보상형 유량 조절 밸브이다.

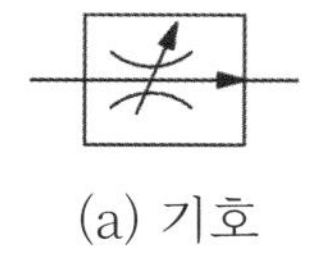

(a) 기호

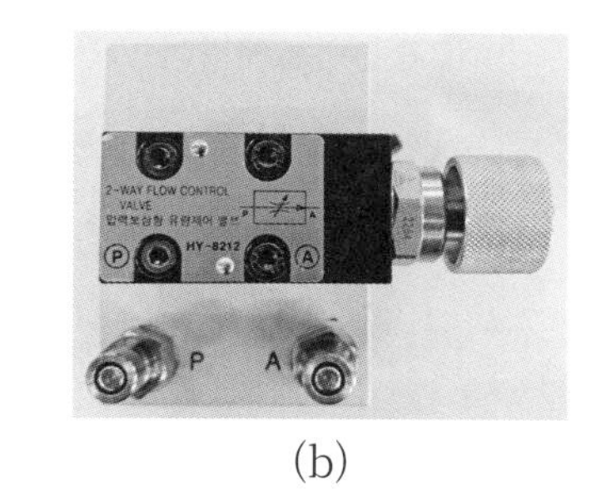

(b)

[그림 2.38] 압력 보상형 유량 조절 밸브

2.3.3 방향 제어 밸브

1) 2 포트 2 위치 편측 솔레노이드 밸브

2 포트 2 위치 편측 솔레노이드 밸브는 두 개의 포트와 두 개의 위치를 갖는 밸브로 솔레노이드에 전원을 공급하여 유로를 접속하거나 차단하는 데 사용된다. [그림 2.39]는 초기 상태에서 P 포트와 A 포트가 접속되어 있는 normal open 밸브, [그림 2.40]은 초기 상태에서 P 포트와 A 포트가 차단되어 있는 normal close 밸브를 나타낸 것이다.

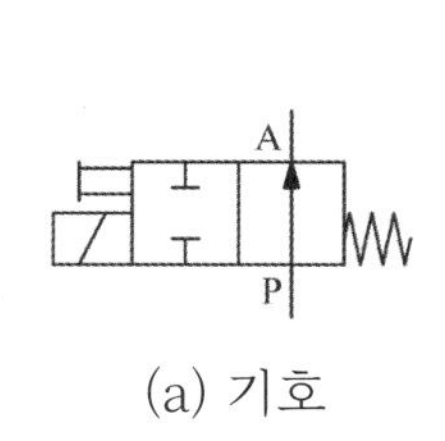

(a) 기호

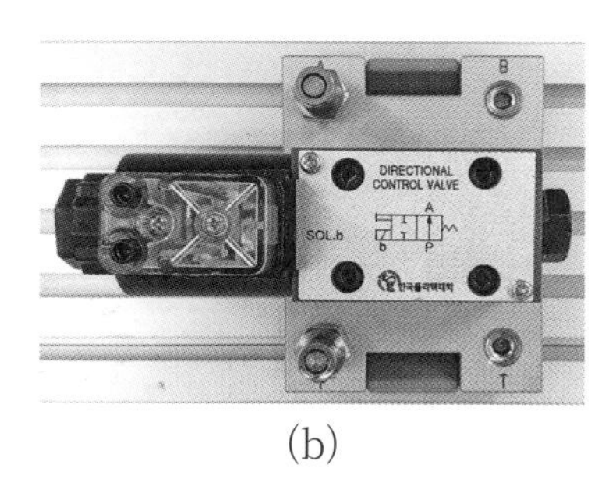

(b)

[그림 2.39] 2/2way NO 밸브

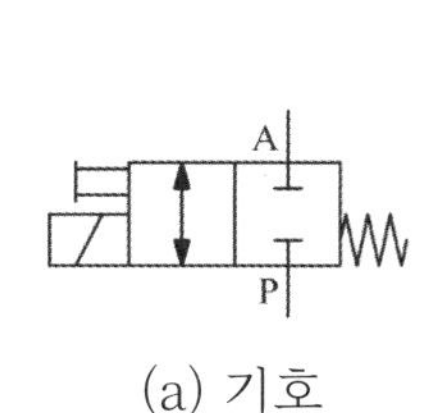

(a) 기호

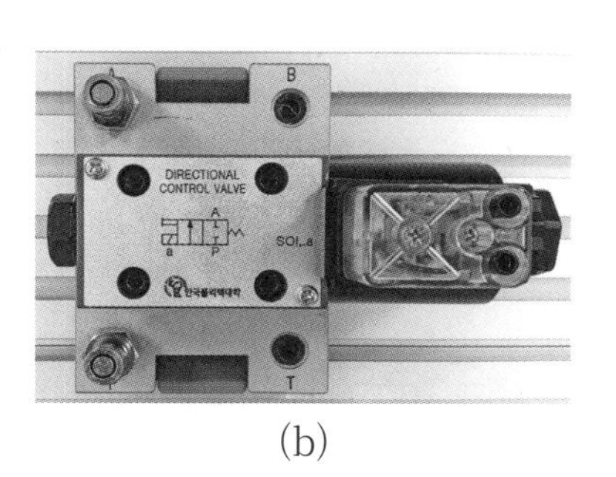

(b)

[그림 2.40] 2/2way NC 밸브

2) 3 포트 2 위치 편측 솔레노이드 밸브

[그림 2.41]의 3 포트 2 위치 밸브는 초기 상태에서 P 포트는 차단되어 있고 A 포트로 유입되는 작동유는 T 포트로 전달된다. 솔레노이드에 전원이 인가되면 작동유는 P 포트에서 A 포트로 전달되고 T 포트는 차단된다. 솔레노이드에 전원이 차단되면 밸브는 스프링에 의해 초기 상태로 복귀한다.

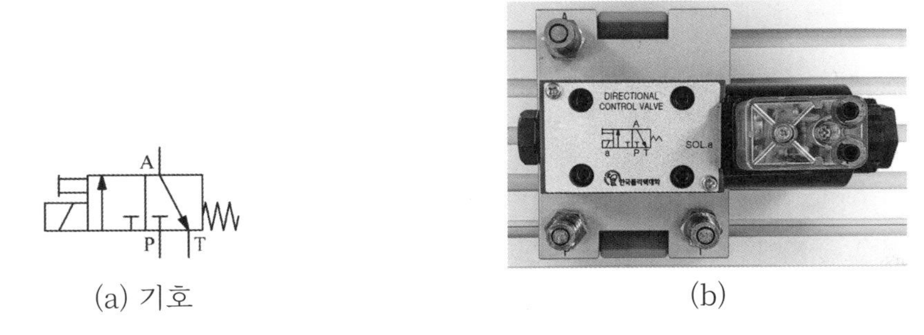

(a) 기호 (b)

[그림 2.41] 3/2way 편측 솔레노이드 밸브

3) 4 포트 2 위치 편측 솔레노이드 밸브

[그림 2.42]의 4 포트 2 위치 밸브에서 초기 상태는 P 포트와 B 포트가 접속되고, A 포트와 T포트가 접속된다. 솔레노이드에 전원이 인가되면 P 포트는 A 포트와 접속되고, B 포트는 T 포트와 접속된다. 전원이 차단되면 밸브는 스프링에 의해 초기 상태로 복귀한다.

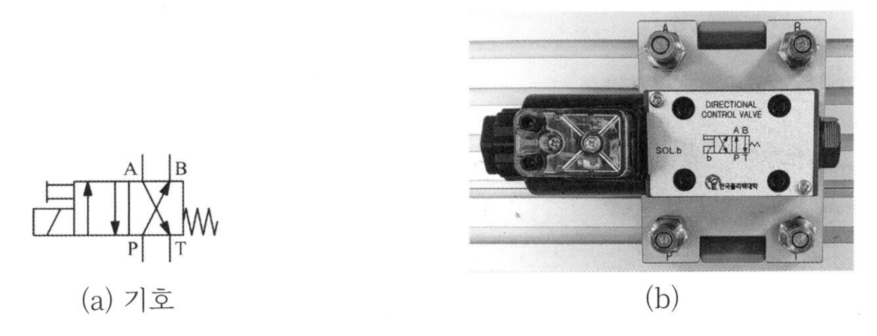

(a) 기호 (b)

[그림 2.42] 4/2way 편측 솔레노이드 밸브

4) 4 포트 2 위치 양측 솔레노이드 밸브

두 개의 솔레노이드 동작에 의해서 P-B, A-T 접속과 P-A, B-T 접속 상태가 변화한다.

밸브를 초기 상태로 복귀시키는 스프링이 내장되지 않으므로 솔레노이드에 전원이 차단되어도 밸브는 마지막 동작 상태를 유지하게 된다.

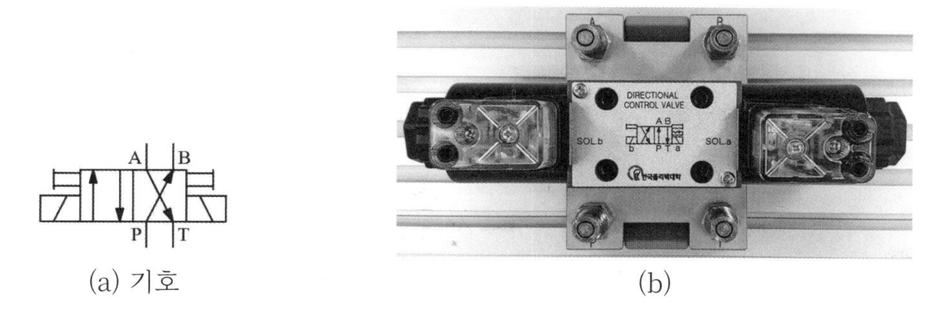

(a) 기호 (b)

[그림 2.43] 4/2way 양측 솔레노이드 밸브

5) 4 포트 3 위치 양측 솔레노이드 밸브

4 포트 3 위치 밸브는 두 개의 솔레노이드 동작에 의해서 P, T, A, B 포트의 접속 상태가 변화한다. 양측 솔레노이드에 전원이 인가되지 않으면 양쪽의 스프링에 의해서 밸브는 중립 위치를 유지하게 된다. 4 포트 3 위치 밸브는 중립 위치에서 포트와 유로의 접속 관계에 따라 여러 종류가 있다.

① 클로즈드 센터형(closed center)

[그림 2.44]와 같이 중립 위치에서 모든 포트가 차단되어 있다.

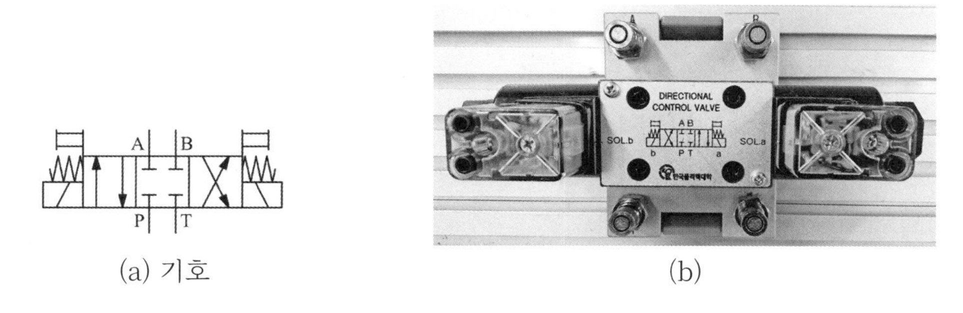

(a) 기호 (b)

[그림 2.44] 4/3way 양측 솔레노이드 밸브(closed center)

② PT 접속형(tandem center)

[그림 2.45]와 같이 중립 위치에서 P 포트와 T 포트가 접속되고 A, B 포트는 차단된다. 이 형식을 텐덤 센터형 또는 센터 바이패스형이라고도 한다.

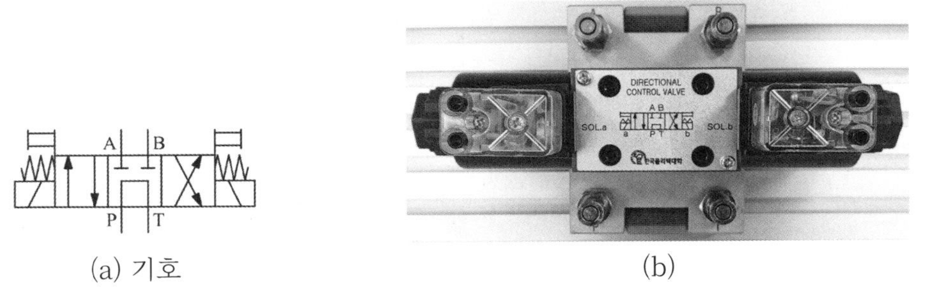

(a) 기호 (b)

[그림 2.45] 4/3way 양측 솔레노이드 밸브(tandem center)

③ ABT 접속형(pump closed center)

[그림 2.46]과 같이 P 포트만 차단되고 A, B 포트는 모두 T 포트에 접속된다. 이 형식을 펌프 클로즈드 센터형 또는 프레셔 포트 블록형이라고도 한다.

(a) 기호 (b)

[그림 2.46] 4/3way 양측 솔레노이드 밸브(pump closed center)

2.3.4 기타 밸브

1) 체크 밸브(check valve)

체크 밸브는 유체가 한쪽 방향으로만 흐르게 하고 반대 방향의 흐름은 차단하는 역할을 하는 밸브이다.

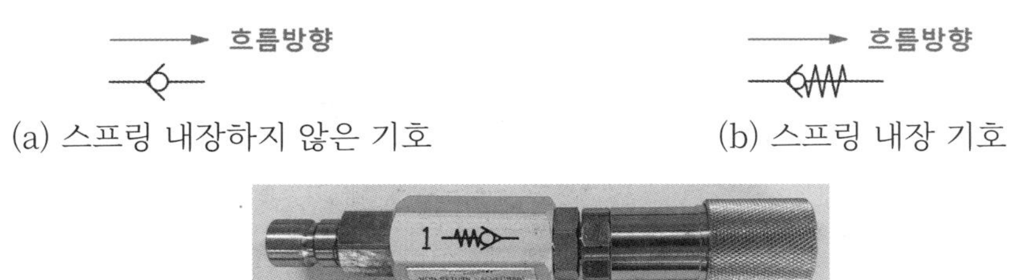

(a) 스프링 내장하지 않은 기호　　(b) 스프링 내장 기호

(c)

[그림 2.47] 유압 체크 밸브

2) 파일럿 조작 체크 밸브

파일럿 조작 체크 밸브는 자유 흐름에 대해서는 체크 밸브로 사용되지만, 필요에 따라서 파일럿 포트에 압력을 가하면 역방향의 흐름도 가능한 밸브이다. 이 밸브는 주로 실린더의 로크(lock)용으로 사용된다.

(a) 기호　　(b)

[그림 2.48] 파일럿 조작 체크 밸브

2.4 유압 작동기

유압 작동기는 펌프에서 생성되는 유체 에너지를 기계적인 에너지로 변환시키는 기기를 말한다. 유압 작동기 중에서 직선 왕복 운동을 하는 것을 유압 실린더, 축이 연속적인 회전 운동을 하는 것을 유압 모터, 축이 한정된 각도 범위에서 회전 운동하는 것을 요동형 작동기라고 한다.

2.4.1 유압 실린더

유압 실린더는 유체 에너지를 직선 왕복 운동으로 변환하여 기계적인 일을 하는 작동기이며 작동 형식에 따라서 단동형과 복동형으로 구분된다.

단동 실린더는 피스톤 또는 램(ram)의 한쪽에만 작동유를 공급하여 작동하고, 피스톤 또는 램의 자중이나 스프링 힘에 의하여 복귀 행정을 한다.

복동 실린더는 피스톤 양쪽에 교대로 공급되는 작동유에 의해서 전진 및 후진 운동을 한다. 로드(rod)의 장착 방법에 따라서 편로드형과 양로드형이 있다. 일반적으로 편로드형이 많이 사용되나 전진과 후진 속도를 같게 하는 목적으로 양로드형을 사용한다. 이 외에도 피스톤의 형식, 설치 방법, 기능에 따라서 램형, 다이어프램형, 차동, 텔레스코프, 텐덤, 다위치 제어 실린더 등 여러 종류의 실린더가 있다.

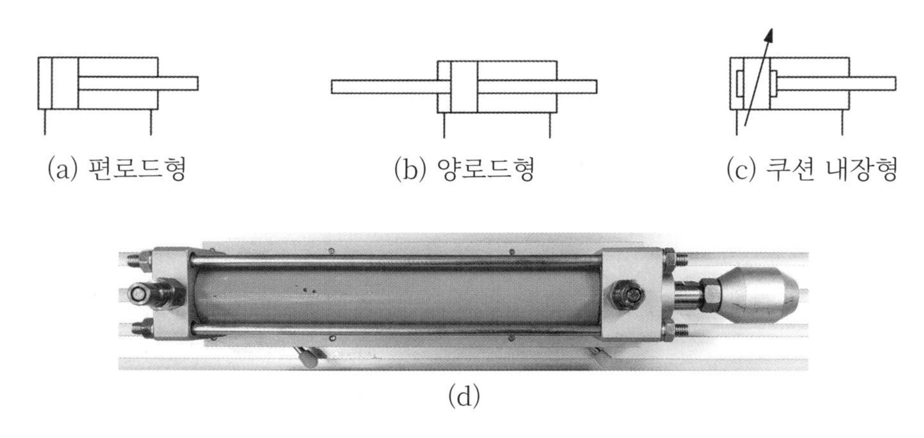

[그림 2.49] 유압 복동 실린더

2.4.2 유압모터

유압모터는 유체 에너지를 연속 회전 운동을 하는 기계적인 에너지로 변환시켜 주는 작동기이다. 유압펌프와 유압모터는 구조상으로 비슷하나 기능이 다르다. 유압모터는 무단으로 회전 속도를 조정할 수 있으며, 모터의 입출력 포트에 작동유를 교대로 공급하여 정·역회전의 운전이 가능하다. 유압모터는 구조 및 작동 방식에 따라서 기어, 베인, 피스톤 모터 등이 있다.

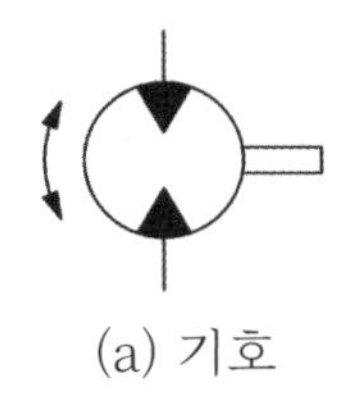

(a) 기호

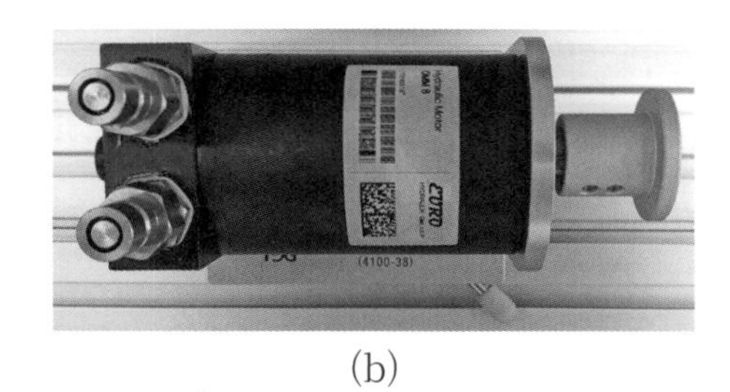

(b)

[그림 2.50] 유압모터

2.4.3 유압 요동형 작동기

유압 요동형 작동기는 유압 요동 모터라고도 부른다. 유압모터는 연속적인 회전 운동을 하지만 요동모터는 제한적인 회전 운동을 한다. 종류로는 베인형과 피스톤형으로 구분되며, 베인형 요동모터는 일반적으로 360° 이내의 회전 운동을 한다. 피스톤형 요동모터는 실린더 피스톤의 직선 운동을 나사나, 기어 등을 이용하여 회전 운동을 얻는 방식이며 360° 이상의 회전각을 가지는 것도 제작이 가능하다.

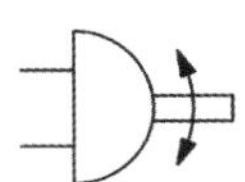

[그림 2.51] 요동형 작동기 기호

2.5 유압 보조 기기

유압 시스템을 구성하기 위해서는 유압펌프, 제어 밸브, 작동기와 같은 주요 기기 외에도 기름탱크, 필터, 히터, 냉각기, 축압기, 증압기와 같은 보조 기기들도 필요하다.

2.5.1 기름탱크

기름탱크는 작동유를 저장하는 기능 외에도 기름 속에 혼입된 불순물이나 기포의 제거, 운전 중에 발생하는 열을 방출하여 유온의 상승을 완화시키는 등의 기능을 가진다.

[그림 2.52] 기름탱크 기호

2.5.2 압력 게이지

압력 게이지는 유압 회로의 압력을 나타내는 기기이며 MPa, bar, kgf/cm^2 등의 단위로 압력을 표시한다.

(a) 기호

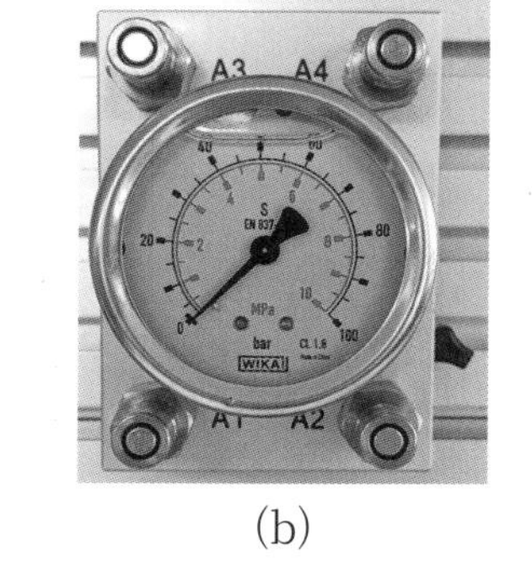

(b)

[그림 2.53] 압력 게이지

공유압 회로

1. 공기압 제어 회로

1.1 속도 제어 회로

1.1.1 미터인(meter in) 방식

일방향 유량 조절 밸브에 의해 액추에이터로 유입되는 유량을 조절하여 액추에이터의 속도를 제어하는 방식이다.

실린더의 전진 속도를 미터인 방식으로 제어하기 위해서는 일방향 유량 조절 밸브를 [그림 3.1]의 (a)와 같이 실린더 전진 시 압축 공기가 실린더로 유입되는 관로에 설치한다. 체크 밸브의 방향은 체크 밸브가 압축 공기를 차단하여 교축 밸브에 의해서만 조절된 유량이 실린더로 유입되도록 설치한다.

미터인 방식으로 실린더의 후진 속도를 제어하기 위해서는 일방향 유량 조절 밸브를 [그림 3.1]의 (b)와 같이 실린더 후진 시 압축 공기가 실린더로 유입되는 관로에 설치하고, 실린더의 전·후진 속도를 모두 제어하기 위해서는 (c)와 같이 설치한다.

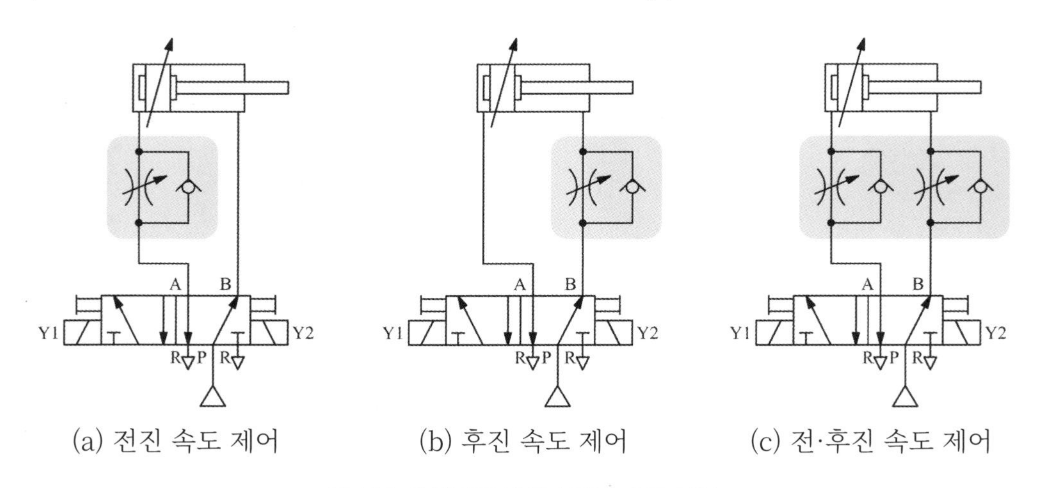

[그림 3.1] 미터인 방식 실린더 속도 제어

1.1.2 미터아웃(meter out) 방식

일방향 유량 조절 밸브에 의해 액추에이터로부터 유출되는 유량을 조절하여 액추에이터의 속도를 제어하는 방식이다.

실린더의 전진 속도를 미터아웃 방식으로 제어하기 위해서는 일방향 유량 조절 밸브를 [그림 3.2]의 (a)와 같이 실린더 후진 시 압축 공기가 실린더로부터 유출되는 관로에 설치한다. 체크 밸브의 방향은 체크 밸브가 압축 공기를 차단하여 교축 밸브에 의해서만 조절된 유량이 실린더로부터 유출되도록 설치한다.

미터아웃 방식으로 실린더의 후진 속도를 제어하기 위해서는 일방향 유량 조절 밸브를 [그림 3.2]의 (b)와 같이 실린더 후진 시 압축 공기가 실린더로부터 유출되는 관로에 설치하고, 실린더의 전·후진 속도를 모두 제어하기 위해서는 (c)와 같이 설치한다.

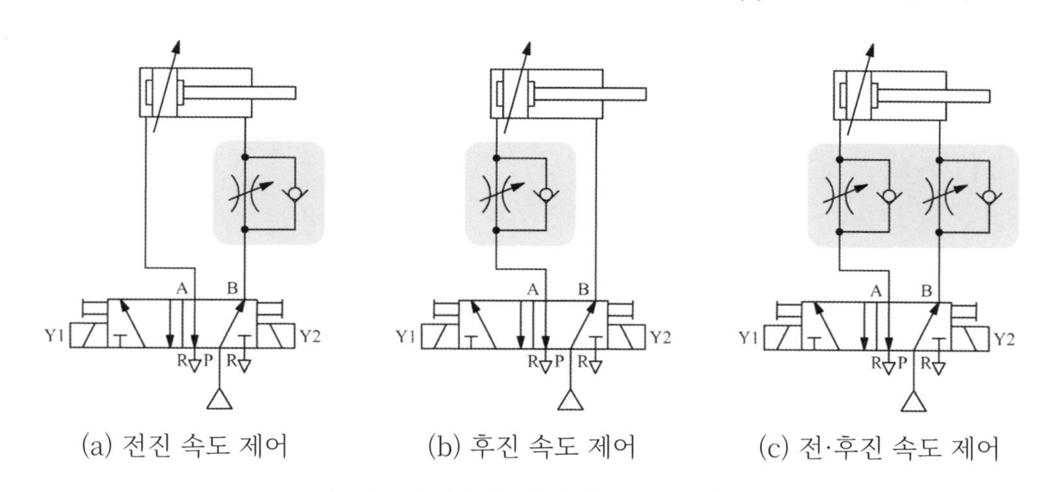

[그림 3.2] 미터아웃 방식 실린더 속도 제어

1.1.3 급속 배기 밸브에 의한 실린더 속도 증가

방향 제어 밸브와 실린더 사이의 배관 길이가 길거나 배관 내경이 작으면 배기 저항이 커지므로 적절한 실린더 속도를 얻을 수 없다. 이 경우에 실린더와 가깝게 급속 배기 밸브를 설치하면 배기 저항을 감소시켜 실린더 속도를 증가시킬 수 있다.

[그림 3.3]은 급속 배기 밸브를 설치하여 실린더의 후진 속도를 증가시키는 회로를 보여 준다. 실린더 전진 시에 실린더로 공급되는 압축 공기는 급속 배기 밸브의 P 포트에서 A 포트로 전달되고, 실린더 후진 시에 실린더로부터 유출되는 압축 공기는 급속 배기 밸브의 A 포트에서 R 포트로 급속 배기되어 실린더의 후진 속도가 증가하게 된다.

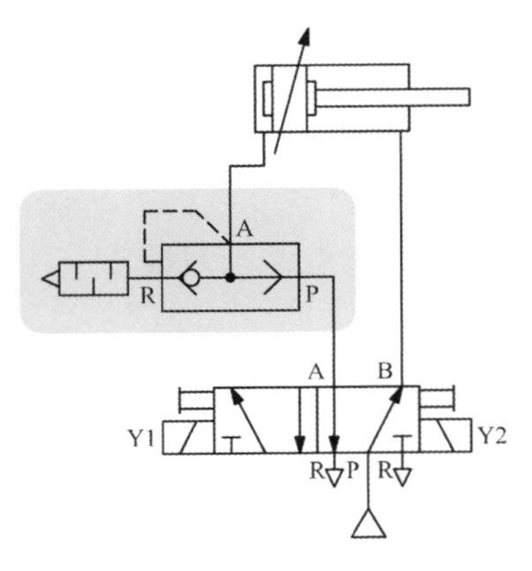

[그림 3.3] 급속 배기 밸브에 의한 실린더 후진 속도 증가

1.2 압력 제어 회로

◈ 감압 밸브를 이용한 회로

[그림 3.4]는 감압 밸브의 출구 측을 방향 제어 밸브의 P 포트에 연결하고 감압 밸브의 압력을 0.3MPa로 설정한 회로를 보여 준다. 이 회로에서 실린더에 작용하는 최대 압력은 공급 압력 0.5MPa보다 낮은 감압 밸브의 설정 압력 0.3MPa이 된다. 감압된 압력을 확인하기 위해서 압력 게이지는 감압 밸브의 출구 측에 설치되어야 한다.

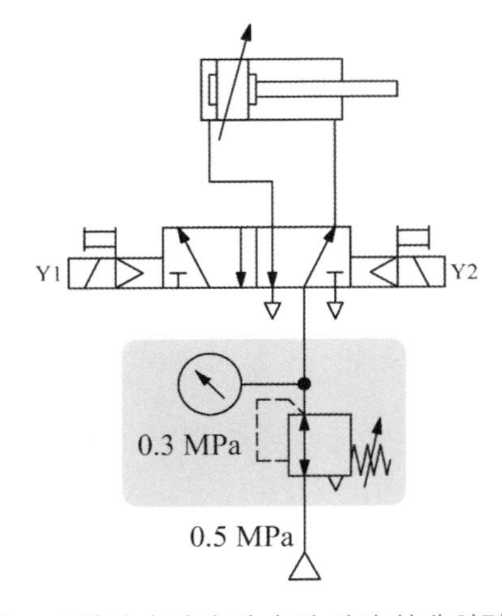

[그림 3.4] 실린더 전진 및 후진 시의 최대 압력 감압

2. 유압 제어 회로

2.1 속도 제어 회로

2.1.1 미터인(meter in), 미터아웃(meter out) 방식

유압 회로의 미터인, 미터아웃 속도 제어 방법은 공기압 회로와 같으며 [그림 3.5]에 미터인 방식, [그림 3.6]에 미터아웃 방식의 속도 제어 회로를 나타내었다.

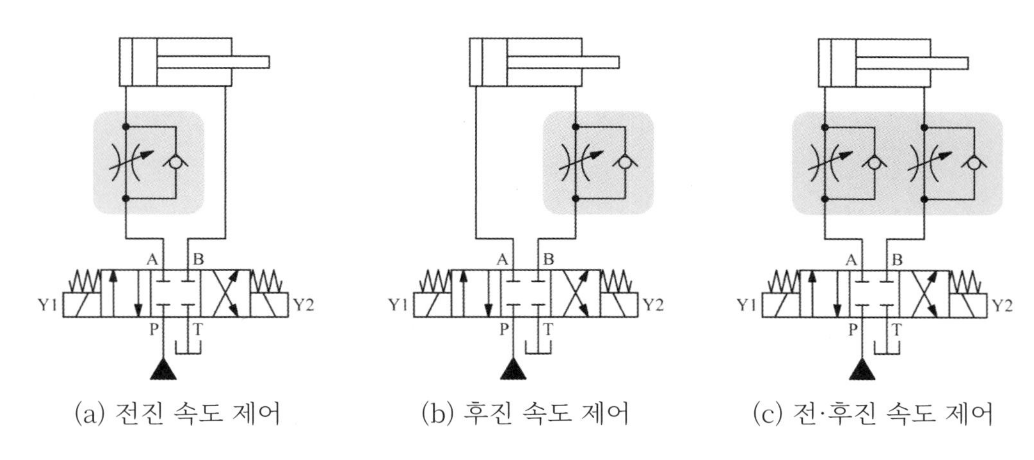

(a) 전진 속도 제어 (b) 후진 속도 제어 (c) 전·후진 속도 제어

[그림 3.5] 미터인 방식 실린더 속도 제어

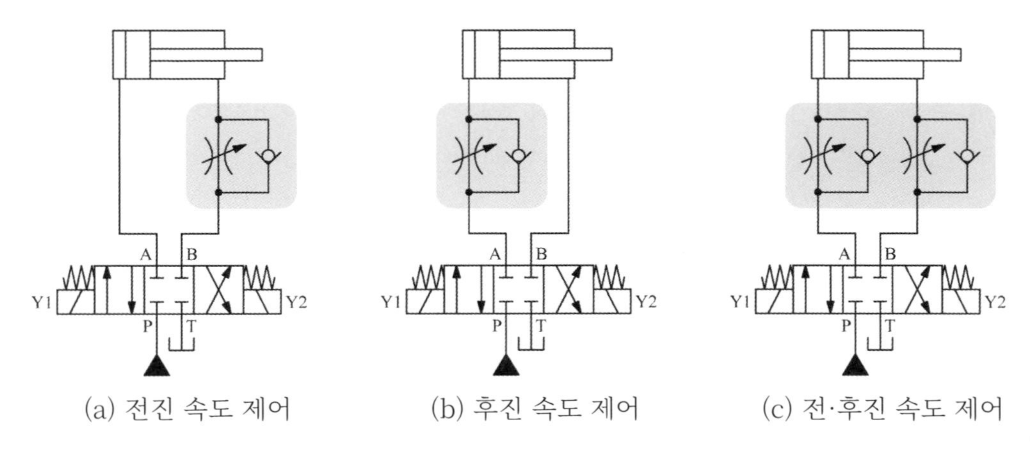

(a) 전진 속도 제어 (b) 후진 속도 제어 (c) 전·후진 속도 제어

[그림 3.6] 미터아웃 방식 실린더 속도 제어

2.1.2 블리드오프(bleed off) 방식

블리드오프 방식은 [그림 3.7]과 같이 유량의 일부를 탱크로 유출하고 나머지 유량에 의해 액추에이터의 속도를 제어하는 방식이다. 액추에이터에 작용하는 부하의 변동이 심한 경우에는 속도의 변화도 심해진다는 단점이 있지만 미터인, 미터아웃 방식에 비하여 에너지 손실이 적기 때문에 속도 제어의 정밀도가 그다지 요구되지 않는 곳에 사용된다.

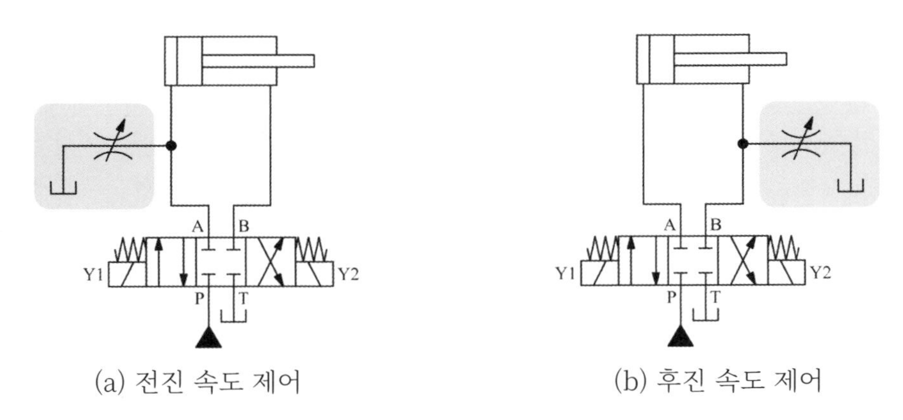

(a) 전진 속도 제어 (b) 후진 속도 제어

[그림 3.7] 블리드오프 방식 실린더 속도 제어

2.1.3 압력 보상형 유량 조절 밸브를 이용한 속도 제어 회로

액추에이터의 부하 변동에 관계없이 일정한 속도를 얻고자 하는 경우에는 압력 보상형 유량 조절 밸브를 이용한다. [그림 3.8]은 실린더의 전진 속도가 일정하도록 압력 보상형 유량 조절 밸브를 미터인 방식으로 설치한 회로이다.

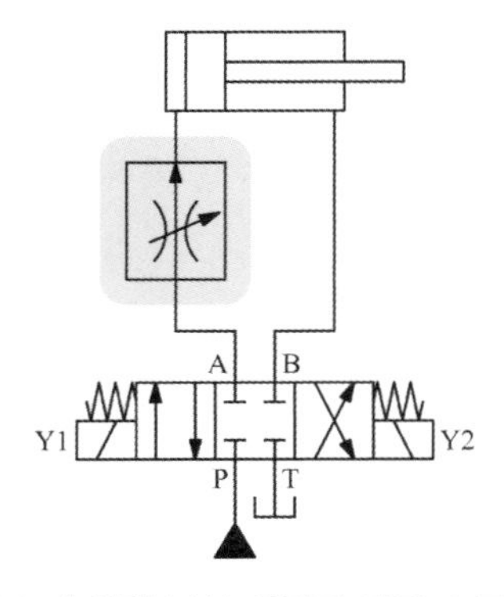

[그림 3.8] 압력 보상 실린더 전진 속도 제어

2.1.4 차동 회로

편로드형 실린더가 전진 시에 실린더로부터 유출되는 작동유를 탱크로 복귀시키지 않고, 유압펌프에서 공급되는 작동유와 합류시켜 속도를 증가시키고자 하는 회로를 차동회로라고 한다.

차동 회로에서 실린더의 속도는 피스톤 헤드 측과 로드 측의 수압 면적비에 의해서 결정되며, 차동 운전 중에 헤드 측과 로드 측의 압력은 거의 같아진다. 따라서 실린더 전진 시에는 피스톤 로드의 단면적에만 압력이 작용하기 때문에 추력은 약하게 된다.

[그림 3.9]의 (a)에서 Y1을 on 하면 P-A 포트가 접속되어 실린더는 전진하고, 실린더에서 유출되는 작동유는 방향 제어 밸브의 공급 측으로 합류한다. Y2를 on 하면 실린더는 후진하고 실린더에서 유출되는 작동유는 A-T 포트가 접속되어 있으므로 탱크로 복귀한다.

그림의 (b)에서 Y1을 on 하면 실린더는 전진하며, 실린더에서 유출되는 작동유는 공급 측과 합류하여 실린더 속도가 증가한다. 실린더의 후진은 Y2와 Y3을 on 하여 후진시킨다.

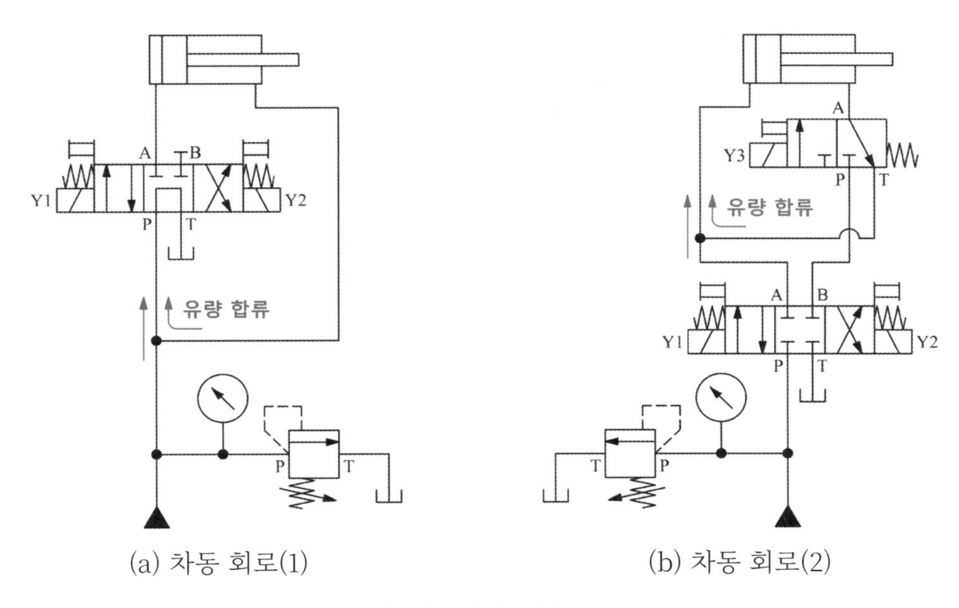

(a) 차동 회로(1)

(b) 차동 회로(2)

[그림 3.9] 차동 회로

2.2 압력 제어 회로

2. 2. 1 릴리프 밸브에 의한 최고 압력 설정

유압 회로의 최고 압력은 릴리프 밸브에 의해 설정된다. [그림 3.10]은 유압 회로의 압력이 릴리프 밸브의 설정 압력에 도달하면 릴리프 밸브가 열리면서 작동유를 기름탱크로 복귀시켜 압력 상승을 제한하는 회로를 나타낸 것이다.

릴리프 밸브에 작용하는 압력을 확인하기 위해서는 압력 게이지를 릴리프 밸브의 입구 측에 설치해야 한다.

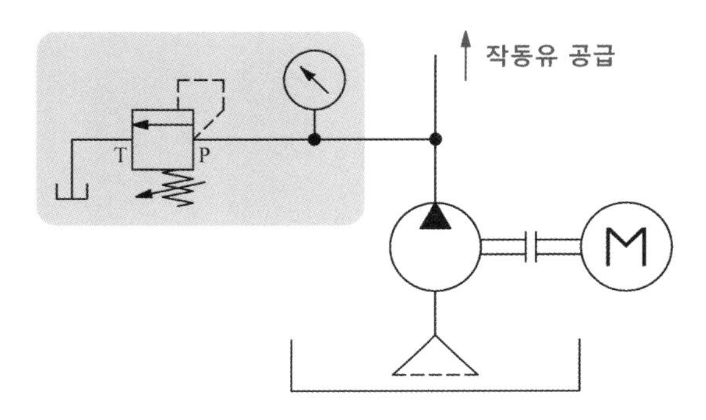

[그림 3.10] 릴리프 밸브에 의한 최고 압력 설정

2. 2. 2 감압 밸브를 이용한 회로

감압 밸브는 유압 회로 일부분의 압력을 릴리프 밸브의 설정 압력 이하로 낮추고자 할 때 사용된다. [그림 3.11]에서 실린더 A에 작용하는 최대 압력은 릴리프 밸브의 설정 압력인 4MPa가 된다. 하지만 실린더 B를 제어하는 방향 제어 밸브의 P 포트는 감압 밸브의 출력 측과 연결되어 있으므로 실린더 B에 작용하는 최대 압력은 감압 밸브의 설정 압력인 2MPa가 된다.

감압 밸브에 의해 감압된 압력을 확인하기 위해서는 압력 게이지를 감압 밸브의 출구 측에 설치해야 한다.

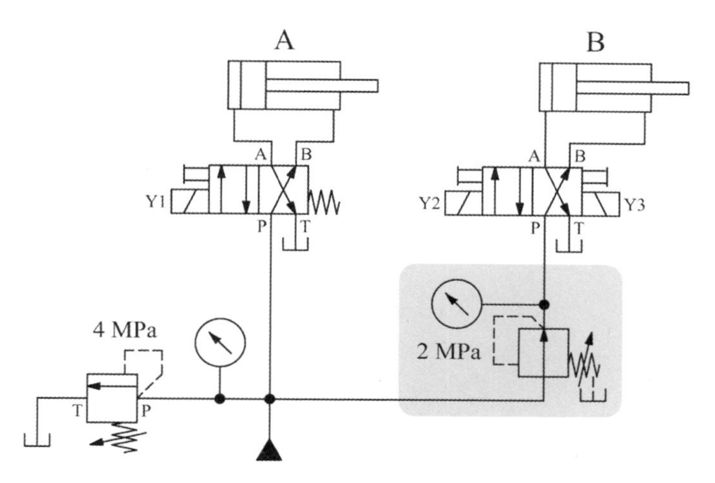

[그림 3.11] 감압 밸브에 의한 실린더 B측 공급 압력 감압

2.2.3 카운터 밸런스 밸브를 이용한 배압 회로

자중 부하가 있는 실린더를 하강시키는 경우에 펌프 공급 측의 압력은 부(-)가 되면서 실린더 피스톤은 자중에 의해서 낙하한다. [그림 3.12]와 같이 카운터 밸런스 밸브를 설치하여 실린더 하강 시에 배압을 발생시키면 피스톤의 낙하를 방지할 수 있다. 피스톤 하강 시에는 배압에 의해 낙하를 방지하고, 상승 시에는 배압이 필요 없으므로 작동유는 체크 밸브를 통과하여 실린더를 상승시킨다.

카운터 밸런스 밸브의 설정 압력을 확인하기 위해서는 압력 게이지를 액추에이터와 카운터 밸런스 밸브 사이에 설치해야 한다. 배압은 실린더가 하강하는 중에 압력 게이지를 확인하며 설정한다.

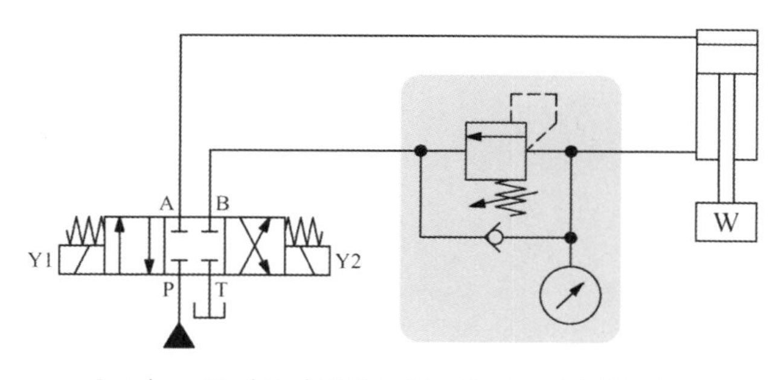

[그림 3.12] 카운터 밸런스 밸브를 이용한 배압 회로

2.2.4 최대 압력 제한 회로

고압용과 저압용의 릴리프 밸브 두 개를 사용하여 실린더 전진과 후진 동작의 최대 압력을 다르게 설정하는 회로이다. [그림 3.13]에서 실린더 후진 시의 최대 압력은 4MPa이며, 전진 시의 최대 압력은 실린더와 방향 제어 밸브 사이에 분기하여 설치된 릴리프 밸브의 설정 압력 3MPa이 된다.

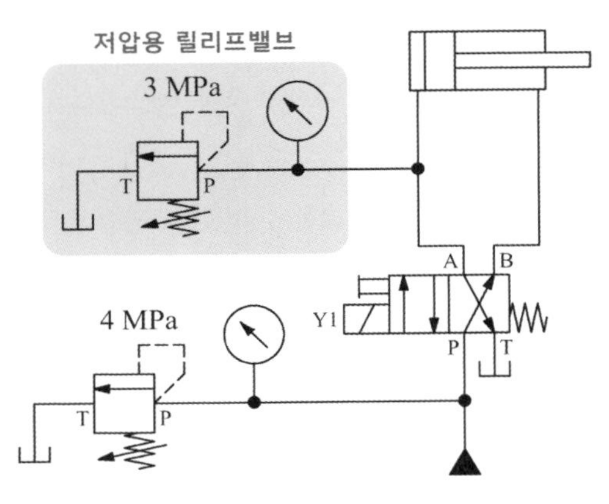

[그림 3.13] 최대 압력 제한 회로

2.2.5 압력 스위치를 이용한 회로

[그림 3.14]는 실린더 전진 측 공급 관로에 압력 스위치와 압력 게이지를 설치한 회로를 보여 준다. 실린더 전진 측 공급 압력이 압력 스위치의 설정 압력에 도달하면 접점이 개폐되므로, 이를 전기회로에 이용할 수 있다.

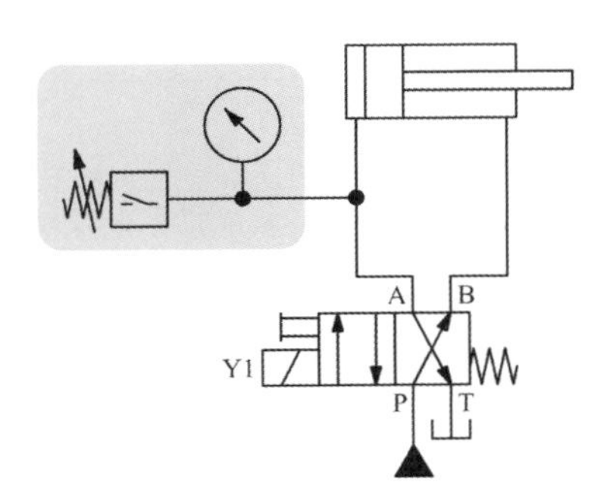

[그림 3.14] 압력 스위치 신호 출력

2.2.6 시퀀스 밸브를 사용한 순차 회로

[그림 3.15]는 체크 밸브가 내장된 시퀀스 밸브를 사용하여 2개의 유압 실린더를 순차 작동시키는 회로를 나타낸 것이다. 솔레노이드 Y1을 on 하면 실린더 A가 전진하고, 전진 측 공급 압력이 시퀀스 밸브의 설정 압력에 도달하면 실린더 B가 전진한다.

이 회로는 실린더 B가 전진을 하는 동안 먼저 전진한 실린더 A를 시퀀스 밸브의 설정 압력으로 유지시킬 수 있다.

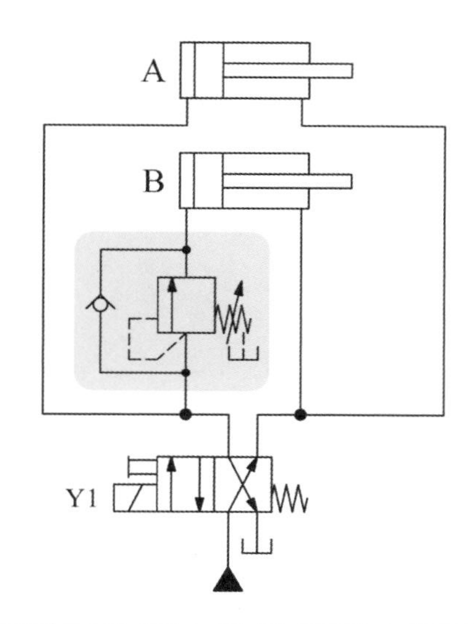

[그림 3.15] 시퀀스 밸브를 사용한 순차 회로

2.2.7 무부하 회로

유압 시스템에서 작동기가 일을 하고 있지 않을 때, 유압펌프의 토출 유량은 고압으로 릴리프 밸브를 통해 탱크로 복귀되면서 유온이 상승하고 동력 손실이 발생한다. 이 때문에 유압펌프의 토출 유량을 저압으로 기름 탱크에 복귀시키는 회로를 무부하 회로라고 한다.

1) 텐덤 센터형 밸브에 의한 무부하 회로

[그림 3.16]과 같이 4포트 3위치 텐덤 센터형 밸브를 이용하면 밸브가 중립 위치에 있을 때, 유압펌프에서 토출되는 유량은 저압으로 T포트를 통해서 탱크로 복귀하게 된다. 이 회로는 가장 간단한 방법의 무부하 회로로 사용된다.

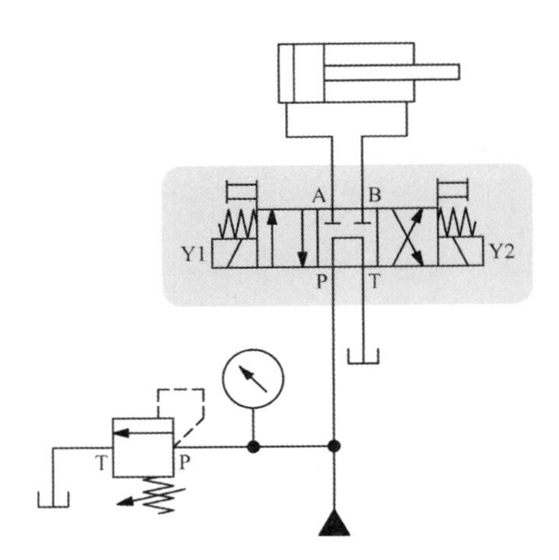

[그림 3.16] 텐덤 센터형 밸브에 의한 무부하 회로

2) 2포트 2위치 밸브에 의한 무부하 회로

[그림 3.17]과 같이 유압펌프의 토출 라인에 2 포트 2 위치 밸브를 설치하여 무부하 회로를 구성하면, 솔레노이드 Y3이 on 되는 경우에만 주회로에 압력을 공급할 수 있다.

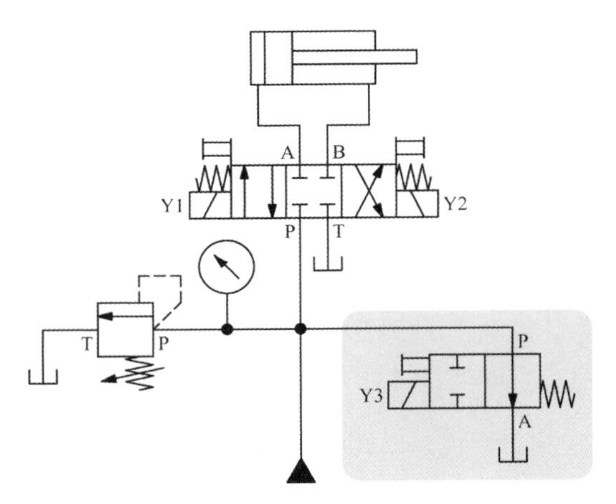

[그림 3.17] 2 포트 2 위치 밸브에 의한 무부하 회로

3) Hi-Lo 무부하 회로

[그림 3.18]은 저압 대용량 펌프(a)와 고압 소용량 펌프(b)를 동시에 사용하는 경우의 무부하 회로이다. 그림에서 (c)는 저압을 설정하는 언로딩 밸브, (d)는 고압을 설정하는 릴리프 밸브, (e)는 고압 측에서 저압 측의 흐름을 방지하는 체크 밸브이다.

유압 시스템에서 저압 대유량의 급속 이송이 필요한 경우는 두 펌프의 유량을 합류시켜 작동기에 공급한다. 고압 소용량의 가압 행정에서는 회로 압력이 상승하여 언로딩 밸브에 의해 펌프(a)는 무부하 운전을 하고, 펌프(b)만 고압유를 회로에 공급한다.

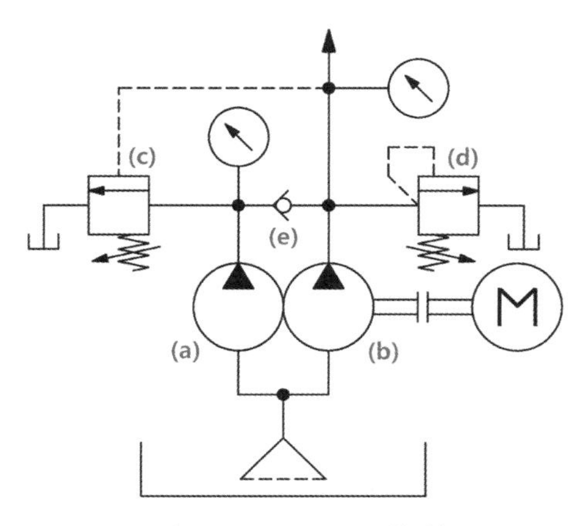

[그림 3.18] Hi-Lo 무부하 회로

2.3 기타 응용 회로

2. 3. 1 유압유의 역류 방지

작동유가 펌프로 역류하는 것을 방지하기 위해서는 [그림 3.19]와 같이 펌프의 토출구에 체크 밸브를 설치한다.

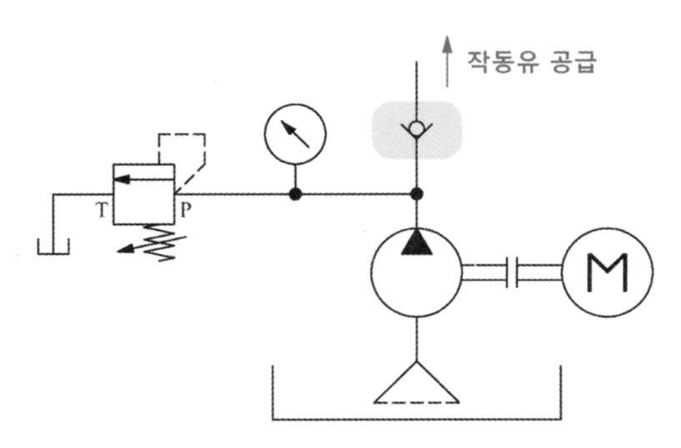

[그림 3.19] 펌프 측으로 유압유 역류 방지

2.3.2 로킹(locking) 회로

로킹 회로는 실린더를 임의의 위치 또는 전진 및 후진의 끝에 고정시키는 회로로 [그림 3.20]은 4 포트 3 위치 텐덤 센터형 솔레노이드 밸브를 사용한 로킹 회로를 나타낸 것이다.

실린더 운전 중에 방향 제어 밸브를 중립 위치로 변환하면 A, B 포트가 차단되므로 실린더는 임의의 위치에 로크되고, 펌프는 무부하 운전을 한다. 그러나 이 회로는 방향 제어 밸브의 스풀 구조로 인해서 내부 누설이 발생하므로 부하가 작용하는 경우에 실린더는 서서히 이동한다.

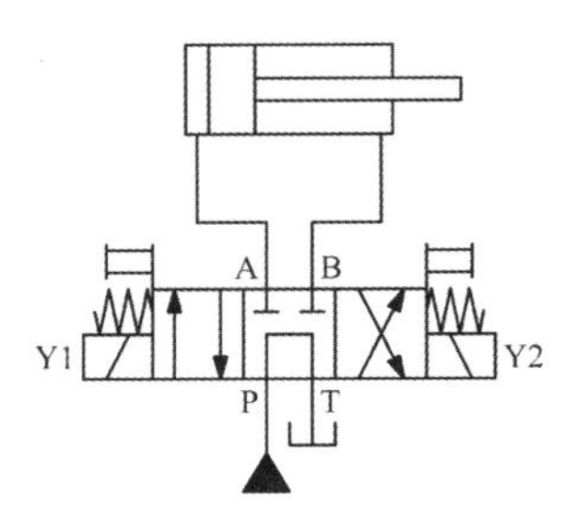

[그림 3.20] 텐덤 센터형 밸브를 이용한 로킹 회로

[그림 3.21]은 실린더와 방향 제어 밸브 사이에 파일럿 조작 체크 밸브를 설치한 로킹 회로를 나타낸 것이다. 이 방법은 큰 부하에 대해서도 실린더를 확실히 정지시킬 수 있다. 이 로킹 회로에서는 방향 제어 밸브를 중립 위치로 조작했을 때 파일럿 조작 체크 밸브가 확실히 닫히도록 하기 위하여 ABT 접속형 방향 제어 밸브를 사용하는 것이 좋다.

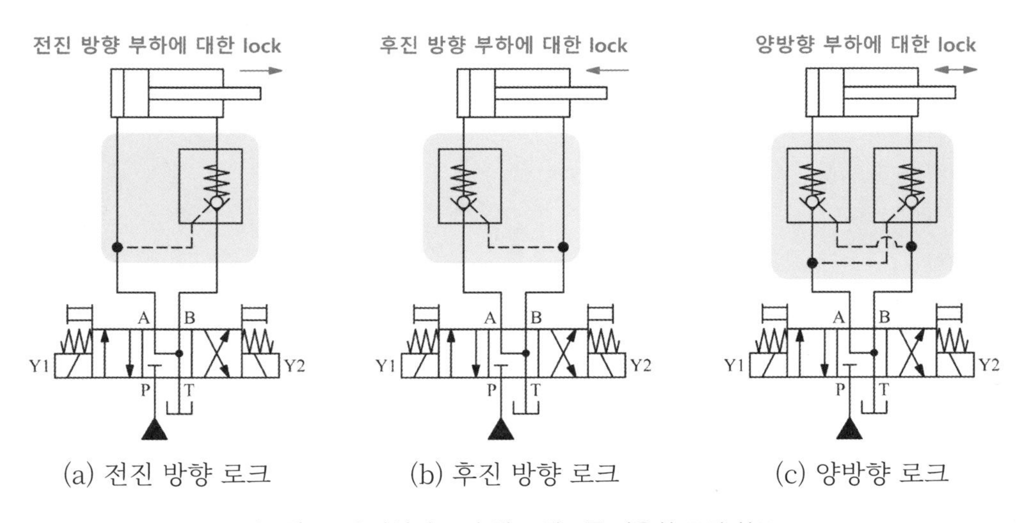

[그림 3.21] 파일럿 조작 체크 밸브를 이용한 로킹 회로

전기회로 기초

Craftsman Hydro-pneumatic

1. 전기 제어 기초 용어

1) 개로(open, off)

전기회로의 일부를 스위치, 릴레이 등으로 여는 것

2) 폐로(close, on)

전기회로의 일부를 스위치, 릴레이 등으로 닫는 것

3) 동작(actuation)

어떤 원인을 주어서 소정의 작용을 하는 것

4) 복귀(reseting)

동작 이전의 상태로 되돌리는 것

5) 여자(magnetization)

계전기, 솔레노이드 등의 코일에 전류를 인가하여 자력을 갖게 하는 것

6) 소자(demagnetization)

계전기, 솔레노이드 등의 코일에 전류를 차단하여 자력을 잃게 하는 것

7) 기동(starting)

기기 또는 장치가 정지 상태에서 운전 상태로 되도록 하는 것

8) 운전(running)

기기 또는 장치가 동작 중인 상태

9) 정지(stopping)

기기 또는 장치를 운전 상태에서 정지 상태로 하는 것

2. 전기 기기

2.1 접점(contact)

접점이란 전기 스위치, 계전기 등의 전기 기기에서 전기회로를 닫거나(on) 여는(off) 동작을 하는 기계적 접촉 부분이다. 접점은 기능에 따라서 a접점, b접점, c접점으로 구분된다.

2.1.1 a접점

a접점(arbeit contact)은 외력이 가해지지 않는 상태에서는 열려 있고 외력이 가해지면 닫히는 접점이며, 메이크 접점(make contact) 또는 NO(normal open) 접점이라고도 한다.

2.1.2 b접점

b접점(break contact)은 외력이 가해지지 않는 상태에서는 닫혀 있고 외력이 가해지면 열리는 접점이며, NC(normal closed) 접점이라고도 한다.

2.1.3 c접점

c접점(change over contact)은 a접점과 b접점의 기능을 포함하는 접점이며, 트랜스퍼 접점(transfer contact)이라고도 한다.

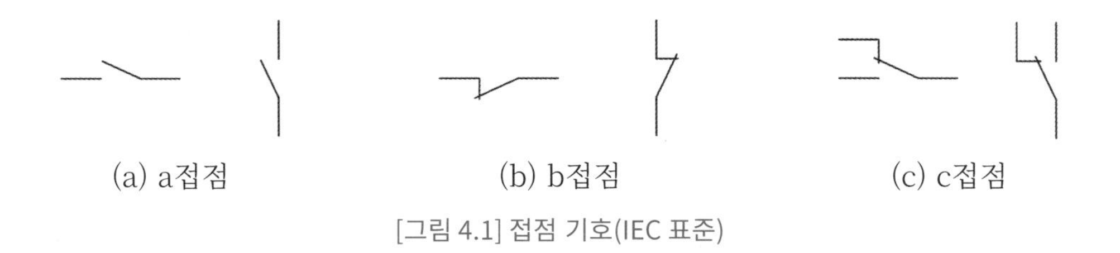

[그림 4.1] 접점 기호(IEC 표준)

2.2 스위치(switch)

2.2.1 누름 버튼 스위치(push button switch)

누름 버튼 스위치는 버튼을 누르면 접점이 개폐하는 스위치이며 기능에 따라서 복귀형 스위치와 유지형 스위치로 구분된다.

1) 복귀형 스위치

복귀형 누름 버튼 스위치는 버튼을 누르는 조작력을 제거하면 접점이 스프링 힘에 의하여 초기 상태로 복귀하는 스위치이다.

2) 유지형 스위치

유지형 누름 버튼 스위치는 조작력을 제거하여도 접점 상태를 유지하고 반대 조작이 가해지면 초기 상태로 복귀한다. 유지형 스위치는 누름 버튼 방식의 스위치 외에도 셀렉터(selector), 텀블러(tumbler), 토글(toggle), 키(key), 비상(emergency) 스위치 등이 있다.

3) 비상 정지 스위치

비상 정지 스위치는 비상시에 회로를 긴급히 차단하는 목적으로 사용되는 적색의 돌출 버튼을 가진 유지형 스위치이다. 회로를 차단 시에는 눌러서 유지시키고 복귀 시에는 우측으로 돌려서 복귀시킨다.

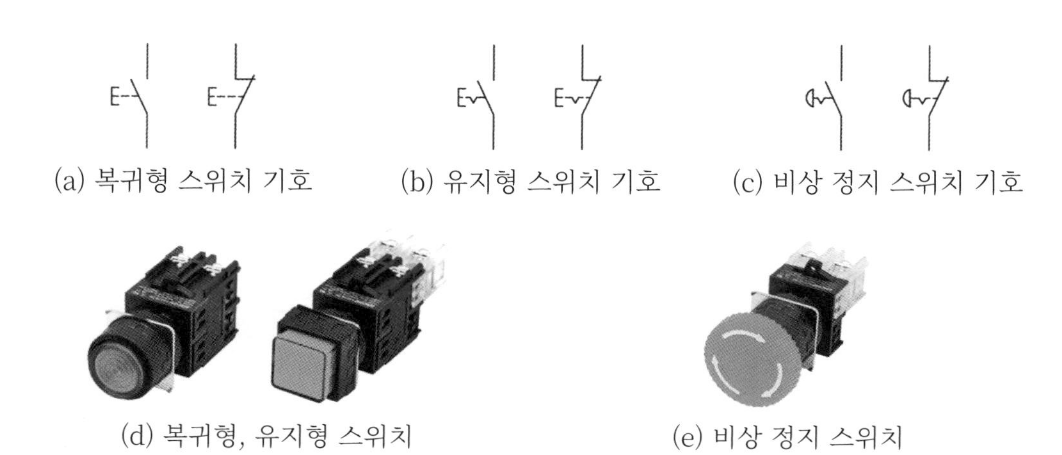

(a) 복귀형 스위치 기호 (b) 유지형 스위치 기호 (c) 비상 정지 스위치 기호

(d) 복귀형, 유지형 스위치 (e) 비상 정지 스위치

[그림 4.2] 누름 버튼 스위치[1]

1) ㈜한국자동제어(www.kacon.co.kr)

2.2.2 검출용 스위치

검출용 스위치는 제어 대상의 상태나 변화를 검출하기 위한 목적으로 사용되며, 물체의 위치나 액체의 높이, 압력, 빛, 온도, 전압, 자계 등을 검출하여 전기적 신호로 변환하는 역할을 한다. 검출 방식에 따라서 접촉식과 비접촉식 스위치로 구분된다.

1) 마이크로스위치, 리밋스위치

기계적 동작에 의해서 스위치의 접촉자가 움직여 접점이 개폐되는 스위치이며, 기계나 실린더 등의 위치를 검출하는 목적으로 사용된다.

마이크로스위치는 비교적 소형으로 내부에 스냅 액션 기구와 접점을 내장한 것이다. 리밋스위치는 내부에 마이크로스위치를 내장하고 밀봉되어 내구성이 요구되는 장소나 외력으로부터 기계적 보호가 필요한 곳에 사용된다.

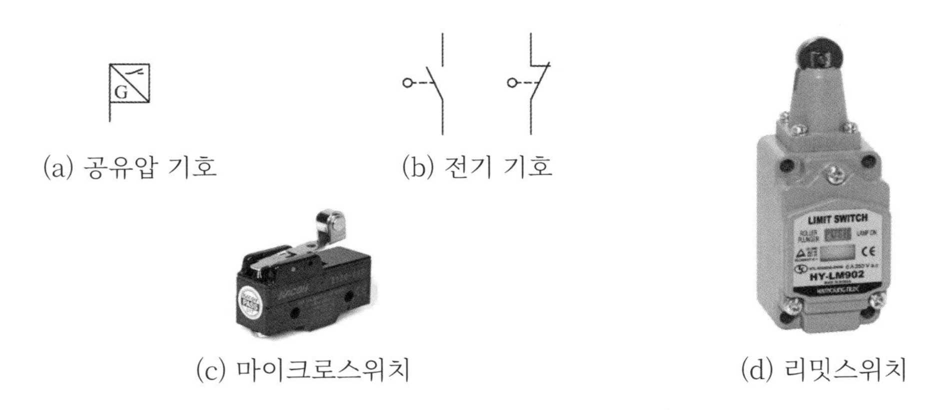

(a) 공유압 기호 (b) 전기 기호

(c) 마이크로스위치 (d) 리밋스위치

[그림 4.3] 마이크로스위치, 리밋스위치[2]

2) 압력 스위치

압력 스위치는 공유압 회로의 압력이 압력 스위치의 설정 압력에 도달하면 접점을 개폐하는 스위치이다. 압력 스위치는 on 되는 압력과 off 되는 압력의 차이가 있으므로 압력 스위치의 사용 목적에 따라서 압력의 상승 또는 하강 시에 동작하도록 설정해야 한다.

(a) 공유압 기호 (b) 전기 기호

[그림 4.4] 압력 스위치 기호

2) ㈜한영넉스(www.hanyoungnux.co.kr)

3) 근접 스위치

근접 스위치는 검출 대상 물체가 검출면에 근접했을 때 전기회로를 개폐하는 목적으로 사용되는 비접촉식 스위치이다. 검출 방식에 따라서 자기형, 유도형(고주파 발진형), 정전 용량형으로 분류된다.

유도형 근접 스위치는 검출단에서 고주파를 발진하고 검출 물체가 접근하면 검출 코일의 인덕턴스 변화를 이용한 것으로 금속의 검출에 이용된다.

정전 용량형 근접 스위치는 검출 물체가 접근하면 대지와 스위치 간의 정전 용량이 변화하는 원리를 이용한 것으로 금속뿐만 아니라 플라스틱, 유리, 목재와 같은 절연물과 액체의 검출도 가능하다.

(a) 유도형 근접 스위치

(b) 정전 용량형 근접 스위치

[그림 4.5] 근접 스위치[3]

직류 전원을 사용하는 유도형 및 정전 용량형 근접 스위치는 출력 형식에 따라서 양(+) 전원을 출력하는 PNP형 스위치와 음(-) 전원을 출력하는 NPN형 스위치가 있다.

[그림 4.6]은 3선식 PNP 타입 유도형, 용량형 근접 스위치의 기호와 배선 방법을 나타낸 것이다. 그림에서 유도형, 용량형 근접 스위치의 배선 방법은 동일한 것을 알 수 있다.

(a) 유도형 근접 스위치 (b) 용량형 근접 스위치

[그림 4.6] 3선식 PNP 타입 근접 스위치 배선

3) ㈜오토닉스(www.autonics.com)

2.3 전자 계전기(릴레이, relay)

전자 계전기(릴레이)는 접점을 개폐하는 스위치의 조작을 전자석의 힘으로 하는 기기이다. 코일에 전원이 공급되어 코일이 여자되면 전자석에 의해 가동 철편이 b접점에서 a접점으로 접촉하고, 코일이 소자되면 가동 철편은 복귀 스프링에 의해 원래 상태로 복귀한다. 이와 같은 동작으로 접점을 개폐하여 회로를 제어하게 되는데, 일반적으로 1개의 코일에 의하여 여러 개의 접점이 동시에 개폐되는 구조로 이루어져 있다.

코일에 전원을 인가한 후 a접점이 닫힐 때까지의 시간을 동작 시간이라고 하며, 코일에 전원을 차단한 후 b접점이 닫힐 때까지의 시간을 복귀 시간이라고 한다. 일반적인 릴레이의 동작 시간과 복귀 시간은 약 20msec 정도이다.

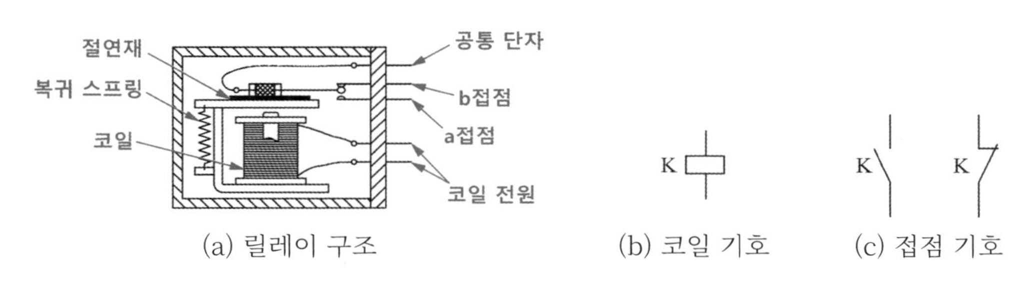

(a) 릴레이 구조 (b) 코일 기호 (c) 접점 기호

[그림 4.7] 전자 계전기(릴레이)

2.4 타이머(timer)

코일에 전원을 공급하면 일정 시간이 지난 후에 접점이 개폐되는 릴레이를 한시 계전기 또는 타이머라고 한다.

2.4.1 여자 지연 타이머(on delay timer)

여자 지연 타이머는 코일에 전원이 인가되면 설정 시간 후에 접점이 개폐되고 전원이 차단되면 즉시 복귀하는 한시 동작 순시 복귀 타이머이다. [그림 4.8]에 여자 지연 타이머의 기호와 타임 차트를 나타내었다.

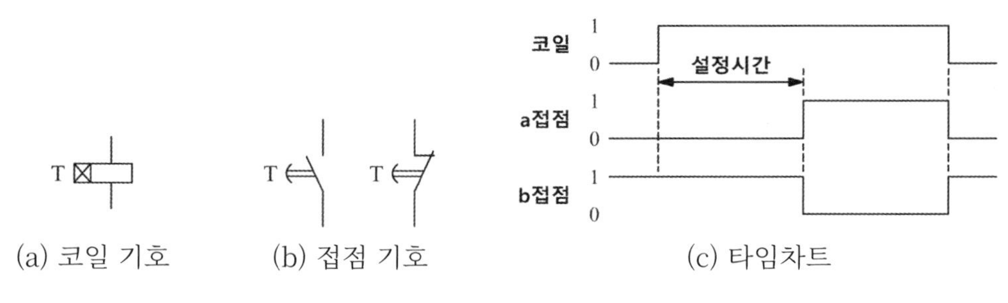

[그림 4.8] 여자 지연 타이머

2.4.2 소자 지연 타이머(off delay timer)

소자 지연 타이머는 코일에 전원이 인가되면 즉시 접점이 개폐되고 전원이 차단되면 설정 시간 후에 복귀하는 순시 동작 한시 복귀 타이머이다. [그림 4.9]에 소자 지연 타이머의 기호와 타임 차트를 나타내었다.

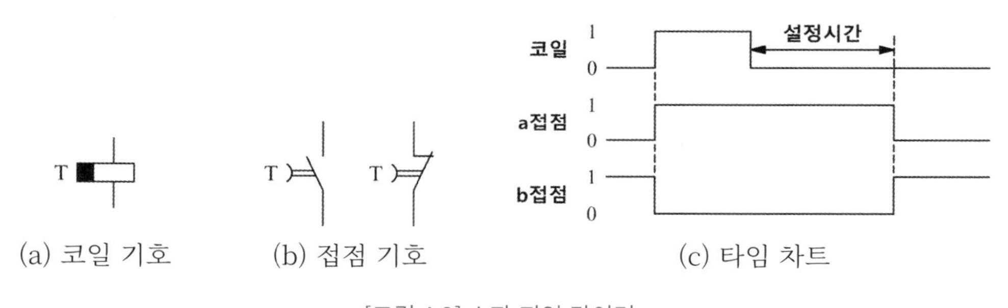

[그림 4.9] 소자 지연 타이머

2.5 카운터(counter)

카운터는 신호가 입력되면 그 수를 계수하는 것으로 입력 신호를 적산하여 계수하는 적산 카운터, 설정한 값과 입력 신호의 수가 같을 때 접점을 개폐하는 프리셋 카운터가 있다. 카운터에 신호를 입력하는 것을 셋(set), 현재 값을 초기화하는 것을 리셋(reset)이라고 한다.

프리셋 카운터는 설정값과 입력된 신호의 수가 같아지면 출력이 on 되며, 카운터를 리셋하기 전까지 on 상태를 유지하게 된다.

(a) 카운터 입력 (b) 카운터 출력 접점

[그림 4.10] 카운터 기호

2.6 솔레노이드 밸브(solenoid valve)

솔레노이드 밸브는 전자석에 의해 구동되는 밸브로 주로 방향 제어 밸브에 적용된다. 솔레노이드부와 밸브부의 두 부분으로 이루어져 있으며, 전자석의 힘으로 밸브를 직접 구동하는 직동식과 전자석으로 파일럿 밸브를 구동하여 그 출력으로 메인 밸브를 구동하는 파일럿 작동식이 있다.

[그림 4.11]에 솔레노이드 밸브의 전기 기호를 나타내었다.

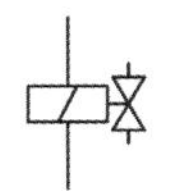

[그림 4.11] 솔레노이드 밸브 전기 기호

2.7 램프(lamp), 부저(buzzer)

시스템의 운전 상태를 시각적으로 표현하기 위해서 램프를 사용하고, 소리로 나타내기 위해서는 부저를 사용한다. [그림 4.12]에 램프와 부저의 기호를 나타내었다.

(a) 램프 (b) 부저

[그림 4.12] 램프, 부저 기호

3. 전기 실습 장치

1) 전원 공급기

DC24V 전원 공급기는 AC220V 전원을 DC24V로 변환하여 공급한다.

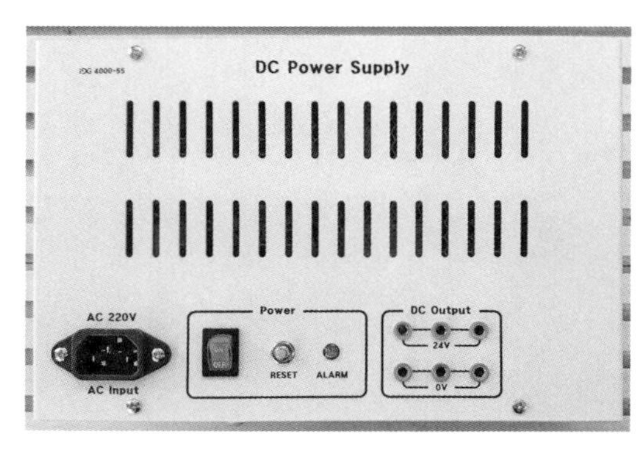

[그림 4.13] DC24V 전원 공급기

2) 비상 정지 스위치 유닛

[그림 4.14]의 비상 정지 스위치 유닛은 a접점과 b접점 한 개씩 구성되어 있다.

3) 누름 버튼 스위치 유닛

[그림 4.15]의 누름 버튼 스위치 유닛은 두 개의 복귀형 스위치와 한 개의 유지형 스위치로 구성되어 있다. 각 스위치는 두 개의 c접점을 사용할 수 있으며, 램프가 내장되어 있으므로 전원을 공급하여 램프를 제어할 수 있다.

[그림 4.14] 비상 정지 스위치 유닛

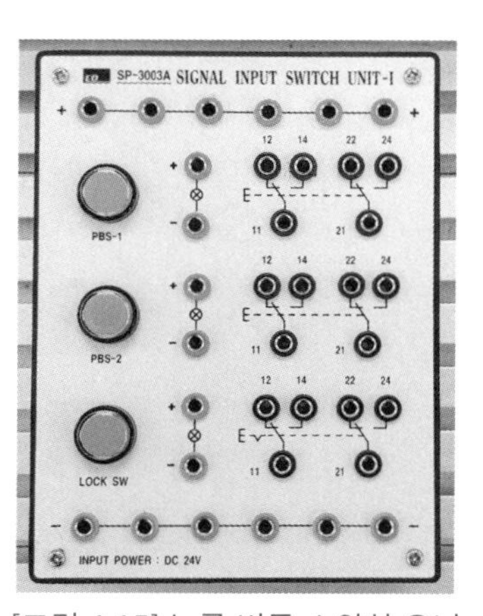

[그림 4.15] 누름 버튼 스위치 유닛

4) 릴레이 유닛

[그림 4.16]의 릴레이 유닛은 세 개의 릴레이가 내장되어 있으며, 각각의 릴레이는 코일과 접점으로 구성되어 있다. 한 개의 릴레이는 네 개의 c접점을 사용할 수 있다. 릴레이 접점이 네 개 이상 필요한 경우에는 해당 릴레이의 코일 전원을 여분의 릴레이 코일 전원과 연결하여 사용한다.

5) 타이머 유닛

[그림 4.17]의 타이머 유닛은 여자 지연 타이머와 소자 지연 타이머가 한 개씩 내장되어 있고 각각 두 개씩의 a접점과 b접점을 사용할 수 있다. 타이머에는 시간을 설정할 수 있는 버튼이 있으며 설정 시간과 경과 시간을 디스플레이 창을 통해서 확인할 수 있다. 타이머 유닛에는 타이머 구동을 위한 전원을 공급해야 하므로 유닛의 상하에 있는 전원 단자에 전원을 연결한다.

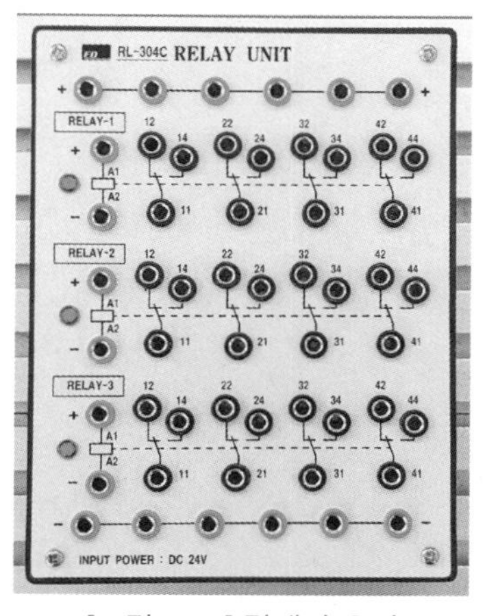

[그림 4.16] 릴레이 유닛

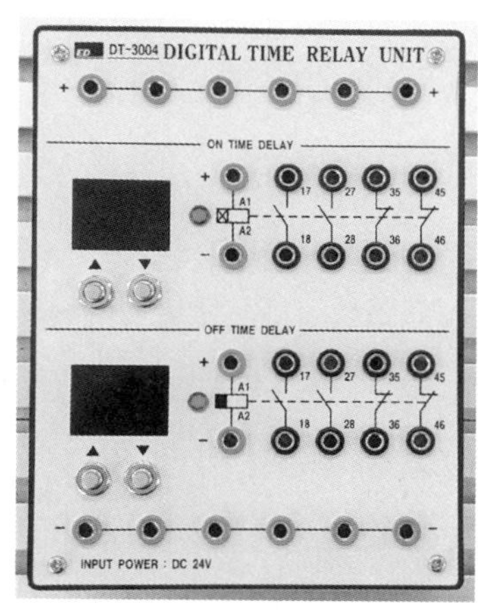

[그림 4.17] 타이머 유닛

6) 카운터 유닛

[그림 4.18]의 카운터 유닛은 계수하는 신호, 리셋을 위한 신호를 입력하는 입력부와 현재값이 설정값과 같아지면 접점이 개폐하는 출력부로 구성되어 있다. 버튼으로 값을 설정할 수 있으며, 현재값과 설정값은 디스플레이 창을 통해서 확인할 수 있다. 카운터 유닛의 상하에 있는 전원 단자에 전원을 연결하여 카운터 구동을 위한 전원을 공급해야 한다.

7) 부저, 램프 유닛

[그림 4.19]의 부저, 램프 유닛은 한 개의 부저와 네 개의 램프로 구성되어 있다.

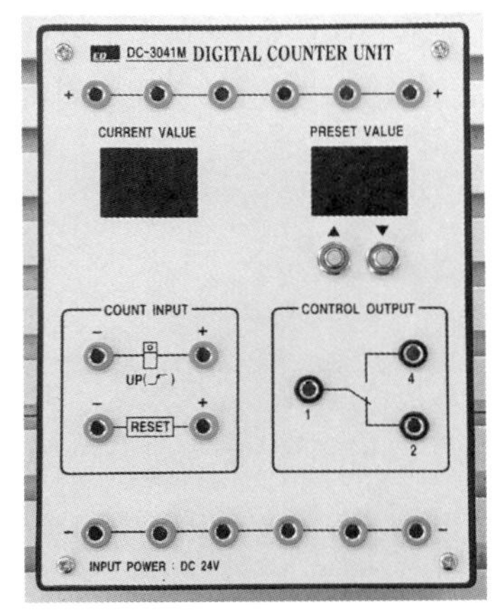

[그림 4.18] 카운터 유닛

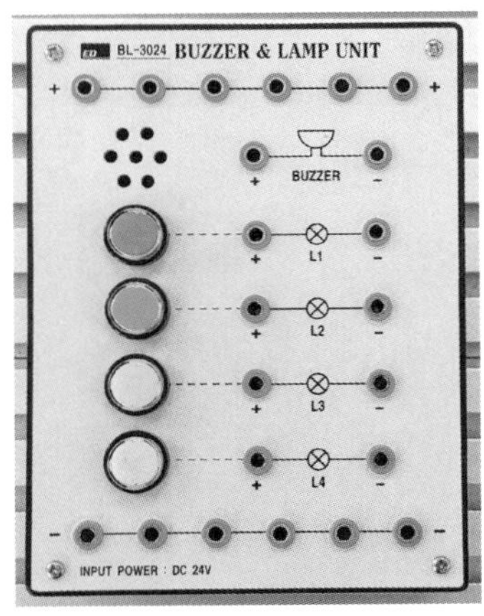

[그림 4.19] 램프, 부저 유닛

8) 리밋스위치, 근접 스위치

[그림 4.20]의 리밋스위치는 한 개의 c접점을 사용하도록 구성되어 있다.

[그림 4.21]은 출력이 +24V인 3선식 PNP 타입의 유도형 근접 스위치를, [그림 4.22]는 출력이 0V인 3선식 NPN 타입의 용량형 근접 스위치를 보여 준다. NPN 타입의 근접 스위치는 이 책의 전기회로에는 직접 적용하기 어려우며, 별도의 릴레이를 구동하여 릴레이의 접점을 이용해야 한다. 따라서 이 책의 실습을 위해서는 PNP 타입의 근접 스위치를 사용하는 것을 추천한다.

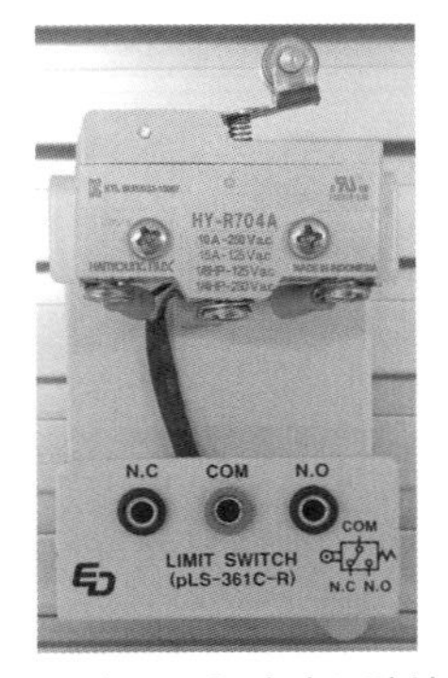

[그림 4.20] 리밋스위치

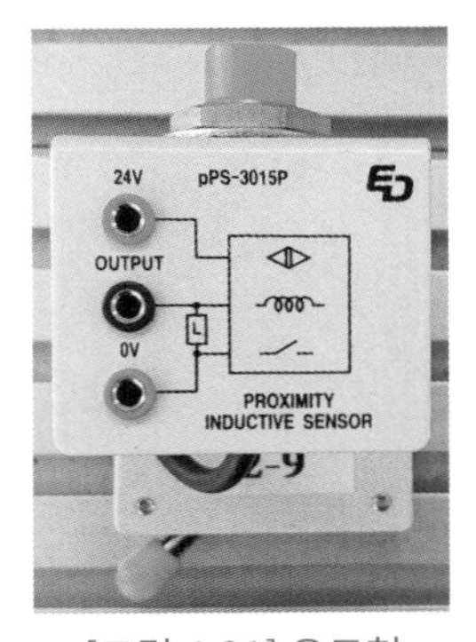

[그림 4.21] 유도형

[그림 4.22] 용량형

4. 전선 색상의 구분

전기 배선 시에는 전선의 색상을 구분하여 배선해야 한다. 직류 전원을 사용하는 경우에 일반적으로 (+)는 적색, (-)는 청색 또는 흑색을 사용한다.

전선의 색상을 구분하는 방법은 [그림 4.23]과 같이 전원을 공급받아 동작하는 릴레이 코일, 타이머 코일, 카운터, 솔레노이드, 램프, 부저 등의 요소를 기준으로 0V 전원에 연결되는 전선은 청색 또는 흑색을 사용하고, 그 외의 전선은 모두 적색을 사용한다.

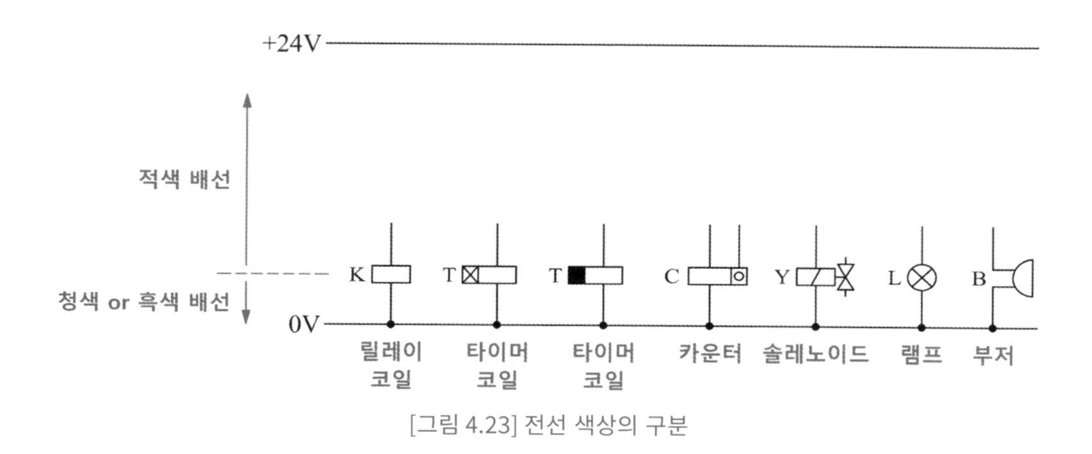

[그림 4.23] 전선 색상의 구분

5. 전기 공유압 기본 회로

공기압 시스템과 유압 시스템의 전기회로는 동일하게 적용되므로, 본 절에서는 공기압 시스템을 구성하여 전기 공유압 기본 회로에 대해서 설명한다.

5.1 a, b, c 접점에 의한 실린더 제어

[그림 4.24]의 (a)와 같이 5포트 2위치 편측 솔레노이드 밸브와 복동 실린더를 이용하여 공기압 회로를 구성한다. 누름 버튼 스위치의 a접점, b접점, c접점에 의해 실린더 전·후진을 제어하는 전기회로를 각각 구성하고 동작을 확인한다.

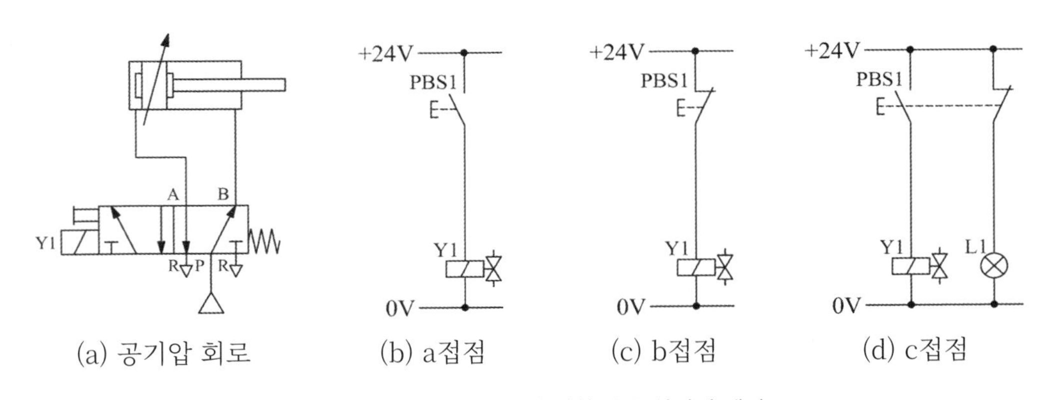

[그림 4.24] a, b, c 접점에 의한 복동 실린더 제어

1) a접점

[그림 4.24]의 (b)에서 PBS1을 누르면 열려 있던 접점이 닫히면서 솔레노이드 Y1이 여자되고 실린더는 전진한다. PBS1을 off 하면 Y1은 소자되어 스프링에 의해 초기 상태로 복귀하고 실린더는 후진한다.

2) b접점

[그림 4.24]의 (c)에서 PBS1의 접점이 닫혀 있으므로 전원을 인가하면 Y1이 여자되고 실린더는 전진하게 된다. PBS1을 누르면 접점이 열리면서 실린더는 후진하고, PBS1을 off 하면 Y1은 다시 여자되어 실린더는 전진한다.

3) c접점

[그림 4.24]의 (d)에서 전원을 인가하면 PBS1의 b접점에 의해 램프가 점등된다. PBS1을 누르면 접점이 전환되어 a접점으로 연결된 실린더는 전진하고, 램프는 소등된다. PBS1을 off 하면 실린더와 램프는 초기 상태로 복귀한다.

5.2 논리 회로

[그림 4.25]의 (a)와 같이 5포트 2위치 편측 솔레노이드 밸브와 복동 실린더를 이용하여 공기압 회로를 구성한다. 두 개의 누름 버튼 스위치와 릴레이를 이용하여 전기 논리 회로를 구성하고 실린더의 동작을 확인한다.

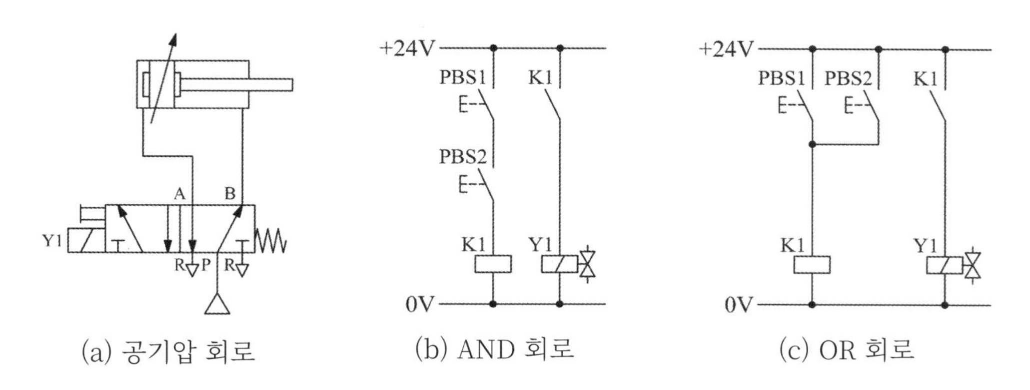

(a) 공기압 회로 (b) AND 회로 (c) OR 회로

[그림 4.25] 논리 회로에 의한 복동 실린더 제어

1) AND(직렬) 회로

AND 회로는 여러 개의 입력이 직렬로 연결되어 모든 입력이 on 되는 경우에만 출력이 on 되는 회로이다. [그림 4.25]의 (b)에서 PBS1과 PBS2를 모두 누르면 릴레이 코일 K1이 여자되고, K1 a접점이 닫히면서 실린더가 전진한다.

2) OR(병렬) 회로

OR 회로는 여러 개의 입력이 병렬로 연결되어 어느 하나의 입력만 on 되어도 출력이 on 되는 회로이다. [그림 4.25]의 (c)에서 PBS1 또는 PBS2를 누르면 릴레이 코일 K1이 여자되어 실린더가 전진한다.

5.3 자기 유지 회로

5.3.1 자기 유지 회로

자기 유지 회로는 입력 신호에 의해서 릴레이가 동작하고, 입력 신호가 차단되어도 입력 신호와 병렬로 연결되는 릴레이의 접점에 의해서 동작 상태를 유지하는 회로이다. [그림 4.26]에서 PBS1을 누르면 릴레이 K1이 여자되고, K1 a접점이 닫히면서 전류는 PBS1과 K1 접점을 통해 릴레이 코일로 공급된다. 이 상태에서 PBS1을 off 하여도 릴레이는 on 상태를 유지한다.

자기 유지 해제를 위한 신호는 PBS2와 같이 전류가 릴레이 코일로 공급되는 것을 차단할 수 있는 위치에 설치한다. 자기 유지 회로는 자기 유지 해제 신호의 위치에 따라서 정지(off) 우선 회로와 기동(on) 우선 회로가 있다.

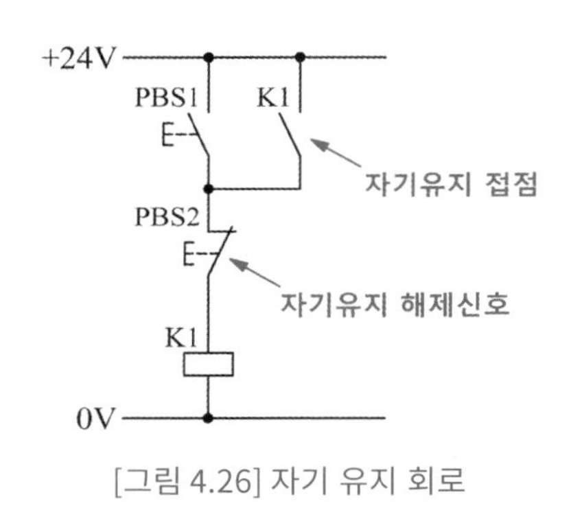

[그림 4.26] 자기 유지 회로

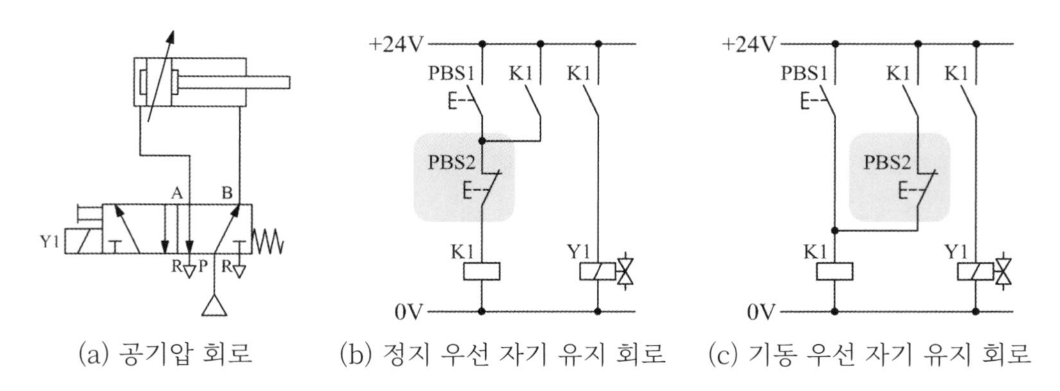

(a) 공기압 회로 (b) 정지 우선 자기 유지 회로 (c) 기동 우선 자기 유지 회로

[그림 4.27] 자기 유지 회로에 의한 복동 실린더 제어

1) 정지(off) 우선 자기 유지 회로

[그림 4.27]의 (b)는 PBS1을 누르면 릴레이 K1이 자기 유지되어 실린더가 전진하고, PBS2를 누르면 자기 유지가 해제되어 실린더는 후진한다. PBS1과 PBS2를 모두 누르면 PBS2에 의해서 릴레이 코일 K1로 공급되는 전류를 차단하게 되므로 정지 우선 자기 유지 회로라고 한다.

2) 기동(on) 우선 자기 유지 회로

[그림 4.27]의 (c)는 자기 유지 해제를 위한 PBS2가 자기 유지 접점과 직렬로 연결되어 있다. PBS1과 PBS2를 모두 누르면 PBS1을 통해서 전류가 공급되므로 릴레이는 on 상태를 유지한다. 이러한 회로를 기동 우선 자기 유지 회로라고 한다.

5.3.2 한 개의 스위치에 의한 자기 유지 on/off

기동 우선, 정지 우선 자기 유지 회로는 자기 유지를 on 하기 위한 스위치와 off 하기 위한 스위치 두 개가 필요하다. 자기 유지 on/off를 한 개의 복귀형 스위치에 의해 구현하는 경우에는 [그림 4.28]과 같이 회로를 구성한다.

그림에서 PBS1을 누르면 릴레이 코일 K1이 여자되어 K1 접점에 의해 릴레이 코일 K3이 자기 유지된다. PBS1을 다시 누르면 릴레이 코일 K2가 여자되어 K3의 자기 유지를 해제하게 된다.

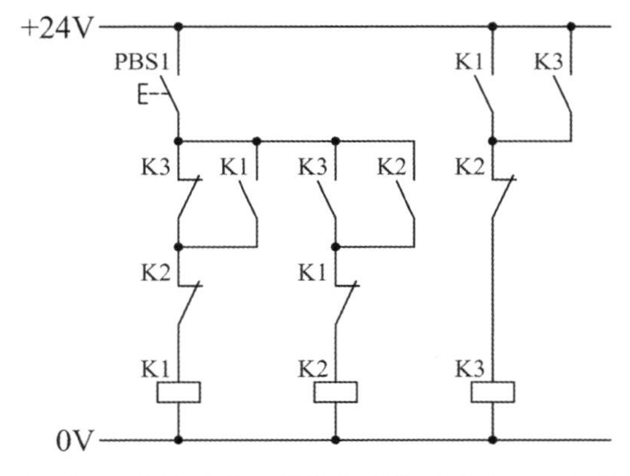

[그림 4.28] 한 개의 스위치에 의한 자기 유지 on/off

5.4 인터록(inter lock) 회로

인터록 회로는 선입력 우선 회로 또는 상대 동작 금지 회로라고도 하며, 먼저 입력된 신호에 의한 동작이 우선이 되도록 신호의 우선순위를 결정하여 회로에서 어떤 두 동작이 동시에 일어나지 않도록 할 때 사용한다.

[그림 4.29]의 (a)는 유지형 양측 솔레노이드 밸브에 의해서 실린더를 제어하도록 구성되어 있다. (b)의 전기회로에서 PBS1을 누르면 실린더가 전진하고, PBS2를 누르면 후진한다. PBS1 또는 PBS2를 누른 상태에서는 동작하고 있는 릴레이의 b접점이 열려 있으므로 다른 스위치를 눌러도 상대 릴레이는 여자되지 않는다. 따라서 먼저 입력된 스위치의 동작만 실행하게 된다.

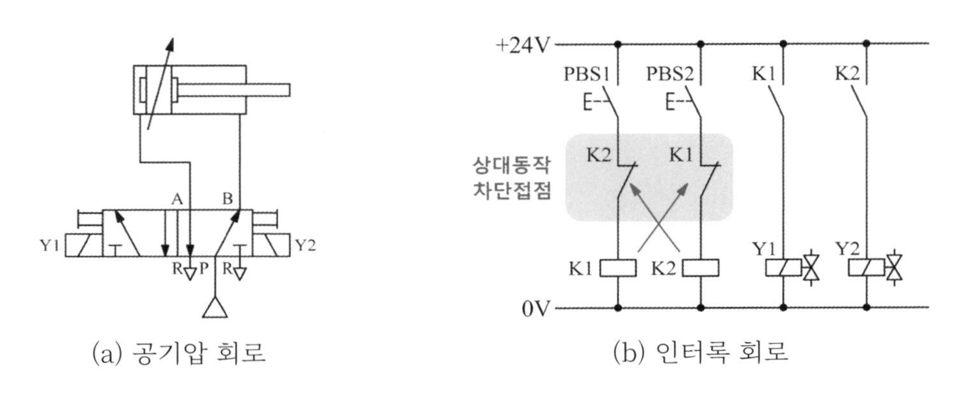

[그림 4.29] 인터록 회로에 의한 복동 실린더 제어

5.5 실린더 자동 복귀 회로

1) 편측 솔레노이드 밸브를 이용한 실린더 자동 복귀

[그림 4.30]에서 (a)의 공기압 회로는 실린더 후진 및 전진 상태를 검출하는 리밋스위치 LS1, LS2가 설치된다. (b)의 전기회로에서 PBS1을 누르면 릴레이 코일 K1이 자기 유지되고, Y1이 여자되어 실린더는 전진한다. 실린더가 전진을 완료하면 LS2에 의해서 자기 유지가 해제되고 실린더는 후진한다.

전기회로에서 LS1 a접점은 실린더가 후진을 완료한 후에만 재시작이 가능하도록 하는 기능을 가진다.

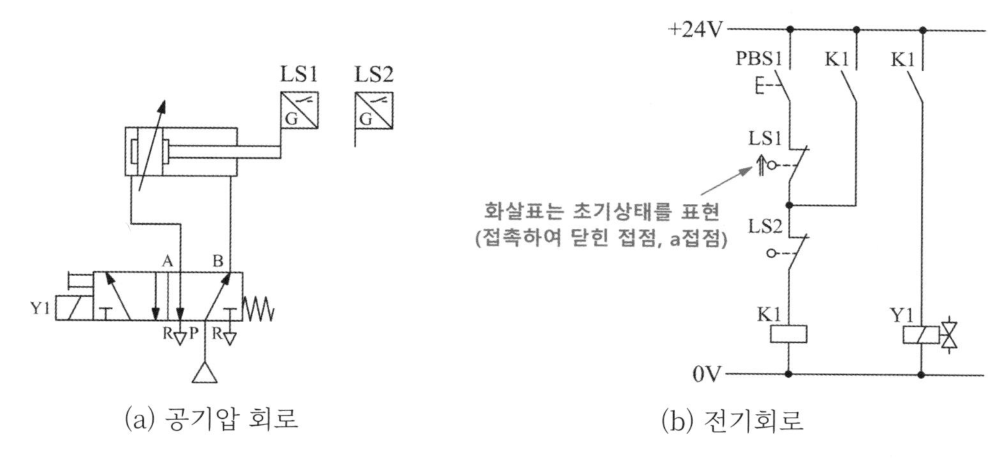

(a) 공기압 회로 (b) 전기회로

[그림 4.30] 편측 솔레노이드 밸브를 이용한 실린더 자동 복귀

2) 양측 솔레노이드 밸브를 이용한 실린더 자동 복귀

[그림 4.31]에서 (a)의 공기압 회로는 유지형 양측 솔레노이드 밸브가 사용된다. (b)의 전기회로에서 PBS1을 누르면 릴레이 코일 K1이 여자되어 실린더는 전진한다. 실린더가 전진을 완료하면 LS2에 의해서 릴레이 K2가 여자되고 실린더는 후진한다. LS1 a접점은 후진이 완료된 후에 재시작을 가능하게 한다.

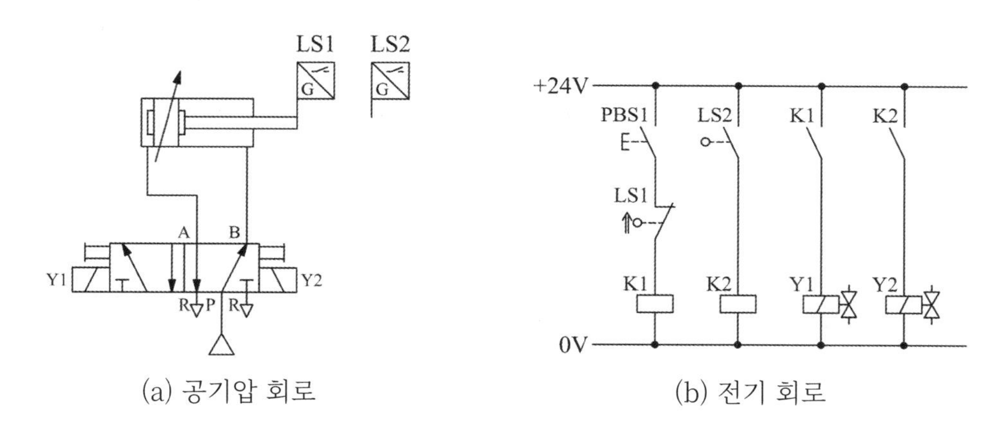

(a) 공기압 회로 (b) 전기 회로

[그림 4.31] 양측 솔레노이드 밸브를 이용한 실린더 자동 복귀

3) 실린더 연속 왕복 운전

실린더의 자동 복귀 회로를 나타낸 앞의 [그림 4.30]과 [그림 4.31]의 전기회로에서 시작 신호인 PBS1을 계속 누르고 있는 경우에 실린더가 전진 및 후진을 완료하여 LS1을

누르면 실린더는 다시 전진을 시작하는 연속 왕복 운전을 한다. 이러한 연속 왕복 회로는 자기 유지 회로를 적용하여 구현할 수 있다.

[그림 4.32]는 [그림 4.30]의 자동 복귀 회로에 자기 유지 회로를 적용하여 연속 왕복 회로로 변경한 것이다. PBS1을 누르면 K2가 자기 유지되고, 기존의 자동 복귀 회로의 시작 스위치를 대체한 K2 a접점(연속 동작 시작 신호)에 의해서 시스템은 연속 왕복 운전한다.

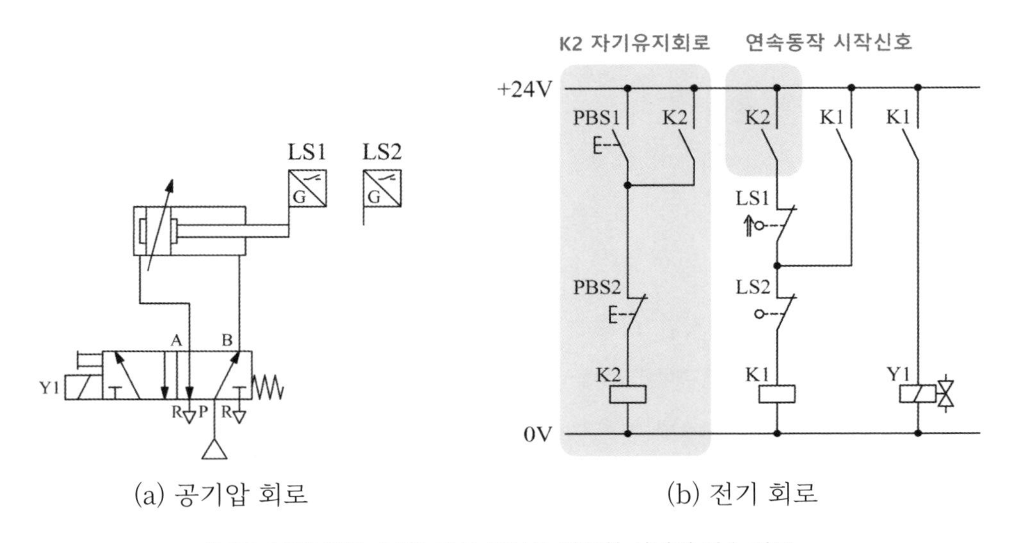

(a) 공기압 회로 (b) 전기 회로

[그림 4.32] 편측 솔레노이드 밸브를 이용한 실린더 연속 왕복

5.6 여자 지연(on delay) 타이머 응용 회로

[그림 4.33]의 (a)와 같이 공기압 회로를 구성하고 실린더가 전진하여 LS2를 누르면 일정 시간이 지난 후에 후진이 되도록 하고자 한다.

지연 동작은 그림 (b)의 전기회로와 같이 여자 지연 타이머를 적용하여 구현된다. 실린더가 전진하여 LS2를 누르면 전류가 타이머 코일 T1으로 공급된다. 타이머의 설정 시간이 지나면 T1이 여자되어 접점이 개폐되고, T1 b접점에 의해 K1 자기 유지가 해제되면서 실린더는 후진을 하게 된다.

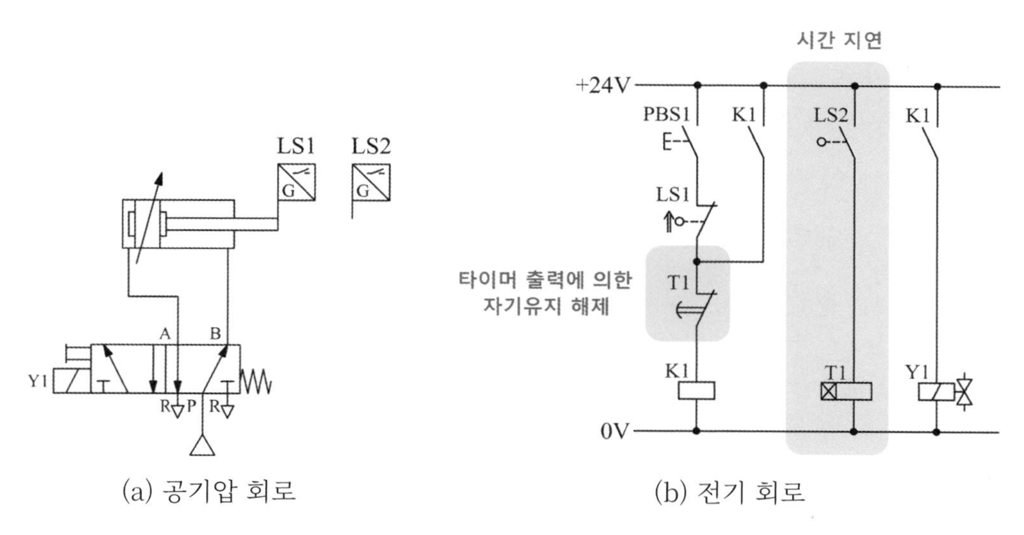

(a) 공기압 회로
(b) 전기 회로

[그림 4.33] 여자 지연 타이머 응용 회로

5.7 카운터 응용 회로

[그림 4.34]와 같이 공기압 회로를 구성하고 PBS1을 누르면 3회 연속 동작 후에 사이클이 종료되도록 하고자 한다. 일정 횟수를 반복하고 종료하는 동작에는 카운터가 이용된다. 카운터를 이용하는 경우에는 먼저 연속 왕복 회로를 구성한다.

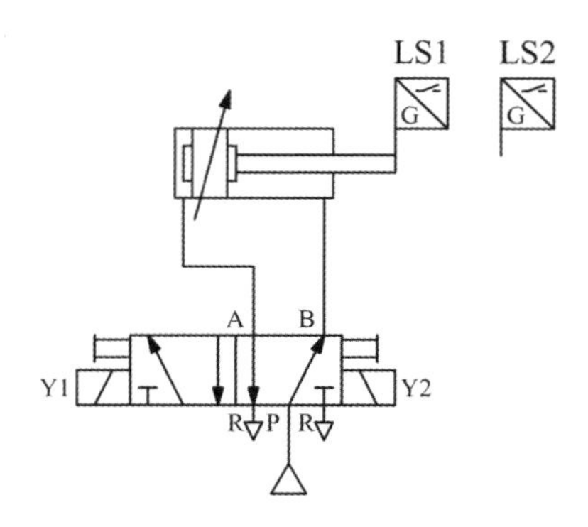

[그림 4.34] 양측 솔레노이드 밸브를 이용한 공기압 회로

[그림 4.35]에서 PBS1을 누르면 릴레이 K3이 자기 유지되고 K3 a접점에 의해서 실린더가 연속 왕복 동작을 하게 된다. K1, K2 릴레이는 각 사이클마다 한 번씩 on/off를 반복하므로 K1 또는 K2의 a접점으로 카운터에 set 신호를 입력한다. 카운터로 입력되는

set 신호의 횟수가 설정값과 일치하는 경우에 출력되는 C1 b접점으로 자기 유지를 해제하면 실린더의 동작은 해당 사이클을 종료하고 정지하게 된다. 카운터의 출력은 리셋 신호를 인가할 때까지 on 되어 있으므로 작업을 재시작하기 위해서는 카운터 리셋에 연결된 PBS2를 눌러 카운터를 초기화해야 한다.

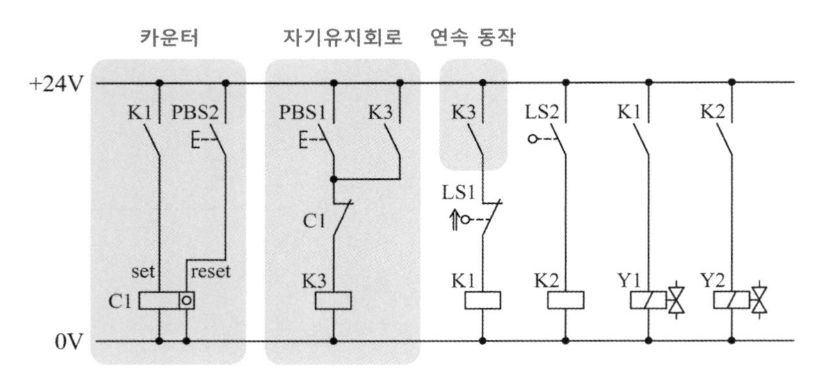

[그림 4.35] 카운터 응용 전기회로

5.8 3 선식 PNP형 근접 스위치 적용 회로

[그림 4.36]은 PBS1을 누르면 실린더가 전진하고 LS2가 on 되면 후진하는 자동 복귀 회로를 나타낸 것이다. [그림 4.37]은 [그림 4.36]에서 리밋 스위치를 대신하여 3선식 PNP형 근접 스위치를 적용하는 방법을 보여 준다.

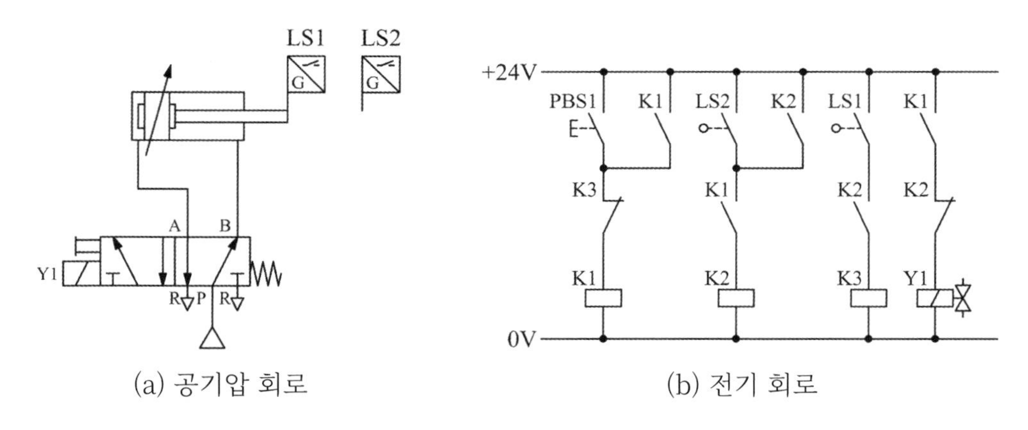

[그림 4.36] 리밋스위치에 의한 실린더 자동 복귀 회로

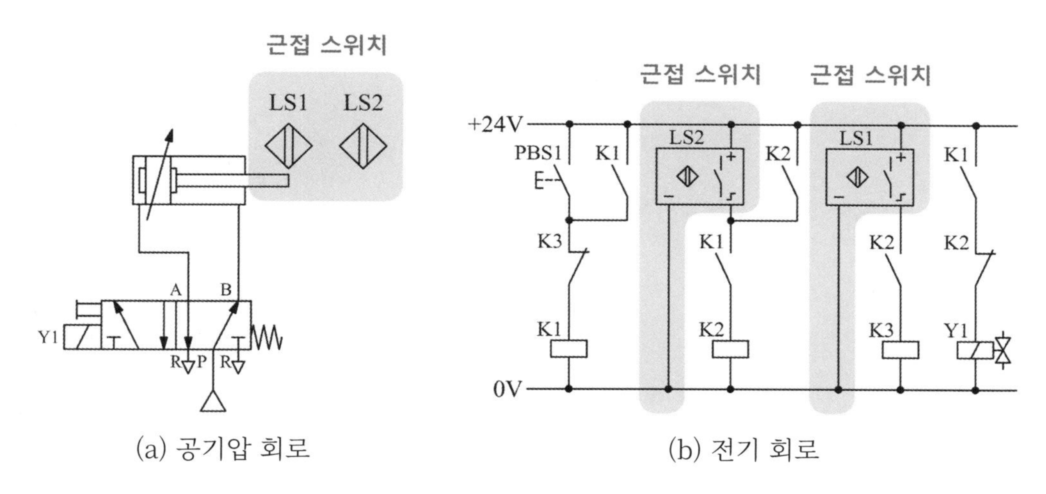

[그림 4.37] 근접 스위치에 의한 실린더 자동 복귀 회로

3 선식 PNP형 근접 스위치의 배선 단자는 +24V, 0V 전원 단자와 출력 단자로 구성된다. +24V 전원 단자는 전기회로에서 +24V 전원에 직접 연결되거나 다른 입력 접점들을 통해서 연결되고, 0V 전원 단자는 직접 0V 전원에 연결된다.

근접 스위치가 on 되면 +24V 전원이 출력 단자로 출력되는데, 이는 리밋스위치가 닫힌 것과 동일한 결과를 나타낸다. 결과적으로 3선식 PNP형 근접 스위치는 별도의 0V 전원을 연결하는 것 외에는 +24V 전원 단자와 출력 단자를 a접점 스위치로 가정할 수 있다. 3선식 용량형 또는 유도형 근접 스위치의 배선 방법은 동일하게 적용된다.

전기회로도 설계

1. 변위단계선도

변위단계선도는 공유압 시스템의 작업 요소인 실린더, 모터, 램프 등의 동작 순서를 표현하기 위해서 사용된다. [그림 5.1]은 두 개의 실린더 A, B의 동작 순서를 나타낸 변위단계선도이다. 시스템이 운전을 시작하면 실린더 A 전진, 실린더 B 전진, 실린더 A 후진, 실린더 B 후진의 순서로 동작하는 것을 알 수 있다.

여러 개의 작업 요소를 변위단계선도로 표현하는 경우에는 각 작업 요소를 세로로 배열하여 각각에 대해서 동일한 방법으로 나타낸다. 작업 요소의 동작 순서는 여러 가지 방법으로 표현할 수 있는데, 기호로 표현하는 경우에는 실린더의 전진을 (+), 후진을 (–)로 하여 나타낸다. 그림에서 변위단계선도와 기호에 의한 표현을 확인할 수 있다.

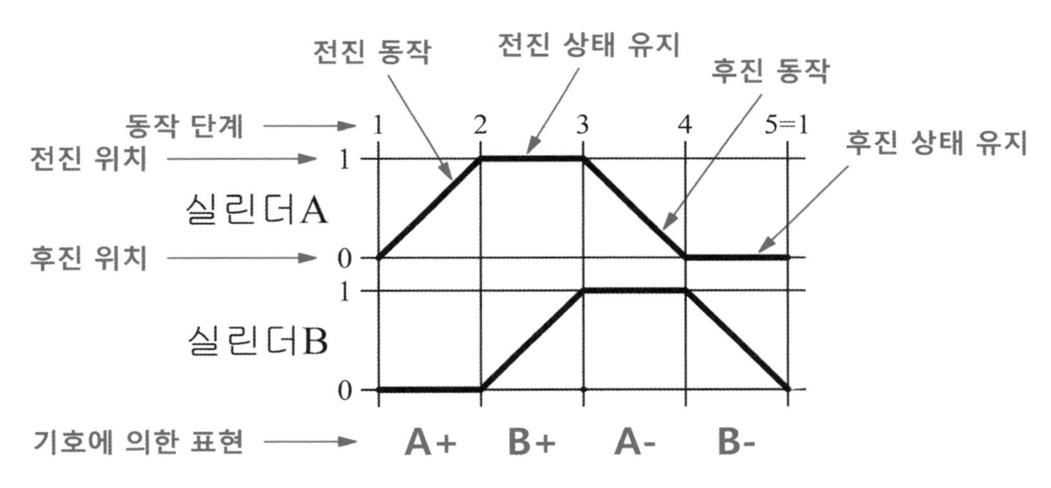

[그림 5.1] 실린더 A, B의 변위단계선도 예

2. 순차 동작 전기회로 설계

공유압 시스템을 순차적으로 제어하기 위한 전기회로도는 여러 가지 방법을 적용하여 설계할 수 있다. 본 절에서는 공유압 시스템의 순차 동작을 이해하는 데 필요한 다섯 가지 유형의 전기회로 설계 방법과 부가 기능 동작의 구현 방법을 설명한다.

2. 1 전기회로 설계 방법 1

"마지막 동작이 솔레노이드에 전원이 차단되어 이루어지는 경우"

[그림 5.2]의 공기압 회로를 구성하고 초기 상태에서 PB1 스위치를 누르면 [그림 5.3]의 변위단계선도와 같이 동작하도록 전기회로를 설계하고자 한다.

솔레노이드 Y3에 전원이 차단되어 마지막 동작 실린더 B 후진이 이루어지는 시스템의 전기회로는 다음의 순서에 따라 설계할 수 있다.

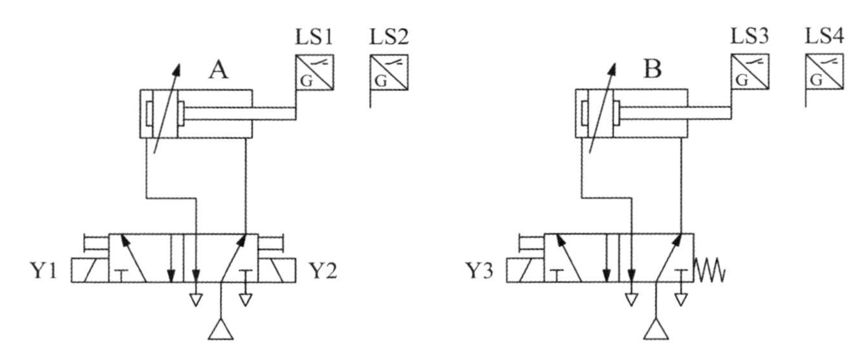

[그림 5.2] 공기압 회로

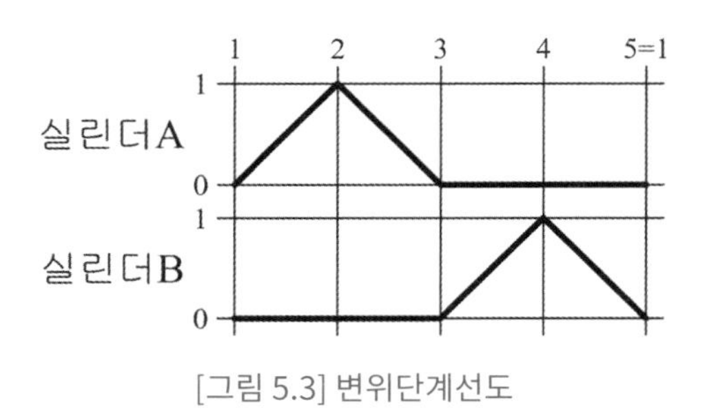

[그림 5.3] 변위단계선도

2.1.1 변위단계선도 분석

주어진 공기압 회로는 변위단계선도에 따라서 PB1을 누르면 실린더 A 전진, 실린더 A가 LS2를 누르면 실린더 A 후진, 실린더 A가 LS1을 누르면 실린더 B 전진, 실린더 B가 LS4를 누르면 실린더 B가 후진하여 LS3을 누르고 정지한다.

전기회로도 설계를 위하여 각 동작의 시작 신호를 [그림 5.4]의 (a)와 같이 변위단계선도에 기입하거나 (b)와 같이 기호를 사용하여 정리한다. 여기서 각 동작을 완료하는 신호는 다음 동작의 시작 신호로 사용된다.

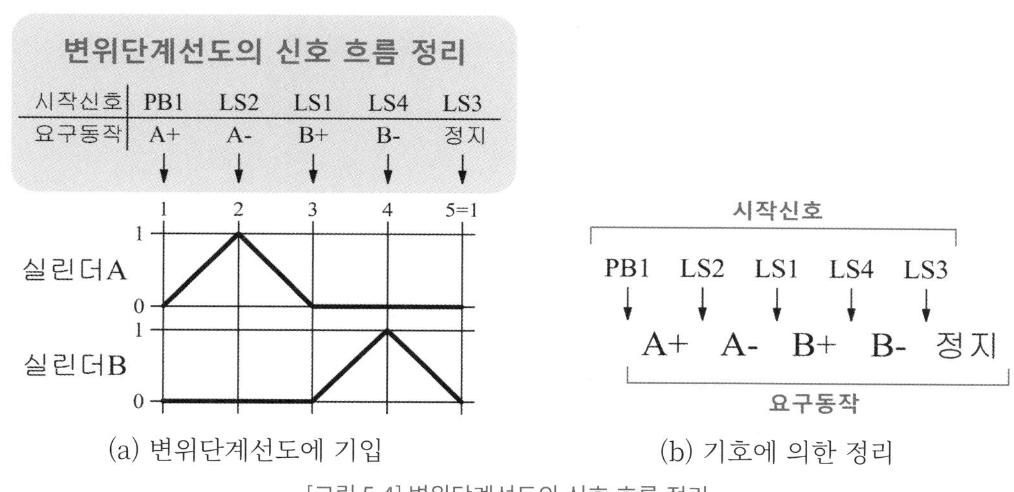

(a) 변위단계선도에 기입 (b) 기호에 의한 정리

[그림 5.4] 변위단계선도의 신호 흐름 정리

2.1.2 전원선, 릴레이 코일, 솔레노이드 배치

1) +24V, 0V 전원선을 그린다.
2) 실린더 동작 수와 동일한 수의 릴레이 코일을 배치한다.
3) 사용되는 솔레노이드를 배치한다.

실린더 동작은 4단계이므로 네 개의 릴레이가 필요하며, 각각의 릴레이는 순서대로 실린더를 동작시키는 신호로 사용된다.

※ 릴레이 코일과 솔레노이드 기호 하단에 각각의 기능을 정리하면 공기압 회로 및 변위단계선도를 참고하지 않아도 회로 설계가 가능해진다.

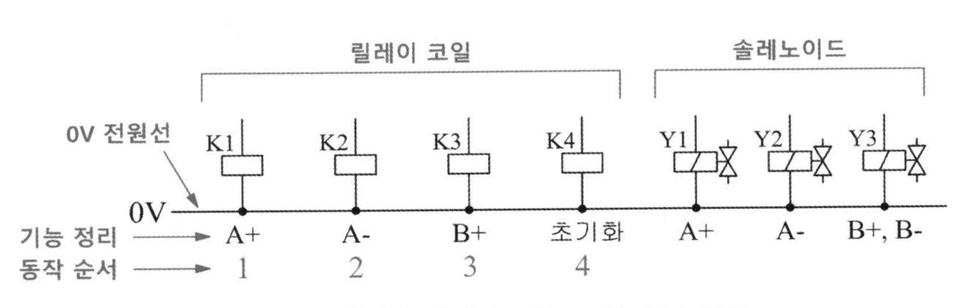

[그림 5.5] 전원선, 릴레이 코일, 솔레노이드 배치

2.1.3 첫 번째 동작, 실린더 A 전진

1) 시작 신호 PB1과 마지막 동작 완료 신호 LS3 a접점을 직렬로 연결하고, 자기 유지 접점과 병렬 연결한다.
2) 자기 유지된 라인과 마지막 동작의 릴레이 K4 b접점을 직렬로 연결하고, 코일에 연결한다.
3) PB1을 누르면 자기 유지되는 K1 a접점을 실린더 A를 전진시키는 솔레노이드 Y1에 연결한다.

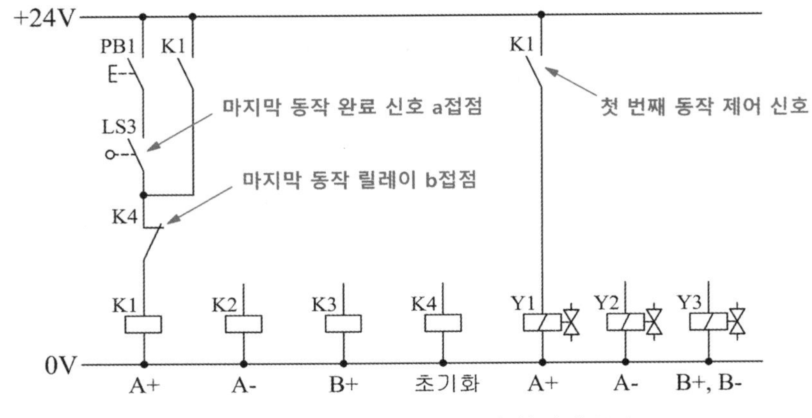

[그림 5.6] 제어부의 시작 신호와 첫 번째 동작

2. 1. 4 릴레이 코일 제어부 구성

1) 실린더 각 동작의 시작 신호와 자기 유지 접점을 병렬 연결한다.

2) 자기 유지된 라인과 릴레이 a접점을 직렬로 연결하고, 코일과 연결한다.

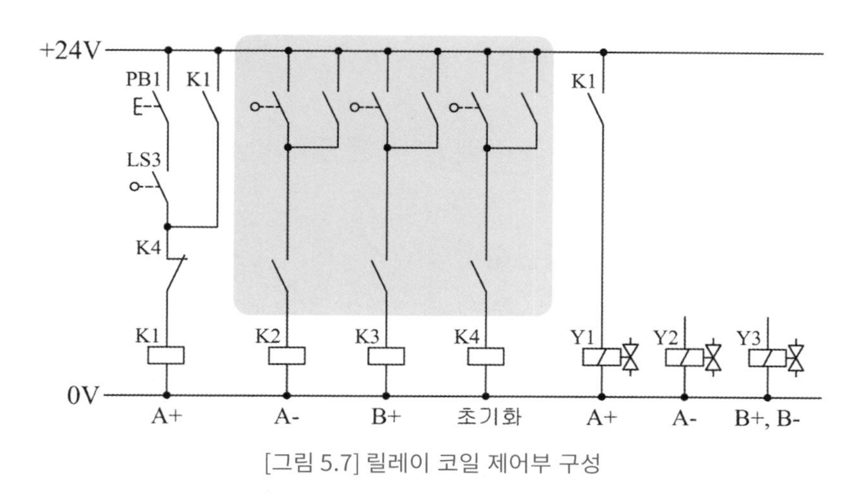

[그림 5.7] 릴레이 코일 제어부 구성

2. 1. 5 제어부의 릴레이 접점 명칭 기입

1) 자기 유지 접점의 명칭을 기입한다.

2) 릴레이 코일 앞의 접점에 이전 단계의 릴레이 명칭을 기입한다. 이 접점은 이전 단계가 동작해야만 해당 동작이 되도록 하는 기능을 가진다.

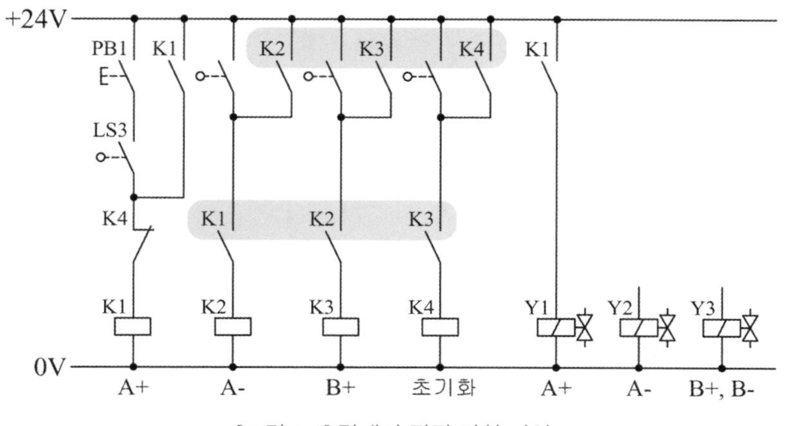

[그림 5.8] 릴레이 접점 명칭 기입

2.1.6 두 번째 동작, 실린더 A 후진

1) 첫 번째 동작 A+의 완료 신호 LS2에 의해 K2가 자기 유지되도록 한다.
2) K2 a접점을 실린더 A를 후진시키는 솔레노이드 Y2에 연결하고, K2 b접점을 Y1에 연결하여 Y1의 전원을 차단한다.

※ 솔레노이드 on/off 구동 신호

편측 솔레노이드 밸브인 경우에는 솔레노이드를 릴레이 a접점으로 여자시키고, b접점으로 소자시켜 밸브를 제어한다.

양측 솔레노이드 밸브인 경우에는 양측의 솔레노이드가 모두 여자되면 밸브가 구동되지 않는다. 따라서 뒤에 동작하는 릴레이 접점의 신호로 먼저 여자된 솔레노이드의 전원을 차단해야 한다.

[그림 5.9]에서 Y3은 실린더 B를 제어하는 편측 솔레노이드 밸브이다. 실린더 B의 전진 동작은 릴레이 a접점으로 Y3을 여자시키고, 후진 동작은 릴레이 b접점으로 Y3을 소자시켜야 한다.

Y1과 Y2는 실린더 A를 제어하는 양측 솔레노이드 밸브이다. K1이 on 되면 K1 a접점으로 Y1에 전원을 공급하여 실린더 A가 전진하고, K2가 on 되면 K2 a접점으로 Y2에 전원을 공급하여 실린더 A가 후진한다. 이때 Y1은 K1 a접점에 의해서 여자된 상태를 유지하고 있으므로 K2 b접점으로 전원을 차단해야 실린더 A가 후진할 수 있다.

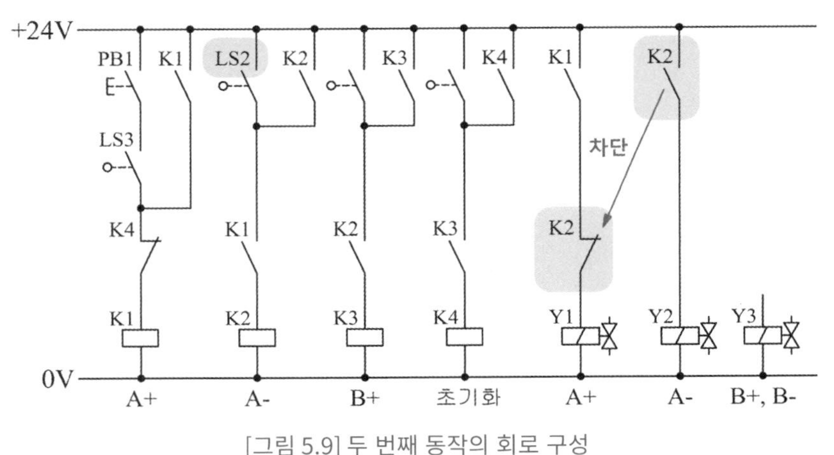

[그림 5.9] 두 번째 동작의 회로 구성

2.1.7 세 번째 동작, 실린더 B 전진

1) 두 번째 동작 A-의 완료 신호 LS1에 의해 K3이 자기 유지되도록 한다.

2) K3 a접점을 실린더 B를 전진시키는 Y3에 연결한다.

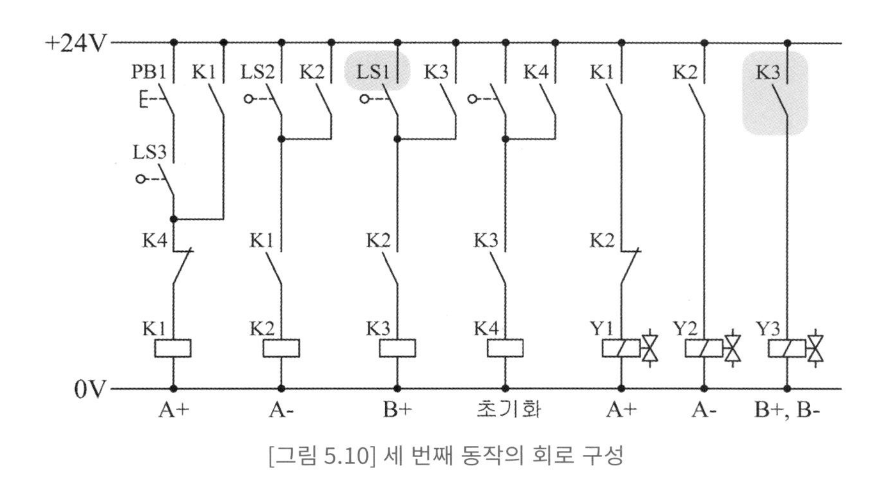

[그림 5.10] 세 번째 동작의 회로 구성

2.1.8 네 번째 동작, 실린더 B 후진

1) 세 번째 동작 B+의 완료 신호 LS4에 의해 K4가 자기 유지되도록 한다.

2) K4 b접점을 Y3에 연결하여 Y3의 전원을 차단한다.

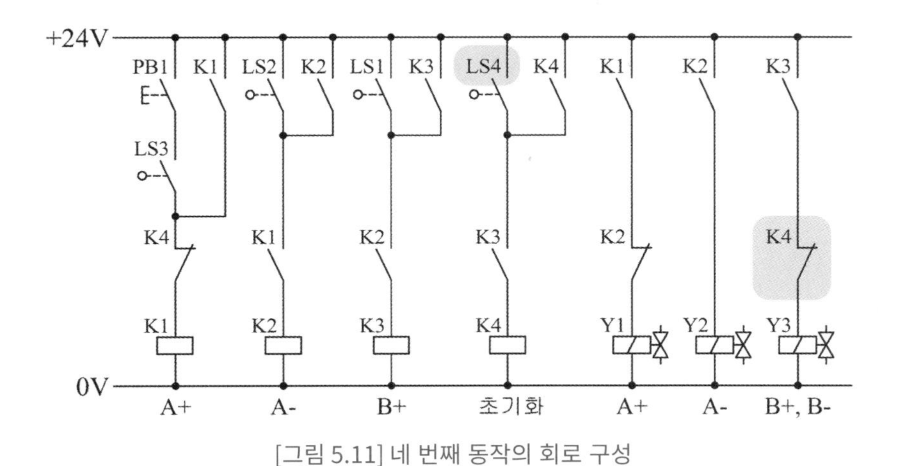

[그림 5.11] 네 번째 동작의 회로 구성

2.1.9 회로 수정

[그림 5.12]에서 실린더 B가 전진하여 LS4를 누르면 시작 라인의 K4 b접점에 의해서 전기회로는 초기화된다. 따라서 K4의 자기 유지 접점은 시스템에 영향을 주지 않으므로 삭제할 수 있다. 또한, 전기회로가 초기화되면 Y3를 on 시키는 K3 a접점이 열리고 실린더 B가 후진하므로 Y3와 연결된 K4 b접점도 삭제할 수 있다.

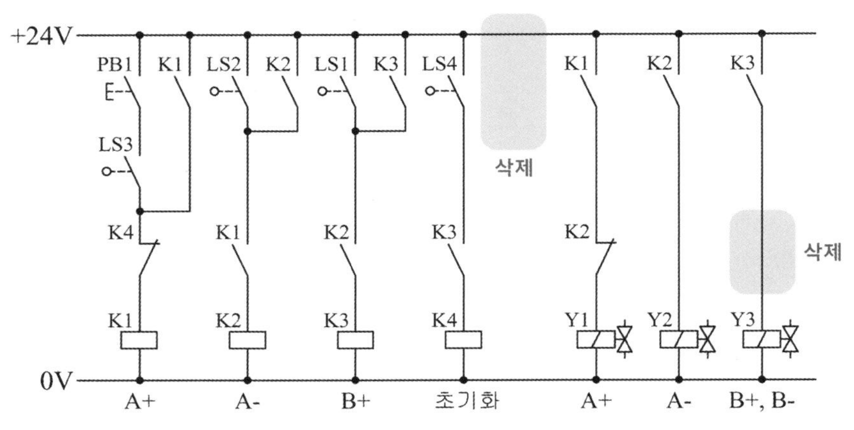

[그림 5.12] 수정된 A+ A- B+ B- 동작의 전기회로도

2.2 전기회로 설계 방법 2

"마지막 동작이 솔레노이드에 전원이 인가되어 이루어지는 경우 1"

[그림 5.13]의 공기압 회로를 구성하고 초기 상태에서 PB1 스위치를 누르면 [그림 5.14]의 변위단계선도와 같이 동작하도록 전기회로를 설계하고자 한다.

솔레노이드 Y2에 전원이 인가되어 마지막 동작 실린더 A 후진이 이루어지는 시스템의 전기회로는 다음의 순서에 따라 설계할 수 있다.

실린더의 마지막 동작을 구성하는 부분을 제외하고는 앞에서 설명한 첫 번째 방법과 동일한 과정으로 회로를 설계하게 된다.

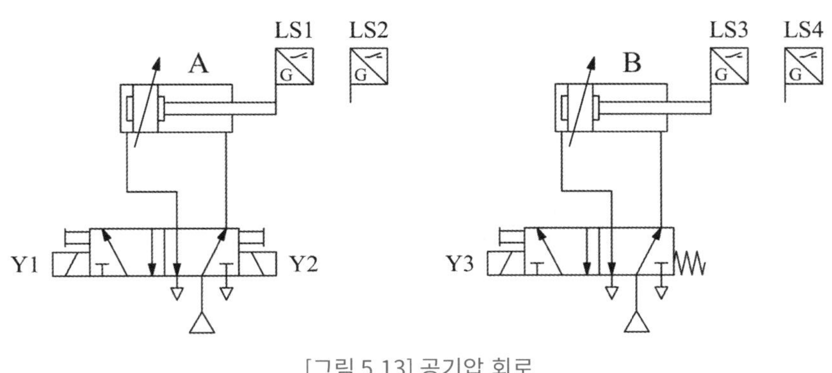

[그림 5.13] 공기압 회로

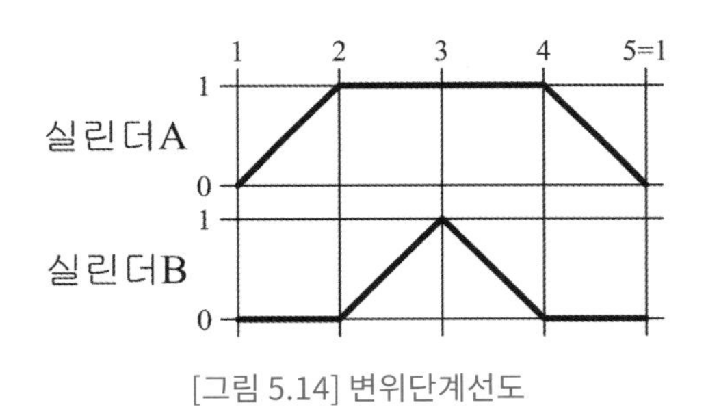

[그림 5.14] 변위단계선도

2. 2. 1 변위단계선도 분석

주어진 시스템은 PB1을 누르면 실린더 A 전진, 실린더 A가 LS2를 누르면 실린더 B 전진, 실린더 B가 LS4를 누르면 실린더 B 후진, 실린더 B가 LS3을 누르면 실린더 A가 후진하여 LS1을 누르고 정지한다.

전기회로도 설계를 위하여 각 동작의 시작 신호를 [그림 5.15]와 같이 변위단계선도에 기입하거나 기호를 사용하여 정리한다. 여기서 각 동작을 완료하는 신호는 다음 동작의 시작 신호로 사용된다.

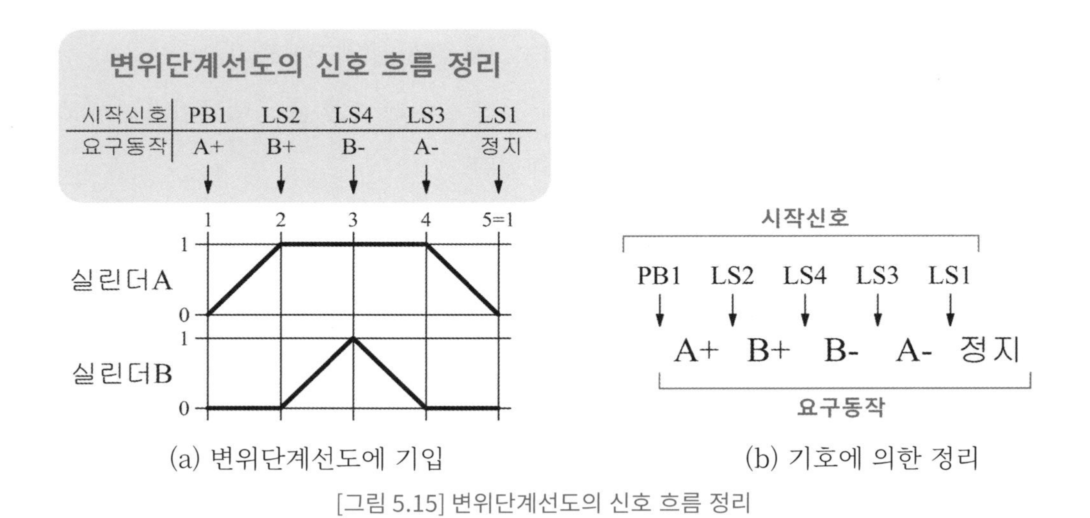

[그림 5.15] 변위단계선도의 신호 흐름 정리

2.2.2 전원선, 릴레이 코일, 솔레노이드 배치

1) +24V, 0V 전원선을 그린다.
2) 실린더 동작 수와 동일한 수의 릴레이 코일을 배치한다.
3) 사용되는 솔레노이드를 배치한다.

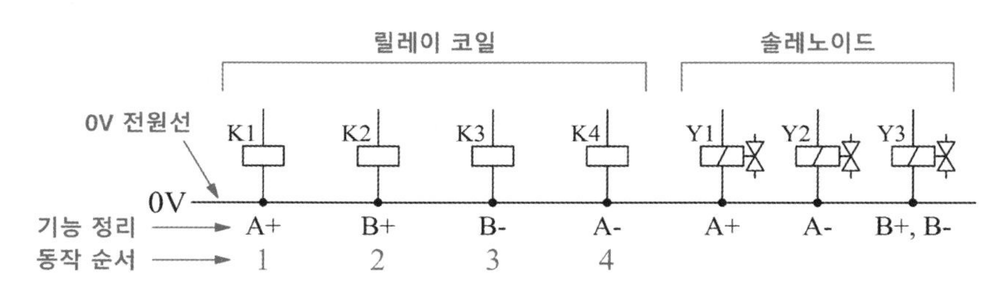

[그림 5.16] 전원선, 릴레이 코일, 솔레노이드 배치

2.2.3 첫 번째 동작, 실린더 A 전진

1) 시작 신호 PB1, 동작 완료 신호 LS1을 이용하여 자기 유지 회로를 구성하고 마지막 동작 릴레이(K4)에 의해 해제되도록 회로를 구성한다.
2) K1 a접점을 실린더 A를 전진시키는 솔레노이드 Y1에 연결한다.

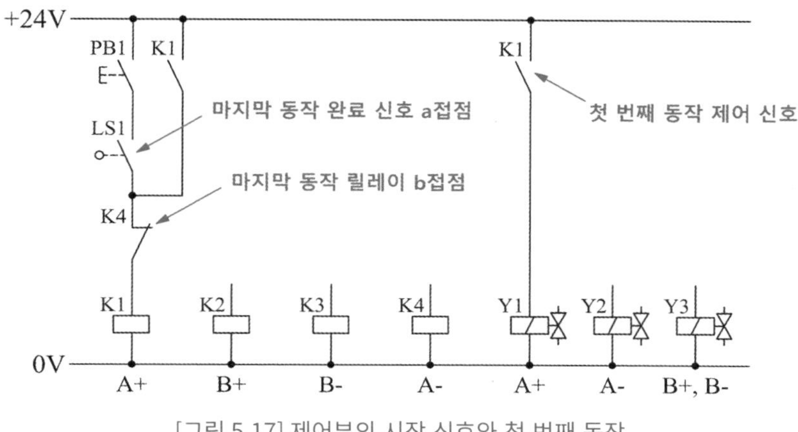

[그림 5.17] 제어부의 시작 신호와 첫 번째 동작

2.2.4 릴레이 코일 제어부 구성

1) 실린더 각 동작의 시작 신호와 자기 유지 접점을 병렬 연결한다.
2) 자기 유지된 각 라인과 릴레이 a접점을 직렬로 연결하고, 코일과 연결한다.

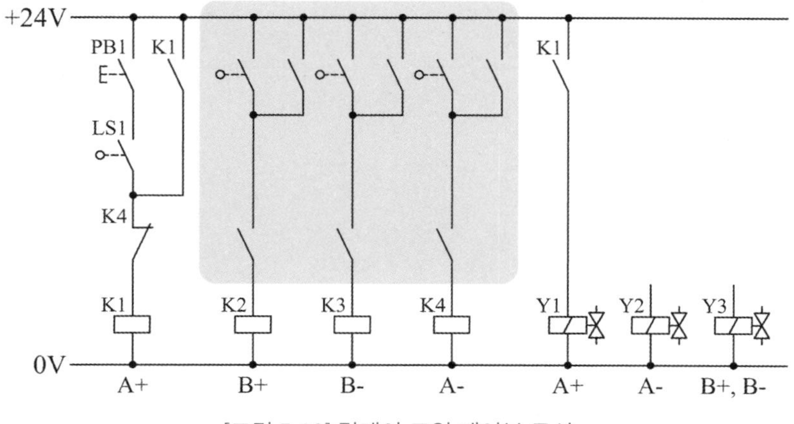

[그림 5.18] 릴레이 코일 제어부 구성

2.2.5 제어부의 릴레이 접점 명칭 기입

1) 자기 유지 접점의 명칭을 기입한다.
2) 릴레이 코일 앞의 접점에 이전 단계의 릴레이 명칭을 기입한다. 이 접점은 이전 단계가 동작해야만 해당 동작이 되도록 하는 기능을 가진다.

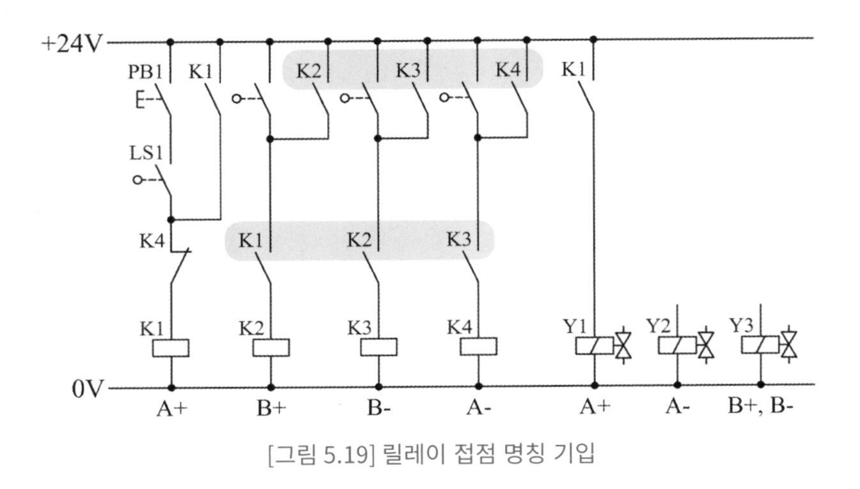

[그림 5.19] 릴레이 접점 명칭 기입

2.2.6 두 번째 동작, 실린더 B 전진

1) 첫 번째 동작 A+의 완료 신호 LS2에 의해 K2가 자기 유지되도록 한다.
2) K2 a접점을 실린더 B를 전진시키는 솔레노이드 Y3에 연결한다.

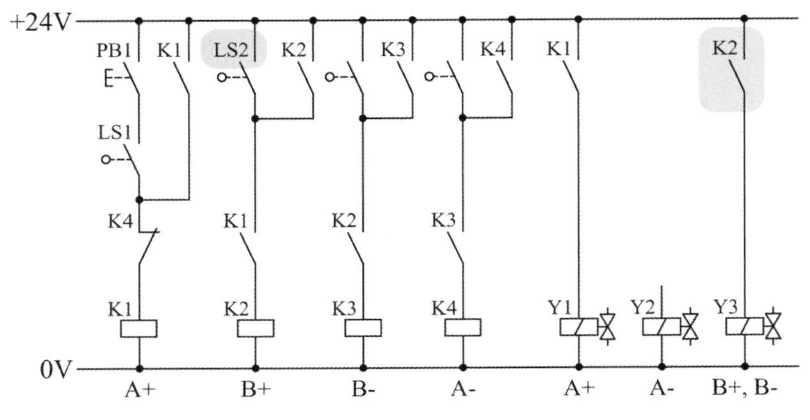

[그림 5.20] 두 번째 동작의 회로 구성

2.2.7 세 번째 동작, 실린더 B 후진

1) 두 번째 동작 B+의 완료 신호 LS4에 의해 K3이 자기 유지되도록 한다.
2) K3 b접점을 Y3에 연결하여 Y3의 전원을 차단한다.

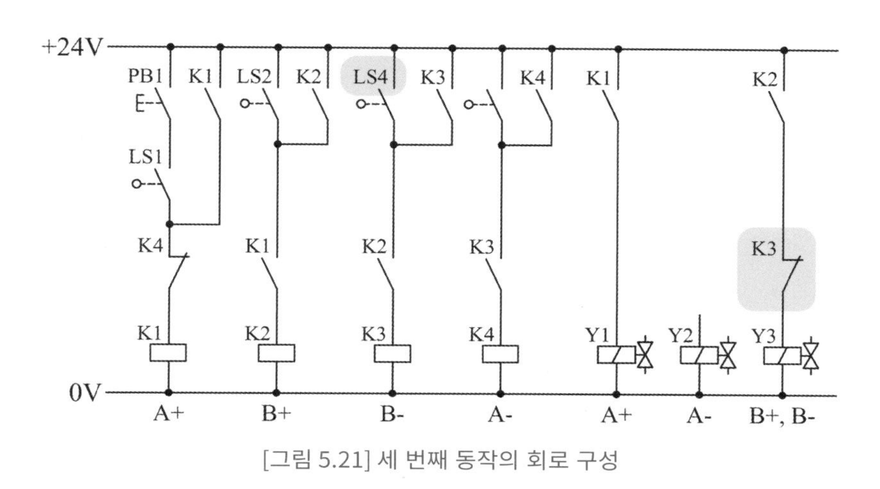

[그림 5.21] 세 번째 동작의 회로 구성

2.2.8 네 번째 동작, 실린더 A 후진

1) 세 번째 동작 B-의 완료 신호 LS3에 의해 K4가 자기 유지되도록 한다.
2) K4 a접점을 실린더 A를 후진시키는 솔레노이드 Y2에 연결하고, K4 b접점을 Y1에 연결하여 Y1의 전원을 차단한다.

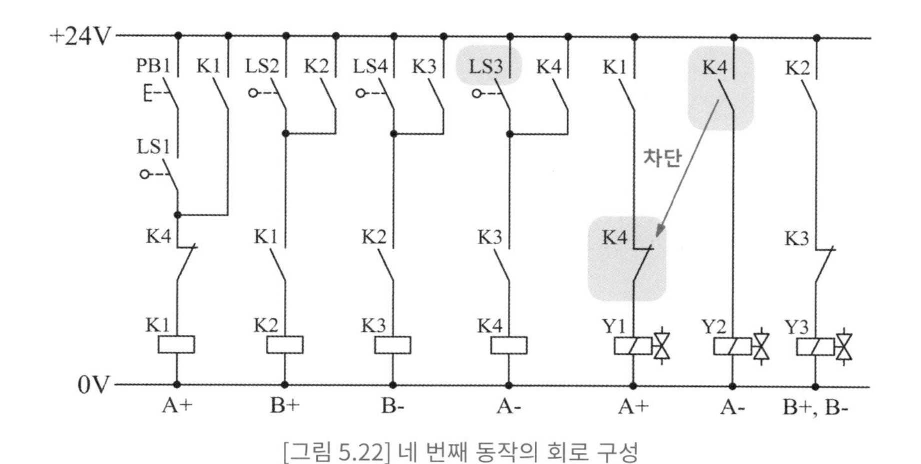

[그림 5.22] 네 번째 동작의 회로 구성

2.2.9 마지막 동작의 오류 수정

[그림 5.22]에서 릴레이 K4가 on 되면 전기회로는 초기화되므로 짧은 시간 동안 on 되는 K4의 신호로는 솔레노이드 Y2를 구동시킬 수 없다. 따라서 [그림 5.23]과 같이 K4를 자기 유지시키고 마지막 동작이 완료된 후에 초기화되도록 회로를 수정한다.

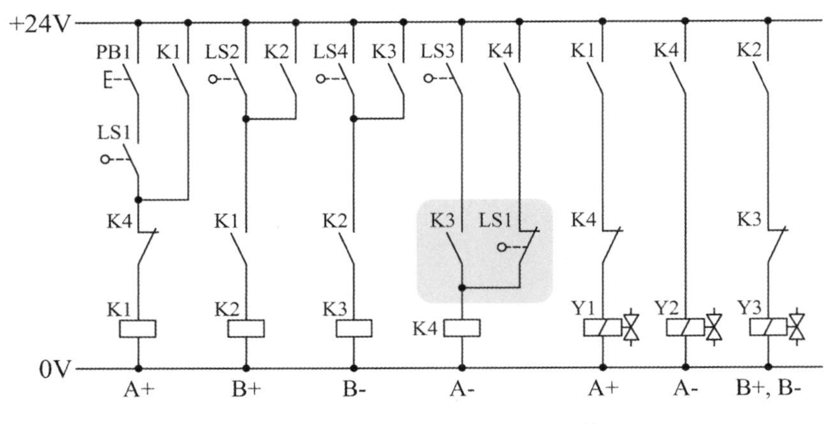

[그림 5.23] 마지막 동작의 오류 수정 회로

오류가 수정된 [그림 5.23]에서 리밋스위치 LS1은 두 개의 접점이 사용되고 있다. 일반적인 리밋스위치는 한 개의 접점을 가지고 있으므로 이 경우에는 LS1의 신호로 릴레이를 구동하여 릴레이의 접점을 사용해야 한다. 따라서 [그림 5.24]와 같이 기존의 LS1 접점을 LS1에 의해 구동되는 K5의 접점으로 대체한다.

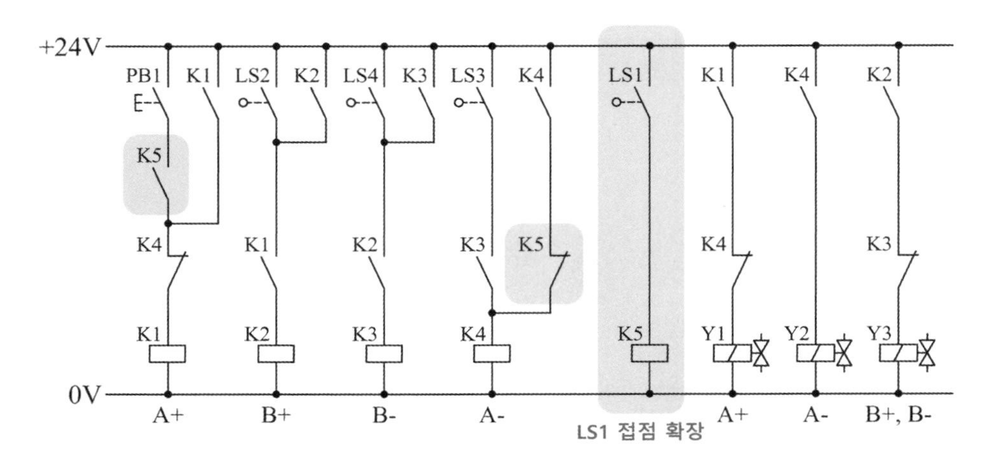

[그림 5.24] A+ B+ B- A- 동작의 전기 회로도

2.3 전기회로 설계 방법 3

"마지막 동작이 솔레노이드에 전원이 인가되어 이루어지는 경우 2"

[그림 5.25]의 공기압 회로를 구성하고 초기 상태에서 PB1 스위치를 누르면 [그림 5.26]의 변위단계선도와 같이 동작하도록 전기회로를 설계하고자 한다.

솔레노이드 Y3에 전원이 인가되어 마지막 동작 실린더 B 후진이 이루어지는 시스템의 전기회로는 앞에서 설명한 방법 외에도 다음의 방법에 따라서 설계할 수 있다.

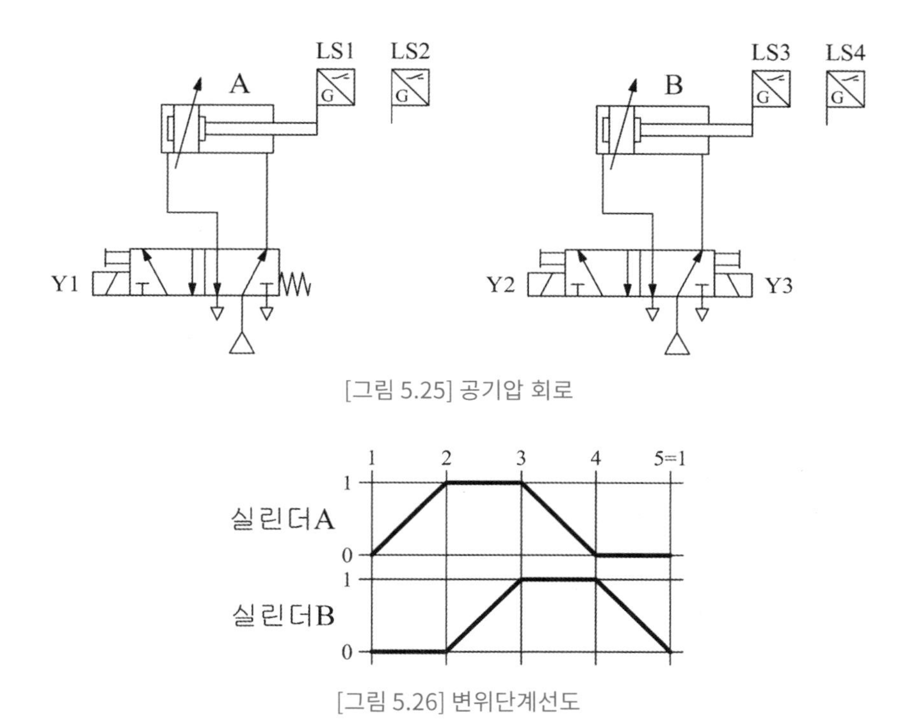

[그림 5.25] 공기압 회로

[그림 5.26] 변위단계선도

2.3.1 변위단계선도 분석

주어진 시스템은 PB1을 누르면 실린더 A 전진, 실린더 A가 LS2를 누르면 실린더 B 전진, 실린더 B가 LS4를 누르면 실린더 A 후진, 실린더 A가 LS1을 누르면 실린더 B가 후진하여 LS3을 누르고 정지한다.

전기회로도 설계를 위하여 각 동작의 시작 신호를 [그림 5.27]과 같이 변위단계선도에 기입하거나 기호를 사용하여 정리한다. 여기서 각 동작을 완료하는 신호는 다음 동작의 시작 신호로 사용된다.

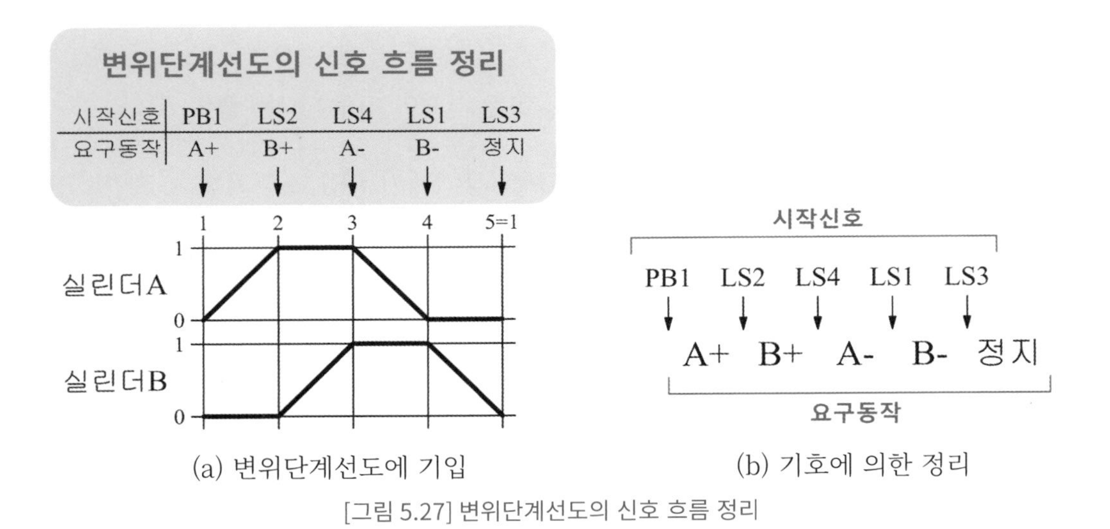

[그림 5.27] 변위단계선도의 신호 흐름 정리

2.3.2 전원선, 릴레이 코일, 솔레노이드 배치

1) +24V, 0V 전원선을 그린다.

2) 실린더 동작 수+1 개의 릴레이 코일을 배치한다.

3) 사용되는 솔레노이드를 배치한다.

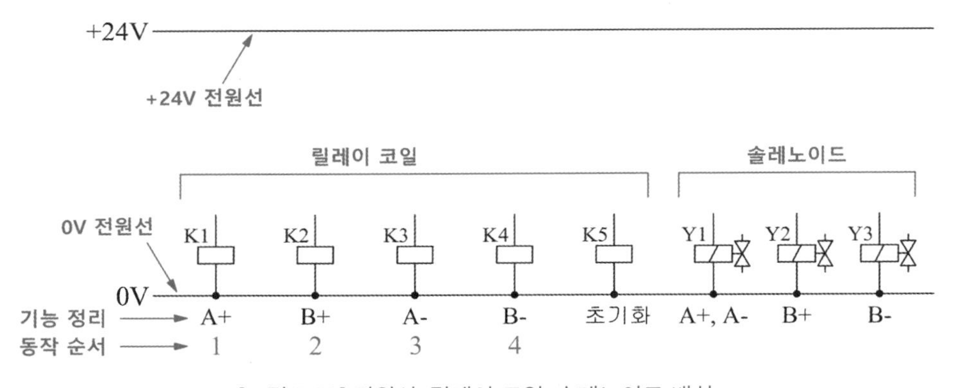

[그림 5.28] 전원선, 릴레이 코일, 솔레노이드 배치

2.3.3 첫 번째 동작, 실린더 A 전진

1) 시작 신호 PB1을 누르면 첫 번째 릴레이 K1이 자기 유지되고 마지막 릴레이 K5 b 접점으로 자기 유지를 해제하도록 회로를 구성한다.
2) K1 a접점을 실린더 A를 전진시키는 솔레노이드 Y1에 연결한다.

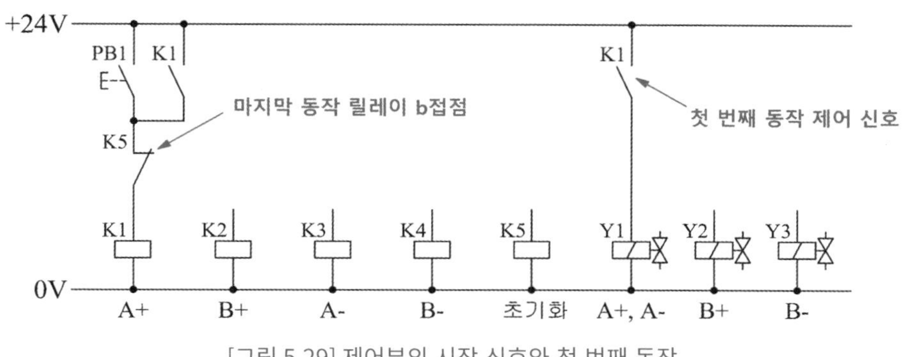

[그림 5.29] 제어부의 시작 신호와 첫 번째 동작

2.3.4 릴레이 코일 제어부 구성

1) 실린더 각 동작의 시작 신호와 자기 유지 접점을 병렬 연결한다.
2) 자기 유지된 각 라인과 릴레이 a접점을 직렬로 연결하고, 코일과 연결한다.
3) 마지막 릴레이 코일은 자기 유지 회로를 구성하지 않는다.

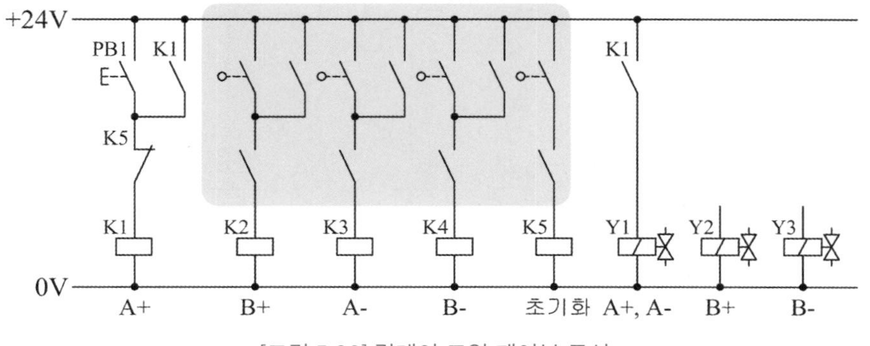

[그림 5.30] 릴레이 코일 제어부 구성

2.3.5 제어부의 릴레이 접점 명칭 기입

1) 자기 유지 접점의 명칭을 기입한다.
2) 릴레이 코일 앞의 접점에 이전 단계의 릴레이 명칭을 기입한다. 이 접점은 이전 단계가 동작해야만 해당 동작이 되도록 하는 기능을 가진다.

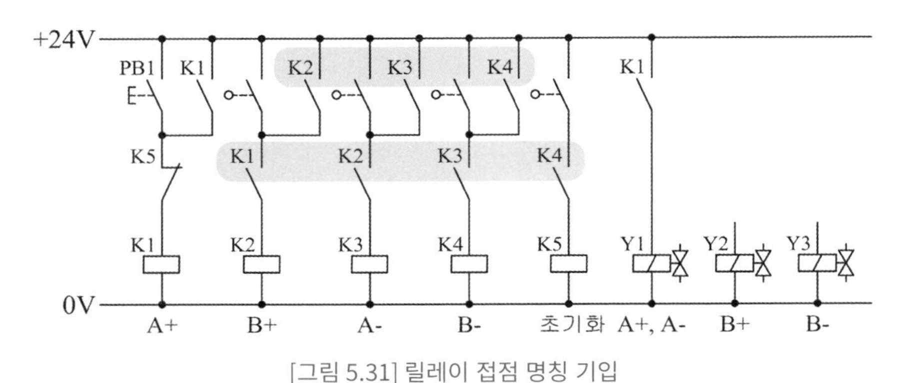

[그림 5.31] 릴레이 접점 명칭 기입

2.3.6 두 번째 동작, 실린더 B 전진

1) 첫 번째 동작 A+의 완료 신호 LS2에 의해 K2가 자기 유지되도록 한다.
2) K2 a접점을 실린더 B를 전진시키는 솔레노이드 Y2에 연결한다.

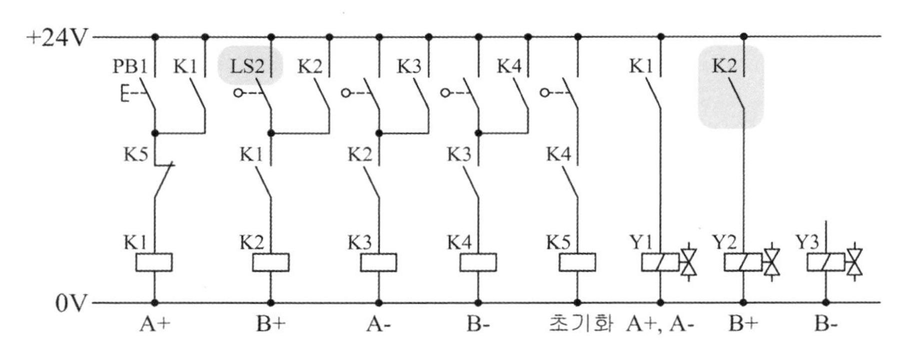

[그림 5.32] 두 번째 동작의 회로 구성

2.3.7 세 번째 동작, 실린더 A 후진

1) 두 번째 동작 B+의 완료 신호 LS4에 의해 K3이 자기 유지되도록 한다.

2) K3 b접점을 Y1에 연결하여 Y1의 전원을 차단한다.

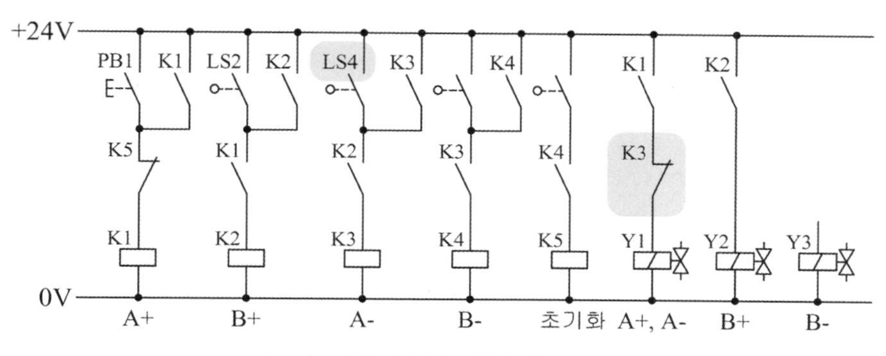

[그림 5.33] 세 번째 동작의 회로 구성

2.3.8 네 번째 동작, 실린더 B 후진

1) 세 번째 동작 A-의 완료 신호 LS1에 의해 K4가 자기 유지되도록 한다.

2) K4 a접점을 실린더 B를 후진시키는 솔레노이드 Y3에 연결하고, K4 b접점을 Y2에 연결하여 Y2의 전원을 차단한다.

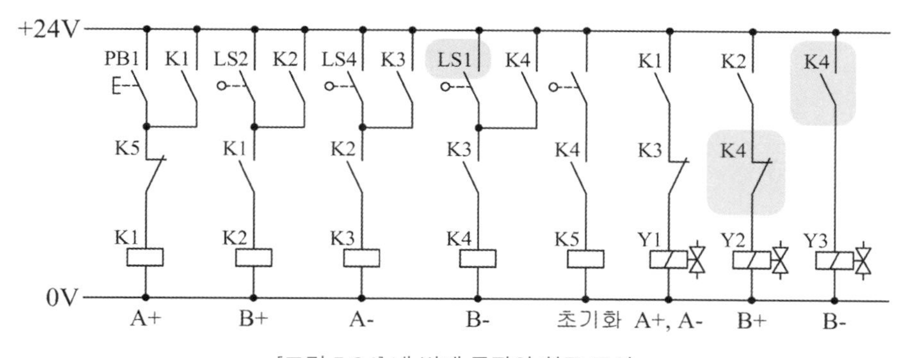

[그림 5.34] 네 번째 동작의 회로 구성

2.3.9 전기회로 초기화

◈ 마지막 동작 B-의 완료 신호 LS3에 의해 K5가 여자되도록 한다.

[그림 5.35]의 전기회로는 마지막 동작인 실린더 B 후진이 완료되어 LS3을 누르면 K5가 on 되면서 초기화된다.

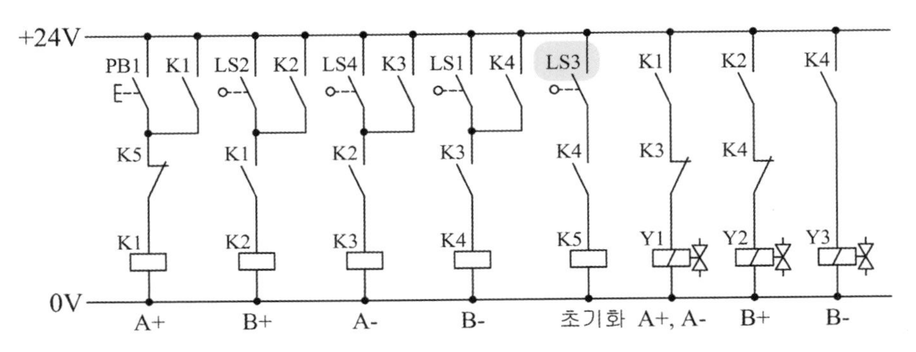

[그림 5.35] A+ B+ A- B- 동작의 전기 회로도

2.4 전기회로 설계 방법 4

[그림 5.36]의 공기압 회로를 구성하고 초기 상태에서 PB1 스위치를 누르면 [그림 5.37]의 변위단계선도와 같이 동작하도록 전기회로를 설계하고자 한다.

앞에서 설명한 전기회로들에서 실린더의 각 동작을 제어하는 릴레이는 순차적으로 on 되고 마지막 동작에서 동시에 off 되는 방식으로 구동된다.

본 절에서는 실린더의 각 동작마다 한 개씩의 릴레이만 on 시키는 방법으로 전기회로를 설계한다. 이 방법은 주로 복귀형 스프링이 내장되지 않은 양측 솔레노이드 밸브를 이용하는 경우에 적용된다.

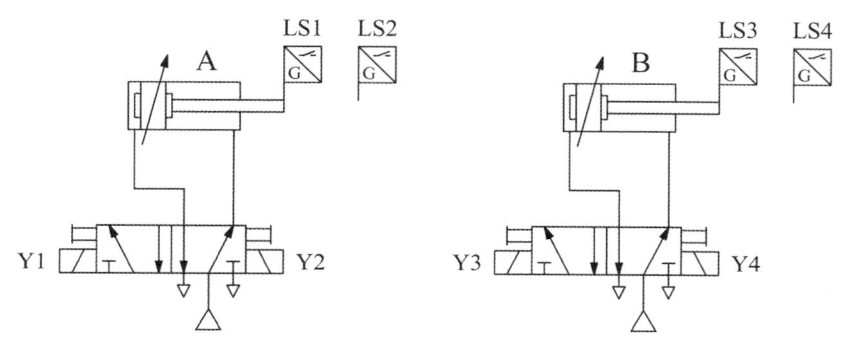

[그림 5.36] 공기압 회로

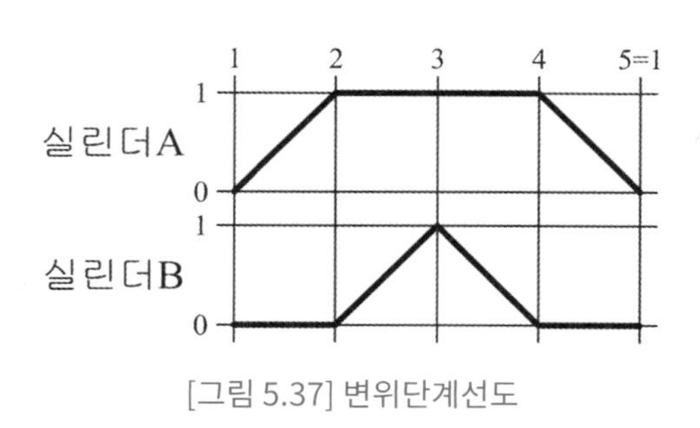

[그림 5.37] 변위단계선도

2.4.1 변위단계선도 분석

주어진 시스템은 PB1을 누르면 실린더 A 전진, 실린더 A가 LS2를 누르면 실린더 B 전진, 실린더 B가 LS4를 누르면 실린더 B 후진, 실린더 B가 LS3을 누르면 실린더 A가 후진하여 LS1을 누르고 정지한다.

전기회로도 설계를 위하여 각 동작의 시작 신호를 [그림 5.38]과 같이 변위단계선도에 기입하거나 기호를 사용하여 정리한다. 여기서 각 동작을 완료하는 신호는 다음 동작의 시작 신호로 사용된다.

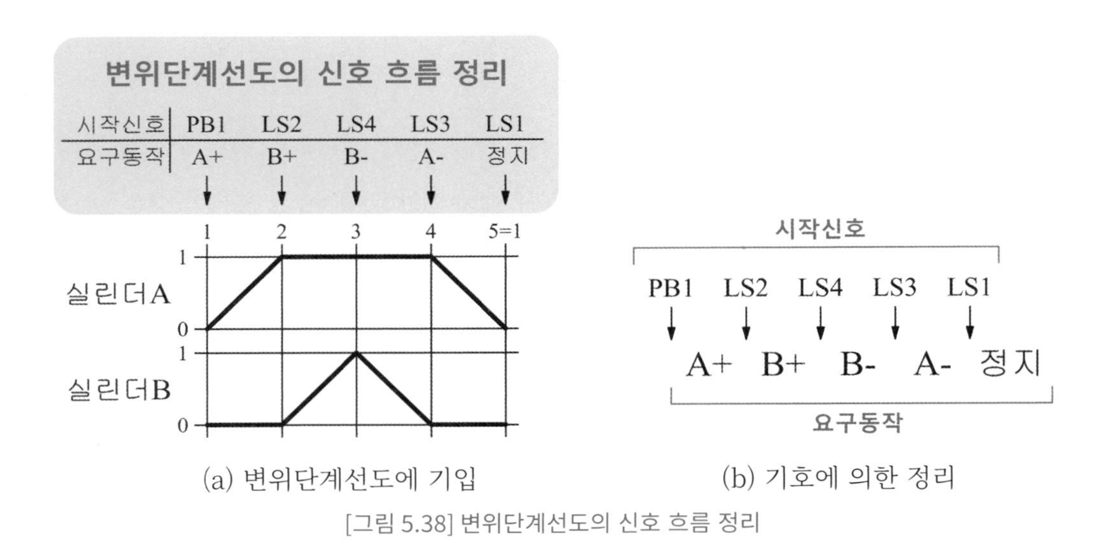

(a) 변위단계선도에 기입 (b) 기호에 의한 정리

[그림 5.38] 변위단계선도의 신호 흐름 정리

2.4.2 전원선, 릴레이 코일, 솔레노이드 배치

1) +24V, 0V 전원선을 그린다.
2) 실린더 동작 수와 동일한 수의 릴레이 코일을 배치한다.
3) 사용되는 솔레노이드를 배치한다.

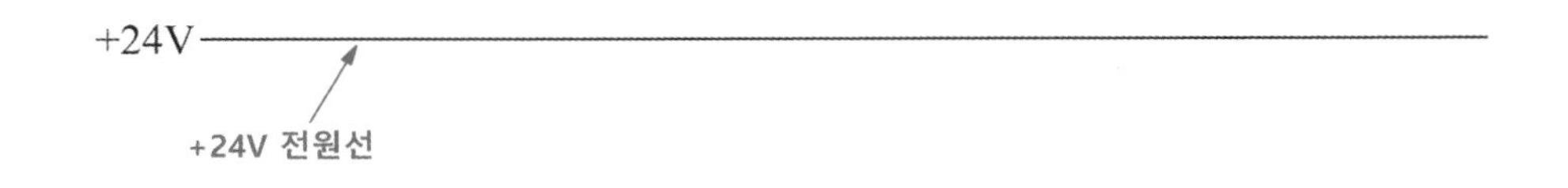

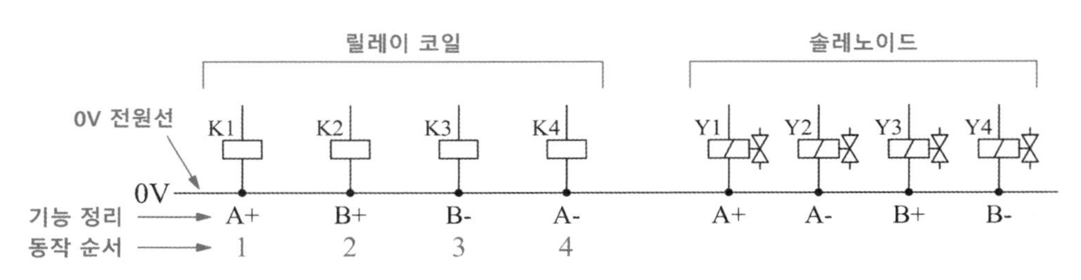

[그림 5.39] 전원선, 릴레이 코일, 솔레노이드 배치

2.4.3 첫 번째 동작, 실린더 A 전진

1) 시작 신호, 마지막 동작 완료 신호 a접점, 마지막 동작 릴레이 a접점을 직렬로 연결하여 자기 유지시키고, 다음 동작 릴레이 b접점으로 해제한다.
2) K1 a접점을 실린더 A를 전진시키는 솔레노이드 Y1에 연결한다.

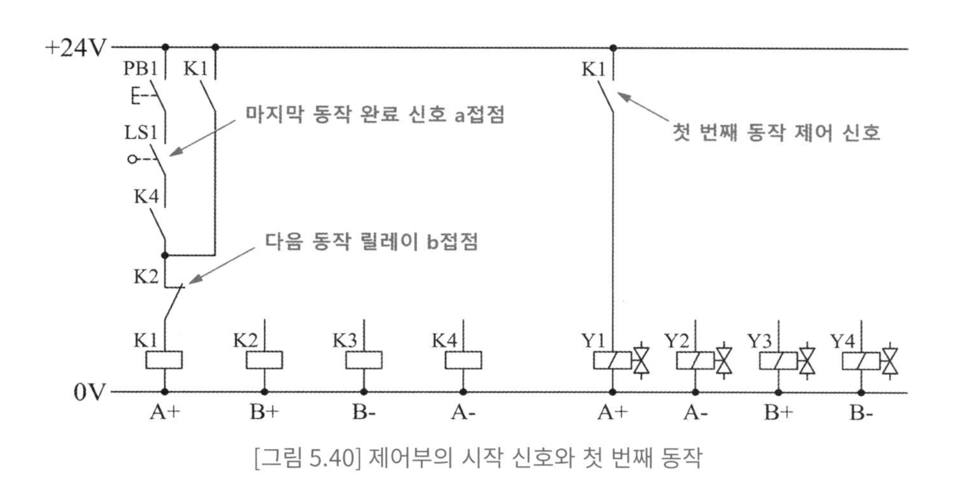

[그림 5.40] 제어부의 시작 신호와 첫 번째 동작

2.4.4 릴레이 코일 제어부 구성

1) 각 동작의 시작 신호와 릴레이 a접점을 직렬로 연결하고 자기 유지시킨다.
2) 각 라인의 자기 유지를 해제하는 릴레이 b접점을 삽입한다.
3) 마지막 릴레이의 자기 유지 접점과 병렬로 PB2 스위치를 연결한다. (이 시스템은 PB2를 눌러 K4를 자기 유지시킨 후 PB1에 의해 운전된다.)

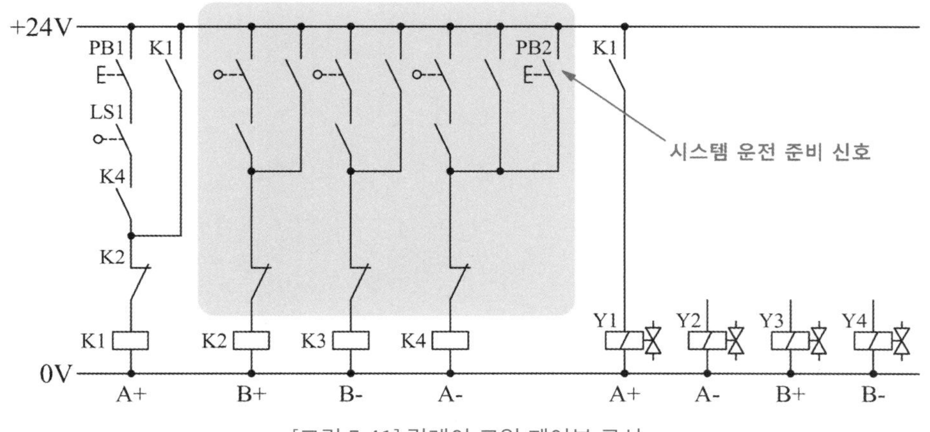

[그림 5.41] 릴레이 코일 제어부 구성

2.4.5 제어부의 릴레이 접점 명칭 기입

1) 자기 유지 접점의 명칭을 기입한다.

2) 각 동작 시작 신호와 연결된 접점에 전 단계의 릴레이 명칭을 기입한다.

3) 각 라인의 자기 유지 해제 접점에 다음 단계의 릴레이 명칭을 기입한다.

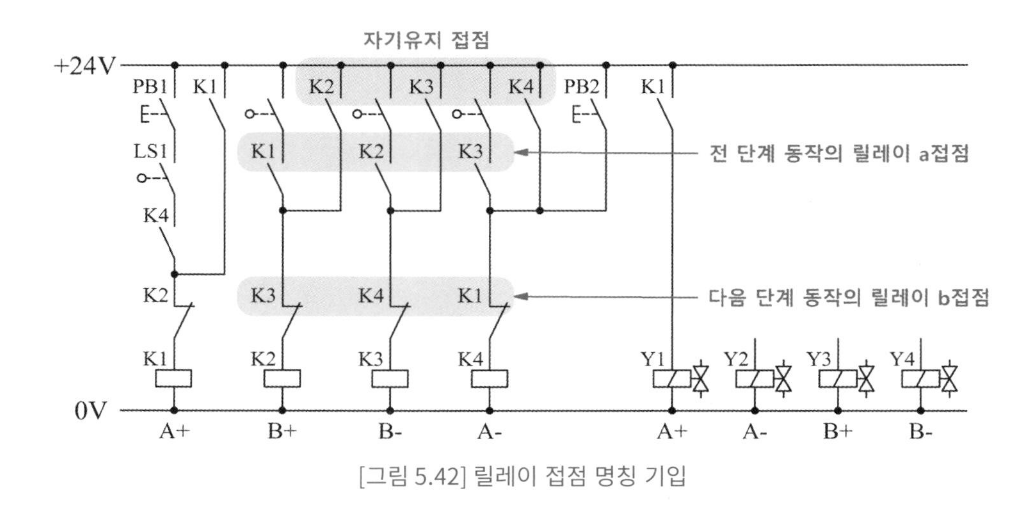

[그림 5.42] 릴레이 접점 명칭 기입

2.4.6 두 번째 동작, 실린더 B 전진

1) 첫 번째 동작 A+의 완료 신호 LS2에 의해 K2가 자기 유지되도록 한다. (K2가 on 되면 K2 b접점에 의해 K1 자기 유지가 해제된다.)

2) K2 a접점을 실린더 B를 전진시키는 솔레노이드 Y3에 연결한다.

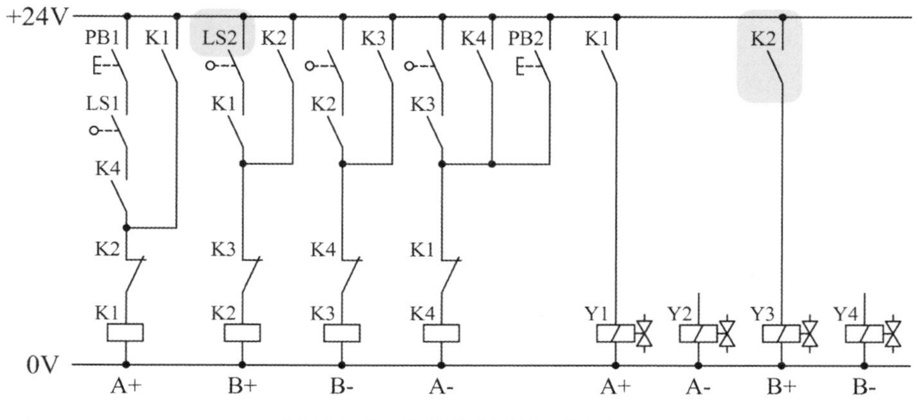

[그림 5.43] 두 번째 동작의 회로 구성

2.4.7 세 번째 동작, 실린더 B 후진

1) 두 번째 동작 B+의 완료 신호 LS4에 의해 K3이 자기 유지되도록 한다.
2) K3 a접점을 솔레노이드 Y4에 연결한다. (K3이 on 되면 K2 자기 유지가 해제되므로 Y3의 차단 접점은 삽입하지 않아도 된다.)

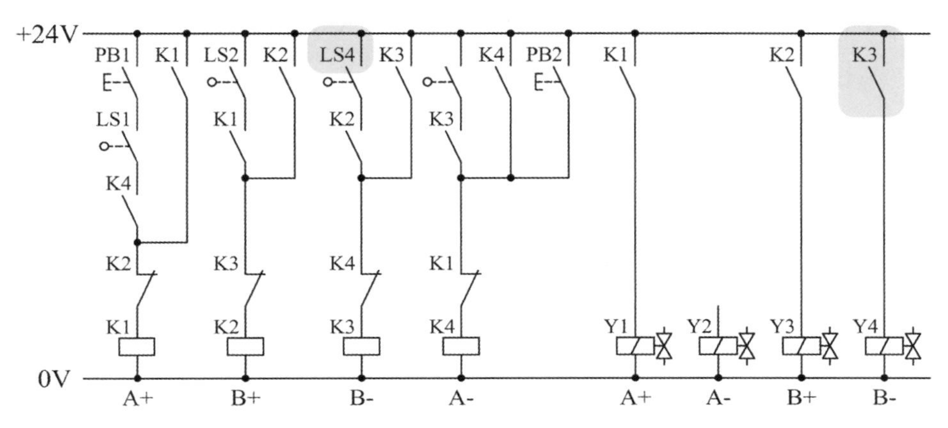

[그림 5.44] 세 번째 동작의 회로 구성

2.4.8 네 번째 동작, 실린더 A 후진

1) 세 번째 동작 B-의 완료 신호 LS3에 의해 K4가 자기 유지되도록 한다.
2) K4 a접점을 솔레노이드 Y2에 연결하면 전기회로 설계가 완료된다.

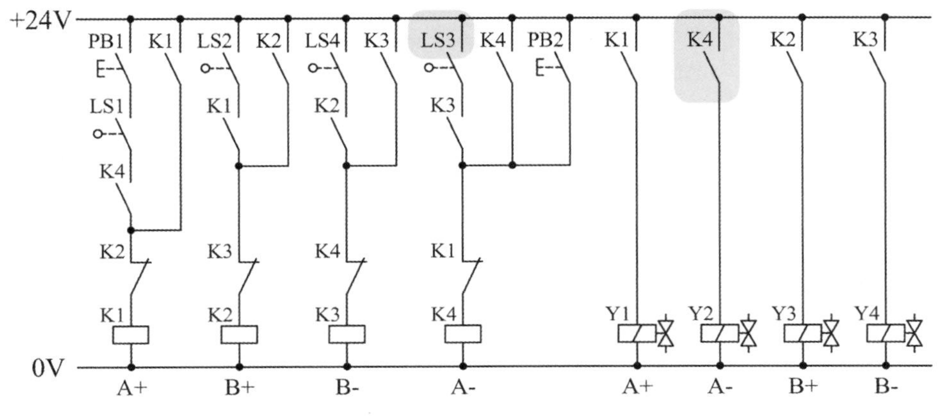

[그림 5.45] 네 번째 동작의 회로 구성, 최종 전기회로도

2.5 전기회로 설계 방법 5

[그림 5.46]의 공기압 회로를 구성하고 초기 상태에서 PB1 스위치를 누르면 [그림 5.47]의 변위단계선도와 같이 동작하도록 전기회로를 설계하고자 한다.

앞에서 설명한 전기회로 설계 방법들에서 실린더의 동작을 제어하기 위한 릴레이의 수는 시스템 동작의 수와 같거나 동작 수보다 한 개가 많이 필요하였다.

본 절에서는 사용되는 릴레이의 수를 최소화하는 방법으로 전기회로를 설계한다. 이 방법은 주로 복귀형 스프링이 내장되지 않은 양측 솔레노이드 밸브를 이용하는 경우에 적용된다.

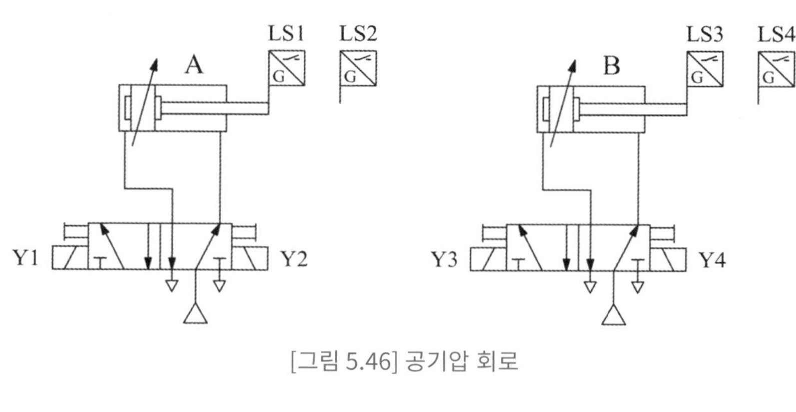

[그림 5.46] 공기압 회로

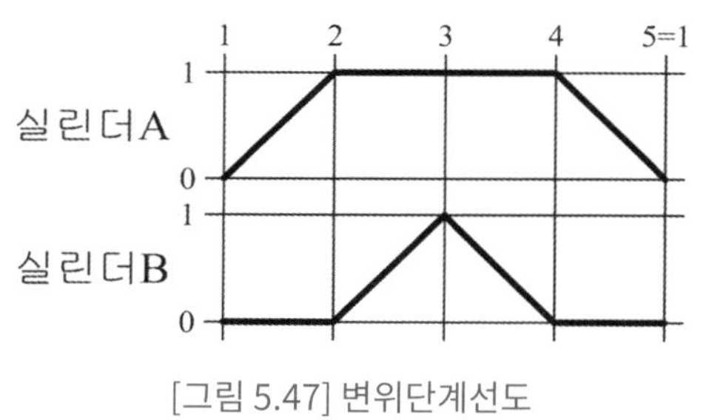

[그림 5.47] 변위단계선도

2.5.1 변위단계선도 분석 및 제어 그룹 분리

본 절의 방법으로 전기회로를 설계하기 위해서는 제어 그룹을 분리해야 한다. 제어 그룹은 동일한 실린더의 전·후진 동작이 한 그룹에 한 번씩만 나타나도록 분리한다.

[그림 5.48]의 (b)에 제어 그룹을 분리하여 나타내었다. 여기서 LS4는 제어 그룹 변경하는 신호이며, LS2와 LS3은 각 그룹 내에서 동작을 시작하는 신호로 사용된다.

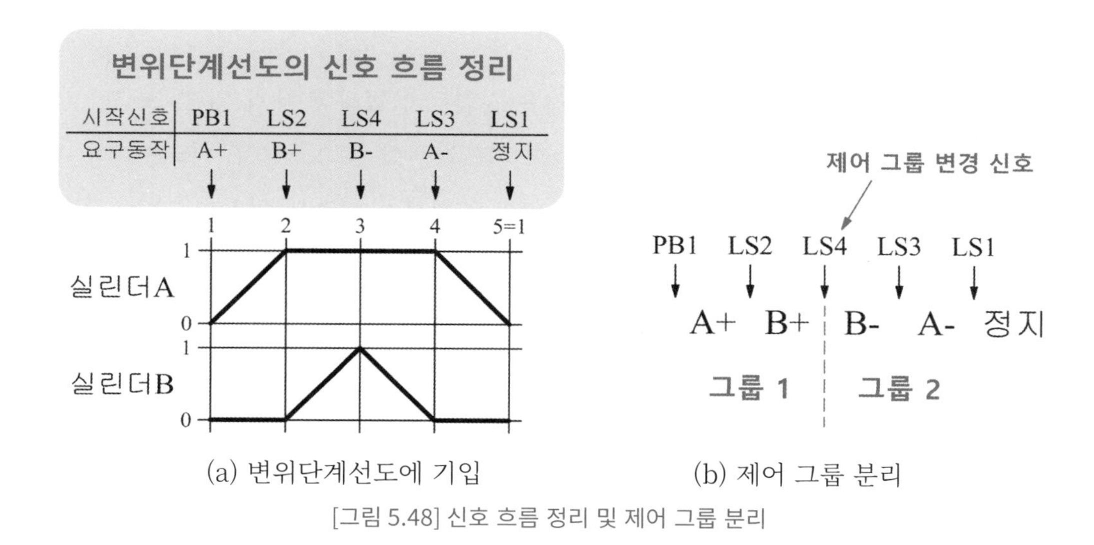

[그림 5.48] 신호 흐름 정리 및 제어 그룹 분리

2.5.2 전원선, 릴레이 코일, 솔레노이드, 그룹 제어선 배치

1) +24V, 0V 전원선을 그린다.

2) 제어 그룹 수–1 개의 릴레이 코일을 배치한다.

3) 사용되는 솔레노이드를 배치한다.

4) 각 그룹의 제어선을 배치한다.

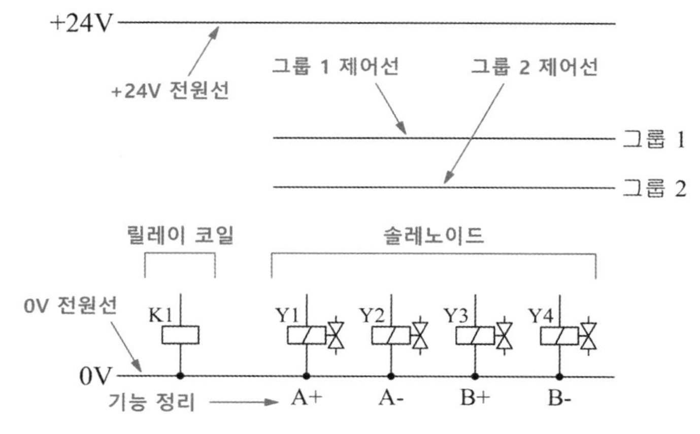

[그림 5.49] 전원선, 릴레이 코일, 솔레노이드, 제어 그룹선 배치

2.5.3 첫 번째 동작, 실린더 A 전진

1) 시작 신호, 마지막 동작 완료 신호 a접점을 직렬로 연결하여 자기 유지시키고, 제어 그룹을 변경하는 신호로 자기 유지를 해제하도록 한다.
2) K1 a접점을 그룹 1 제어선과 솔레노이드 Y1에 연결하여 첫 번째 동작이 되도록 한다.

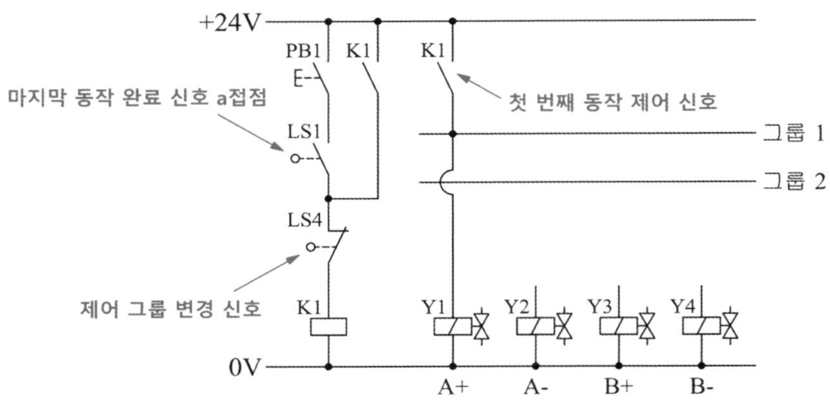

[그림 5.50] 제어부의 시작 신호와 첫 번째 동작

2.5.4 두 번째 동작, 실린더 B 전진

◈ 첫 번째 동작 A+의 완료 신호 LS2에 의해서 B+이 되도록 그룹 1의 제어선에서 LS2를 분기하여 솔레노이드 Y3에 연결한다.

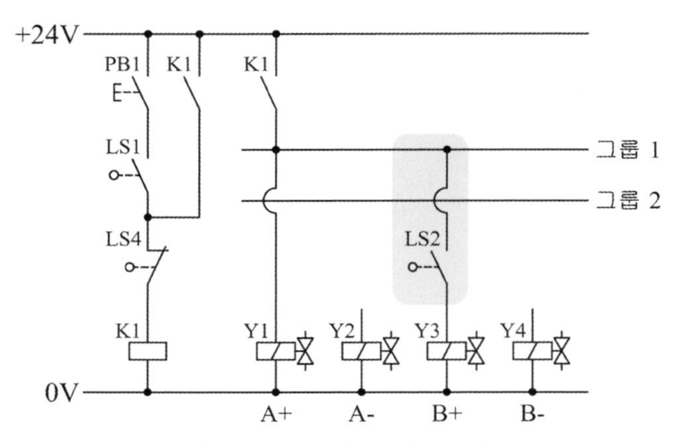

[그림 5.51] 두 번째 동작의 회로 구성

2.5.5 세 번째 동작, 실린더 B 후진

◈ 두 번째 동작 B+의 완료 신호 LS4가 on 되면 K1 자기 유지가 해제되어 K1 b접점이 닫히게 된다. 따라서 K1 b접점을 그룹 2의 제어선과 솔레노이드 Y4에 연결하여 실린더 B가 후진되도록 한다.

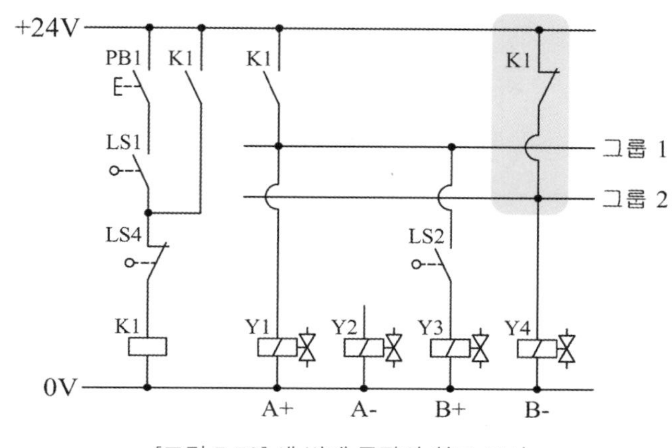

[그림 5.52] 세 번째 동작의 회로 구성

2.5.6 네 번째 동작, 실린더 A 후진

◈ 세 번째 동작 B-의 완료 신호 LS3에 의해서 A-이 되도록 그룹 2의 제어선에서 LS3를 분기하여 솔레노이드 Y2에 연결한다.

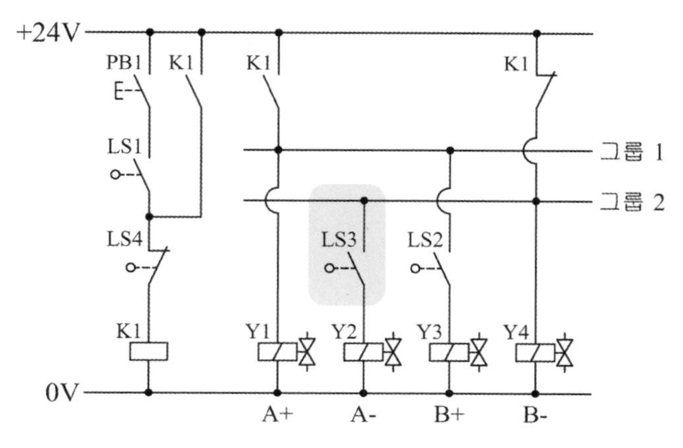

[그림 5.53] 네 번째 동작의 회로 구성

설계된 전기회로도는 다음과 같이 정리될 수 있다.

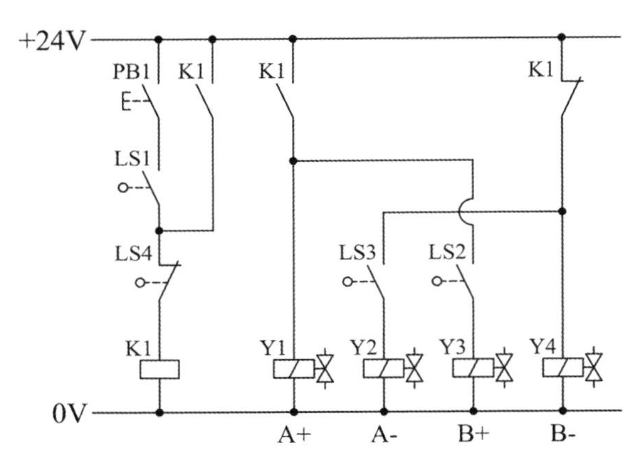

[그림 5.54] A+ B+ B- A- 동작의 전기 회로도

3. 부가 기능 동작의 전기회로 설계

3.1 타이머에 의한 시간 지연 동작

1) 동작 조건 예시

실린더 A의 전진이 완료되면 3초 후에 실린더 B가 동작하도록 타이머를 사용하여 전기회로도를 변경하고 시스템을 구성하시오.

2) 변경 방법

[그림 5.55]의 (a)와 같이 K1이 여자되면 실린더 A가 전진하고 K2가 여자되면 실린더 B가 전진하는 전기회로의 예에서 실린더 B 전진의 시작 신호는 리밋스위치 LS2이다. 이 회로를 그림 (b)와 같이 LS2에 의해 여자 지연 타이머 코일 T1을 여자시키고 3초 후에 출력되는 T1 a접점 신호로 실린더 B가 전진하도록 변경한다.

타이머에 의한 시간 지연 동작을 전기회로 설계 단계에서 적용하고자 한다면 이 책의 설비보전산업기사 공개 도면 '공기압 시스템 설계 및 구성'에서 설계된 전기회로를 참고하기 바란다.

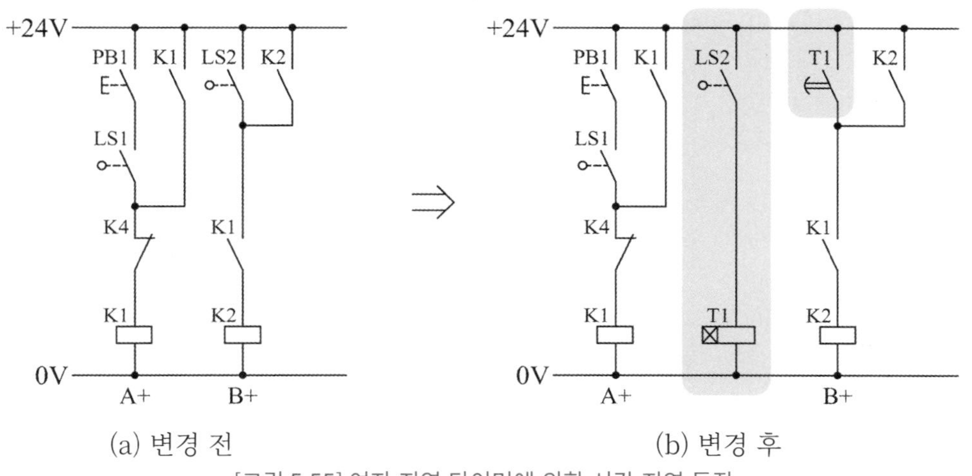

(a) 변경 전 (b) 변경 후

[그림 5.55] 여자 지연 타이머에 의한 시간 지연 동작

3.2 연속 동작 회로

3. 2. 1 연속 동작 시작/정지 스위치 사용 회로

1) 동작 조건 예시

현재의 시작 스위치 PB1 외에 연속 시작 스위치와 정지 스위치를 사용하여 연속 사이클(반복 자동 행정) 회로를 구성하고 다음과 같이 동작되도록 하시오.

가) 연속 시작 스위치 PB2를 누르면 연속 사이클로 계속 동작한다.
나) 정지 스위치 PB3를 누르면 사이클이 완료되고 정지한다.

2) 변경 방법

순차 동작의 전기회로도에서 PB1을 계속 누르고 있으면 시스템은 연속 동작을 하고, PB1을 복귀시키면 시스템은 운전 중인 사이클을 종료하고 정지한다. 따라서 [그림 5.56]과 같이 PB2에 의해 자기 유지 회로를 구성하고, 자기 유지된 K5 a접점을 1사이클 동작의 시작 신호인 PB1과 병렬(OR 회로)로 연결하면 PB2의 신호로 시스템은 연속 운전을 하게 된다. 연속 동작 중에 PB3를 누르면 K5의 자기 유지가 해제되어 시스템은 해당 사이클을 종료하고 정지한다.

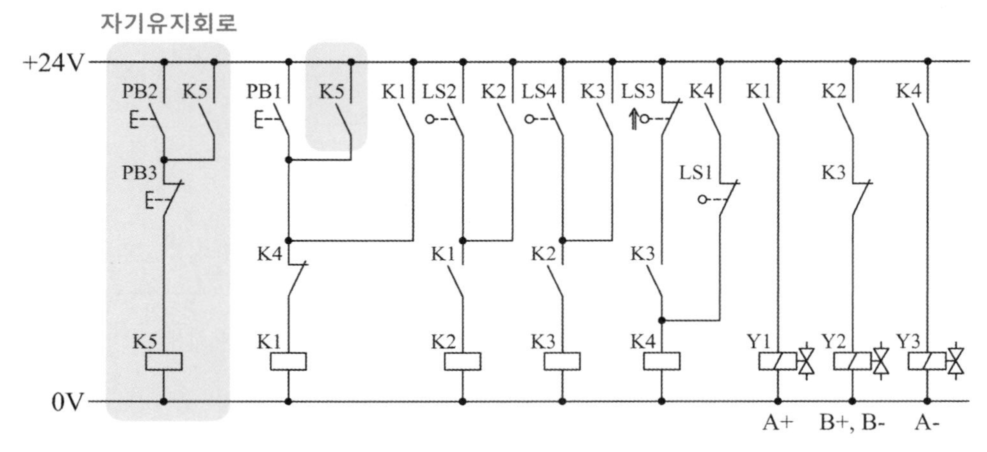

[그림 5.56] 연속/정지 스위치에 의한 연속 동작 회로

3.2.2 한 개의 누름 버튼 스위치에 의한 연속 동작 시작/정지 회로

1) 동작 조건 예시

누름 버튼 스위치 PB2를 추가하여 다음과 같이 동작되도록 하시오.

가) 누름 버튼 스위치 PB2를 한 번 누르면 시스템이 연속으로 동작한다.
나) 누름 버튼 스위치 PB2를 다시 누르면 모두 초기 상태가 되어야 한다.

2) 변경 방법

연속 동작의 시작 스위치 PB2에 유지형 스위치를 적용한다면 PB2를 1사이클 동작의 시작 스위치와 병렬로 연결하여 OR 회로를 구성하면 된다. 만약 PB2를 복귀형 스위치로 사용한다면 다음의 방법으로 회로를 구성해야 한다.

[그림 5.57]과 같이 PB2 스위치를 한 번 누르면 K6이 자기 유지되고, 다시 한번 누르면 자기 유지가 해제되는 회로를 구성하고 K6 a접점을 기존의 시작 스위치 PB1과 병렬로 연결한다.

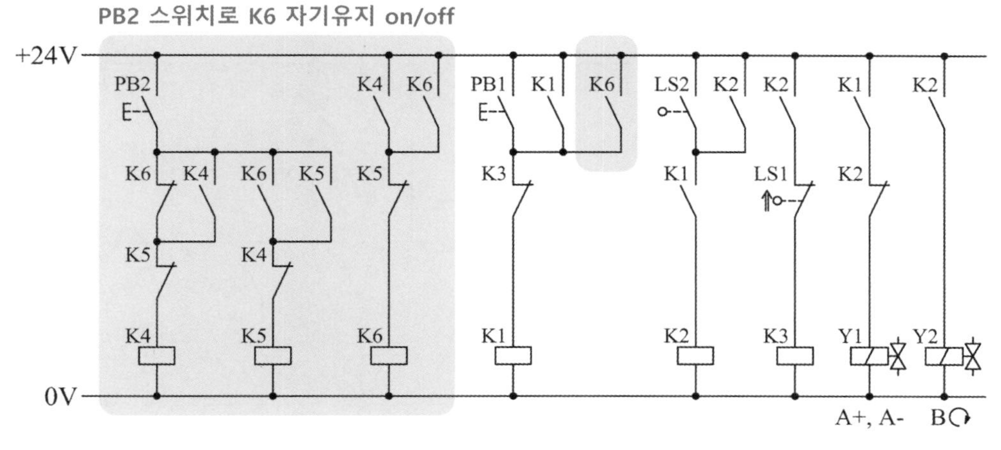

[그림 5.57] PB2 스위치에 의한 연속 동작 시작/정지 회로

3.3 카운터를 이용한 연속 동작 정지 회로

1) 동작 조건 예시

누름 버튼스위치 PB2를 추가하여 초기 상태에서 PB2 스위치를 누르면 시스템의 동작을 연속으로 반복한다. 연속 동작의 정지는 사이클을 3회 반복한 후 정지해야 한다. 시작 스위치를 다시 누르는 것만으로 같은 작업이 반복되어야 한다.

2) 변경 방법

[그림 5.58]과 같이 PB2에 의한 자기 유지 회로를 구성하고, 자기 유지 접점을 기존의 시작 스위치 PB1과 병렬로 연결하면 시스템은 PB2에 의해 연속 동작을 한다. 동작을 3사이클 운전한 후에는 시스템이 정지되어야 하므로 카운터 출력 C1에 의해 자기 유지를 해제하도록 한다.

카운터에 반복 횟수를 입력하는 셋(set) 신호는 각 사이클마다 한 번씩 on 되는 릴레이 접점의 신호를 연결하고, 리셋(reset)에는 PB2를 연결하여 PB2가 on 되면 카운터 리셋과 연속 동작의 시작이 동시에 이루어지도록 한다.

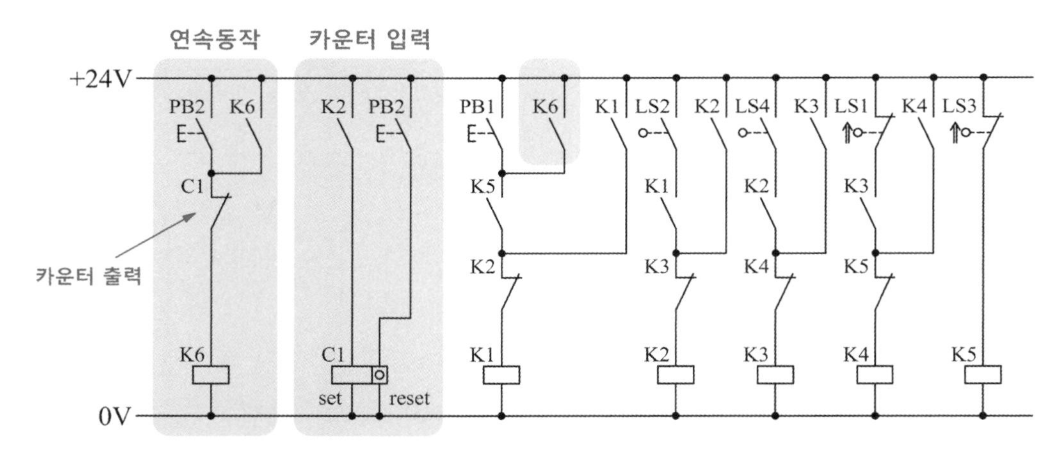

[그림 5.58] 카운터를 이용한 연속 동작 정지

동작 조건에 따라서 전기회로는 다음과 같이 다양하게 수정될 수 있다.

카운터 리셋 신호는 별도의 스위치 및 신호를 사용할 수 있다. 또한, 그림의 회로는 PB1에 의해 1사이클 동작 중에도 카운터 셋 신호가 입력되는데, 연속 동작 중에만 카운터 셋 신호를 입력하고자 한다면 K6 a접점을 카운터 셋 신호 K2와 직렬로 연결하면 된다.

3.4 압력 스위치 적용

1) 동작 조건 예시

실린더 A가 전진 완료 후 전진 측 공급 압력이 3MPa 이상 되어야 실린더 A가 후진되고 유압모터 B가 회전하도록 압력 스위치를 사용하여 회로를 구성하시오.

2) 변경 방법

[그림 5.59]의 (a)와 같이 실린더 A의 전진 측 공급 라인에 압력 스위치와 압력 게이지를 설치한다. 전기회로는 실린더 A가 전진을 완료하여 LS2를 누르고 압력 스위치 PS의 신호가 on 되면 다음 동작이 진행되도록 LS2와 PS를 직렬로 연결한다.

LS2와 PS를 직렬로 연결하면 두 신호 모두 on이 되어야 다음 동작이 진행되지만 LS2를 제거하면 압력 스위치의 신호로 다음 동작이 진행된다.

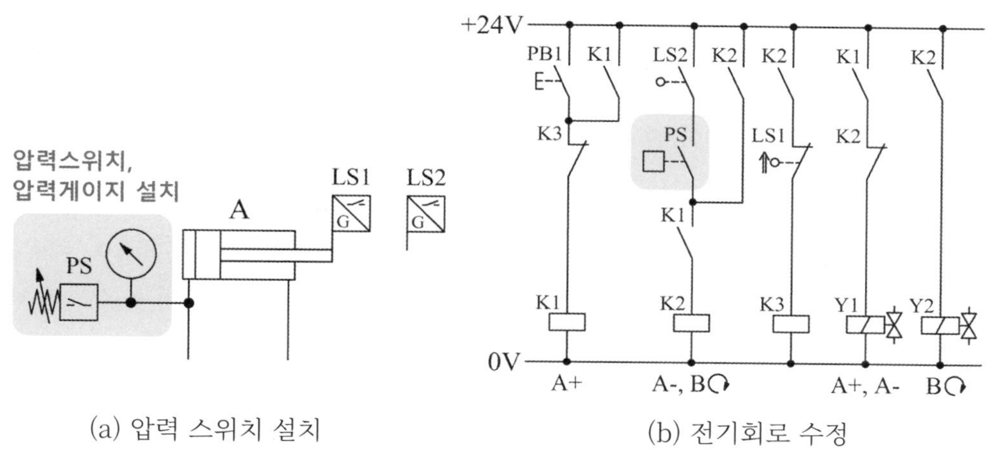

(a) 압력 스위치 설치

(b) 전기회로 수정

[그림 5.59] 압력 스위치 적용

3.5 비상 정지

비상 정지 동작은 비상 정지 스위치를 눌러 시스템을 정지시키는 것을 말한다. 일반적으로 비상 정지 동작은 비상 정지 스위치의 b접점에 의해 시스템 전원을 공급하고 비상 정지 스위치가 눌러지면 전원을 차단하도록 사용되므로 본 절에서는 비상 정지 스위치의 b접점을 사용하여 회로를 구성한다.

3.5.1 비상 정지 시 솔레노이드 on

1) 동작 조건 예시

비상 정지 스위치를 추가하여 다음과 같이 동작되도록 하시오.

가) 실린더 A가 전진하고 실린더 B는 후진하며 램프가 점등되어야 한다.
나) 비상 정지 스위치를 해제하면 램프가 소등되고 시스템은 초기화되어야 한다.

2) 변경 방법

[그림 5.60]과 같이 구성된 공기압 회로도에 요구 사항에 따라서 비상 정지를 적용한 전기회로는 [그림 5.61]과 같다.

비상 정지 스위치 b접점에 연결된 릴레이 코일 K1은 여자되어 있으므로 K1 a접점을 통해서 전기회로에 +24V가 연결된다. 비상 정지 스위치가 on 되면 K1이 소자되어 전기회로의 전원이 차단되고, K1 b접점이 닫히면서 램프가 점등된다. 실린더 A는 전진해야 하므로 K1 b접점을 통해서 Y1에 +24V가 전달되도록 회로를 구성한다. 만약 K3이 on 상태에서 비상 정지 스위치가 눌러지면 +24V 전원이 K3 a접점을 통해서 주회로로 공급될 수 있으므로 K1 a접점으로 이를 차단해야 한다.

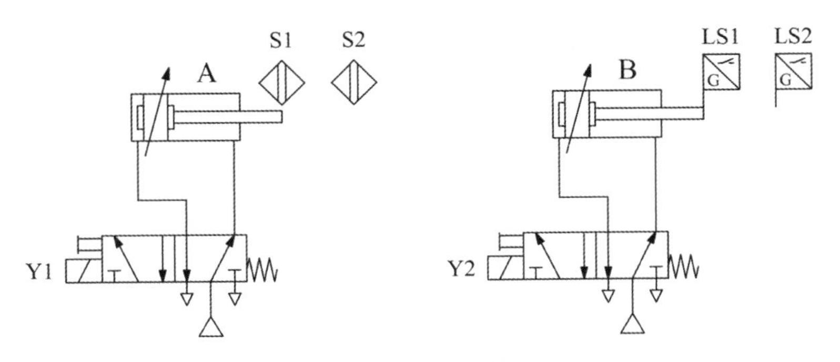

[그림 5.60] 공기압 회로도

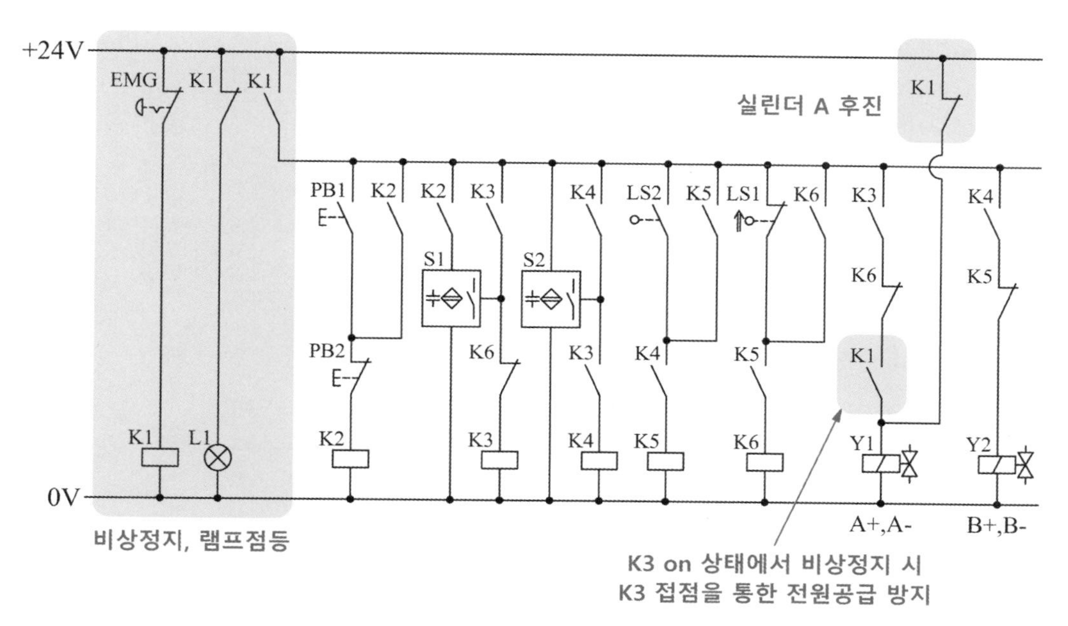

[그림 5.61] 비상 정지 동작 전기 회로도

3.5.2 비상 정지 해제 시 초기화

1) 동작 조건 예시

비상 정지 스위치 및 기타 부품을 추가하여 다음과 같이 동작되도록 하시오.

가) 시스템이 운전 중에 비상 정지 스위치 PB2를 한 번 누르면 동작이 즉시 정지되어야 한다.

나) 비상 정지 스위치 PB2를 해제하면 초기 상태로 복귀하여 시작 스위치 PB1을 누르면 다시 운전되어야 한다.

다) 비상 정지 중일 때는 작업자가 알 수 있도록 램프가 점등되어야 한다.

2) 변경 방법

[그림 5.62]와 같이 구성된 유압 회로도에 요구 사항에 따라서 비상 정지를 적용한 전기회로는 [그림 5.63]과 같다.

비상 정지 스위치가 on 되면 전기회로의 전원이 차단되어 실린더는 즉시 정지하고, 램프가 점등된다. 비상 정지가 해제되면 실린더 A와 B는 후진되어야 하므로 그림과 같이 전기회로를 구성한다.

시스템이 운전 중이 아닌 경우에는 K1과 K3 b접점을 통해서 Y2와 Y4에 전원이 공급되어 실린더를 후진시키고, 시스템인 운전 중일 경우에는 K1 또는 K3이 on 되므로 Y2와 Y4에 별도의 전원이 공급되지 않는다.

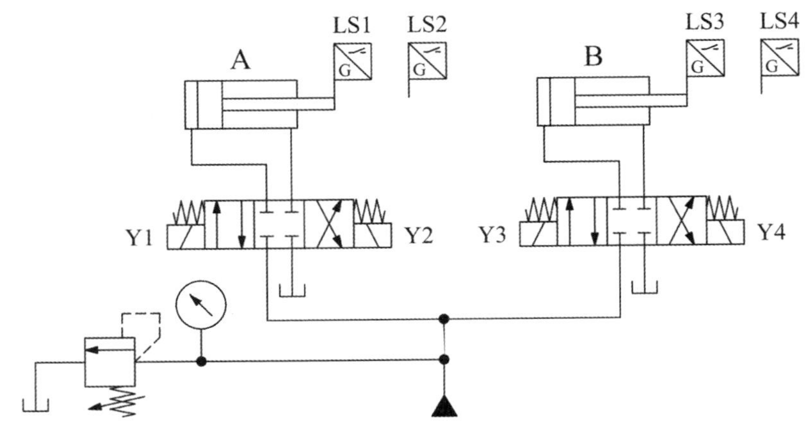

[그림 5.62] 유압 회로도

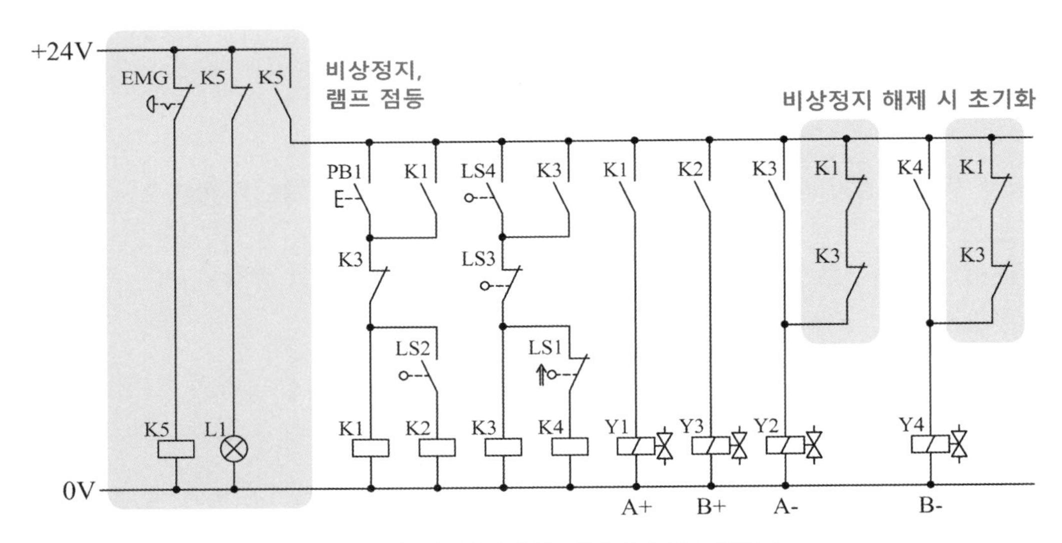

[그림 5.63] 비상 정지, 비상 정지 해제 전기 회로도

3.6 연속 동작 완료와 동시에 램프 점등

1) 동작 조건 예시

가) 연속 동작 스위치 PB2를 추가하여 연속 동작 스위치를 누르면 사이클을 5회 반복 한 후 정지해야 한다.

나) 연속 작업 완료와 동시에 램프가 점등되어야 한다.

2) 변경 방법

먼저 [그림 5.64]와 같이 PB2에 의한 자기 유지 회로와 카운터를 이용한 5회 반복 동작의 회로를 구성한다.

램프 L1은 카운터 출력 C1이 on 되고 마지막 동작 완료 신호인 LS1이 on 되면 점등되어야 한다. 전기회로에서 카운터 출력 C1과 리밋스위치 LS1은 각각 두 개의 접점이 필요하게 되므로 K6과 K7을 이용하여 접점의 수를 증가시킨다. 램프 L1에 연결된 K1 b접점은 적용되는 시스템에 따라서 필요한 것으로 이 회로에서는 램프의 오동작을 방지하기 위해 사용되었다.

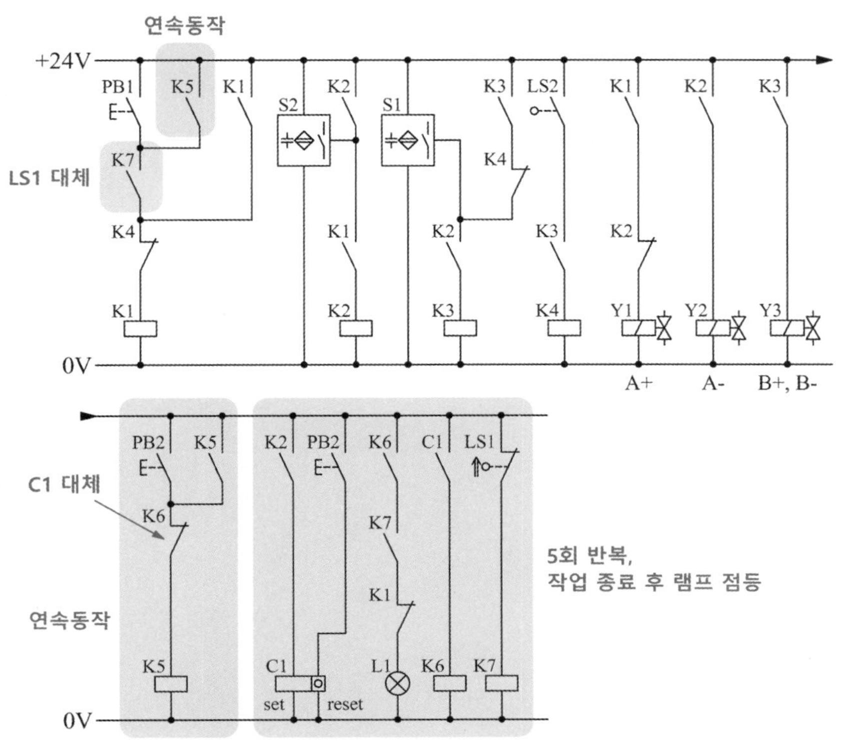

[그림 5.64] 작업 완료 시 램프 점등 회로

공기압 제어 실습

Craftsman Hydro-pneumatic

공기압 제어 실습. 과제 1

단동 실린더의 직접 제어, 간접 제어 회로

1. 실습 과제

1) 직접 제어 회로

그림 (a)에서 PB1을 누르면 압축 공기는 3/2way 밸브의 P-A 포트를 통해 실린더에 공급되어 실린더는 전진한다. PB1에서 손을 떼면 밸브는 초기 상태로 복귀하여 실린더에 작용했던 압축 공기는 R 포트를 통해 방출되고 실린더는 내장된 스프링에 의해 후진한다.

2) 간접 제어 회로

그림 (b)는 단동 실린더의 간접 제어 회로로 실린더의 직경이 크고, 행정 길이가 긴 대용량의 실린더나, 실린더와 조작 밸브와의 거리가 길어 배관에 의해 압력 손실이 일어나는 곳 등에 사용된다. 누름 버튼형 3/2way 밸브로 파일럿 작동형 3/2way 밸브를 제어하여 단동 실린더를 간접 제어하는 회로이다.

2. 공기압 회로도

※ 최대 공급 압력 설정: 0.5MPa 또는 5kgf/cm^2

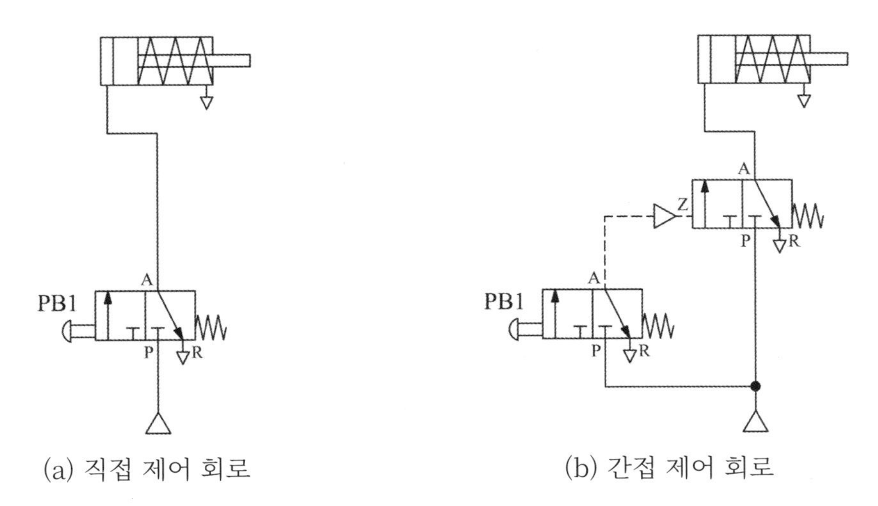

(a) 직접 제어 회로　　　(b) 간접 제어 회로

공기압 제어 실습. 과제 2

복동 실린더의 간접 제어 회로

1. 실습 과제

주어진 공기압 회로도와 같이 시스템을 구성하고 복동 실린더를 누름 버튼 밸브에 의하여 전·후진시킨다.

1) 복동 실린더 간접 제어 회로 1

누름 버튼 밸브 PB1을 누르면 실린더가 전진하고 PB1을 놓으면 실린더가 복귀한다.

2) 복동 실린더 간접 제어 회로 2

두 개의 인력 조작 밸브에 의해 복동 실린더를 작동시킨다. 누름 버튼 밸브 PB1을 누르면 실린더는 전진, PB2를 누르면 후진한다.

2. 공기압 회로도

※ 최대 공급 압력 설정: 0.5MPa 또는 5kgf/cm^2

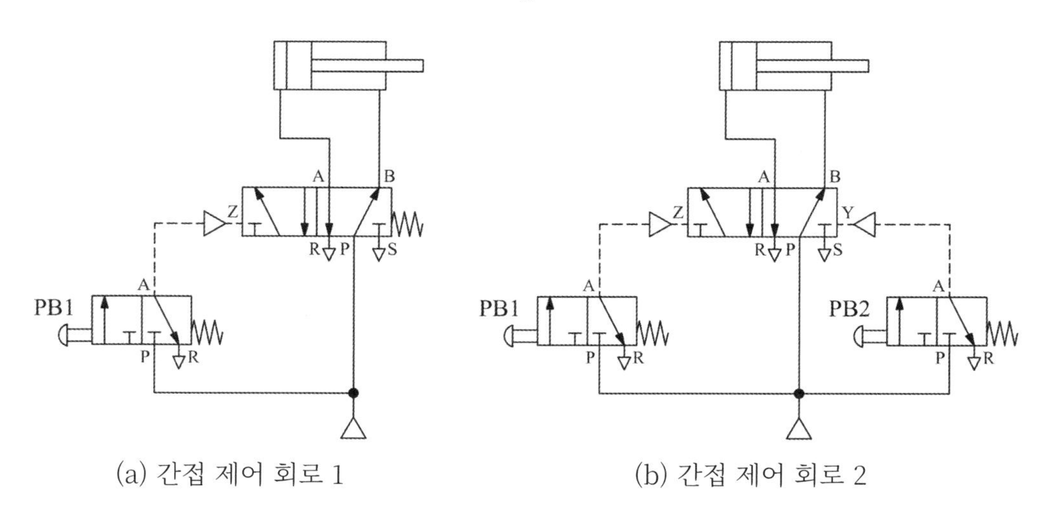

(a) 간접 제어 회로 1 (b) 간접 제어 회로 2

공기압 제어 실습. 과제 3

미터인, 미터아웃 속도 제어 회로

1. 실습 과제

주어진 공기압 회로도와 같이 시스템을 구성하고 일방향 유량 조절 밸브를 이용하여 복동 실린더의 전·후진 운동 속도를 조절하시오.

1) 미터인 방식

일방향 유량 조절 밸브에 의해 작동기로 유입되는 유량을 조절하여 속도를 제어한다.

2) 미터 아웃 방식

일방향 유량 조절 밸브에 의해 작동기에서 유출되는 유량을 조절하여 속도를 제어한다.

2. 공기압 회로도

※ 최대 공급 압력 설정: 0.5MPa 또는 5kgf/cm^2

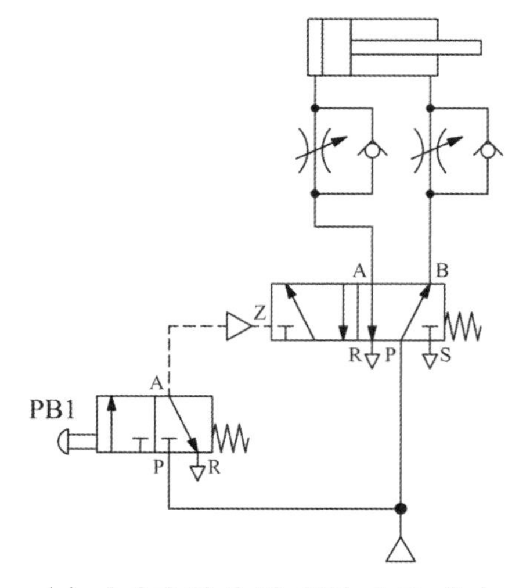

(a) 미터인 방식 전·후진 속도 제어

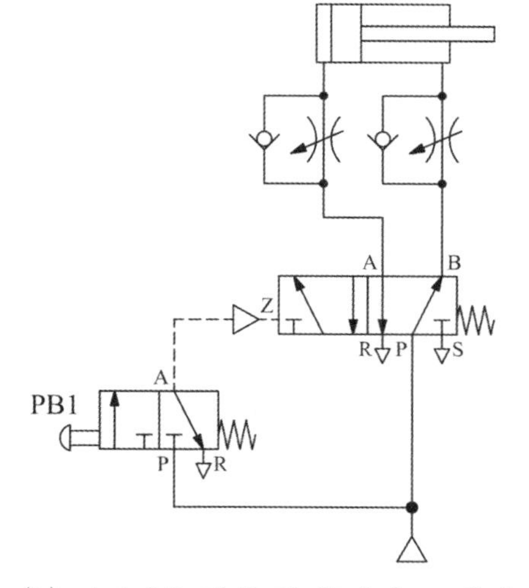

(b) 미터아웃 방식 전·후진 속도 제어

공기압 제어 실습. 과제 4

급속 배기 밸브를 이용한 회로

1. 실습 과제

주어진 공기압 회로도와 같이 시스템을 구성하고 PB1을 누르면 실린더는 전진하며, 전진 속도는 미터아웃 방식으로 제어된다. PB2를 누르면 실린더는 급속 배기 밸브에 의해 빠른 속도로 후진해야 한다.

◈ 급속 배기 밸브에 의한 속도 제어

방향 제어 밸브와 실린더 사이의 배관 길이가 길거나, 배관경이 가늘면 배기 저항이 커서 적절한 실린더 속도를 얻을 수 없다. 이 경우에 실린더에 가깝게 급속 배기 밸브를 설치하면 실린더의 속도를 증가시킬 수 있다.

2. 공기압 회로도

※ 최대 공급 압력 설정: 0.5MPa 또는 5kgf/cm^2

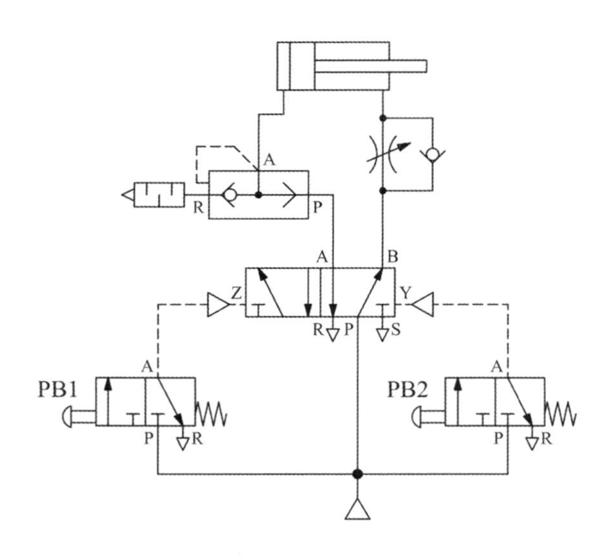

공기압 제어 실습. 과제 5

복동 실린더의 1회 왕복 회로

1. 실습 과제

주어진 공기압 회로도와 같이 시스템을 구성한다. 누름 버튼 밸브 PB1을 누르면 복동 실린더가 전진하고, 전진 도중에 PB1을 놓아도 실린더는 끝까지 전진한다. 전진이 완료되면 리밋 밸브 LV1에 의해 자동으로 후진되어야 한다.

2. 공기압 회로도

※ 최대 공급 압력 설정: 0.5MPa 또는 $5kgf/cm^2$

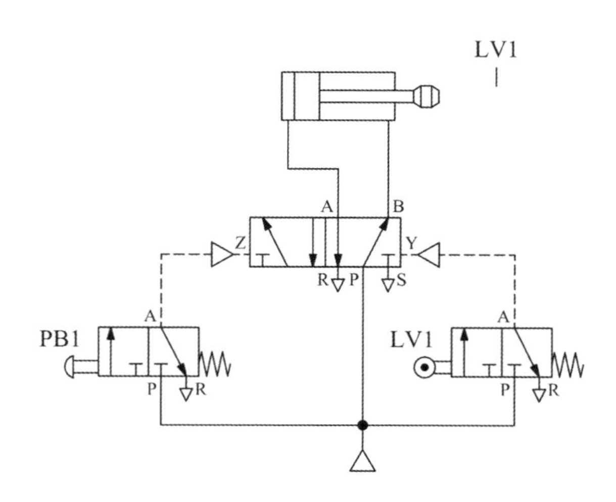

3. 부가 기능 요구 사항

미터아웃 방식으로 실린더의 전·후진 속도가 제어되도록 회로를 구성하시오.

공기압 제어 실습. 과제 6

복동 실린더의 연속 왕복 회로

1. 실습 과제

주어진 공기압 회로도와 같이 시스템을 구성한다. 유지형 수동 조작 밸브 PB1을 on 하면 실린더가 연속적으로 왕복 작동해야 하고, PB1을 off 하면 실린더는 후진된 상태에서 정지해야 한다.

2. 공기압 회로도

※ 최대 공급 압력 설정: 0.5MPa 또는 5kgf/cm^2

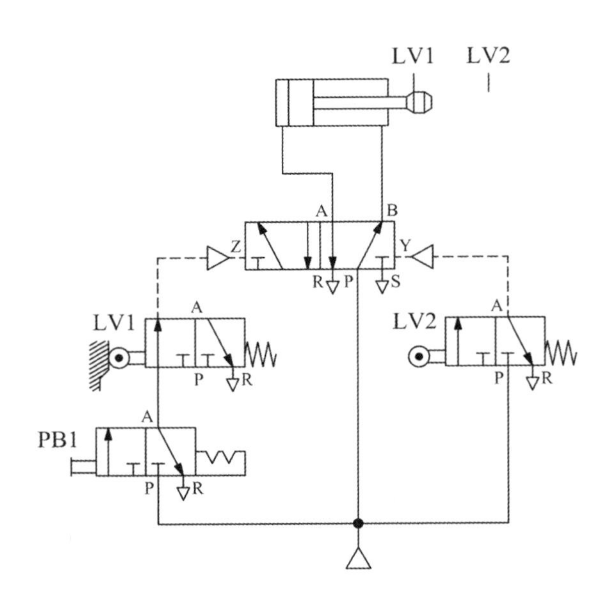

3. 부가 기능 요구 사항

미터인 방식으로 실린더의 전·후진 속도가 제어되도록 회로를 구성하시오.

공기압 제어 실습. 과제 7

a접점, b접점, c접점

1. 실습 과제

주어진 공기압 회로도와 같이 시스템을 구성하고 a접점, b접점, c접점 스위치에 의해 실린더와 램프를 제어한다.

2. 공기압 회로도

※ 최대 공급 압력 설정: 0.5MPa 또는 5kgf/cm^2

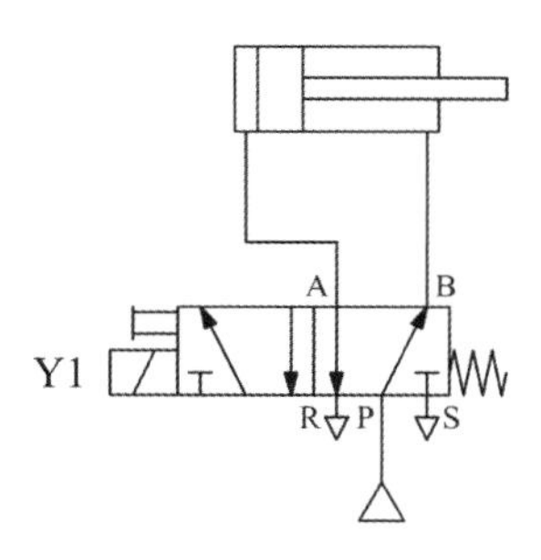

3. 전기회로도

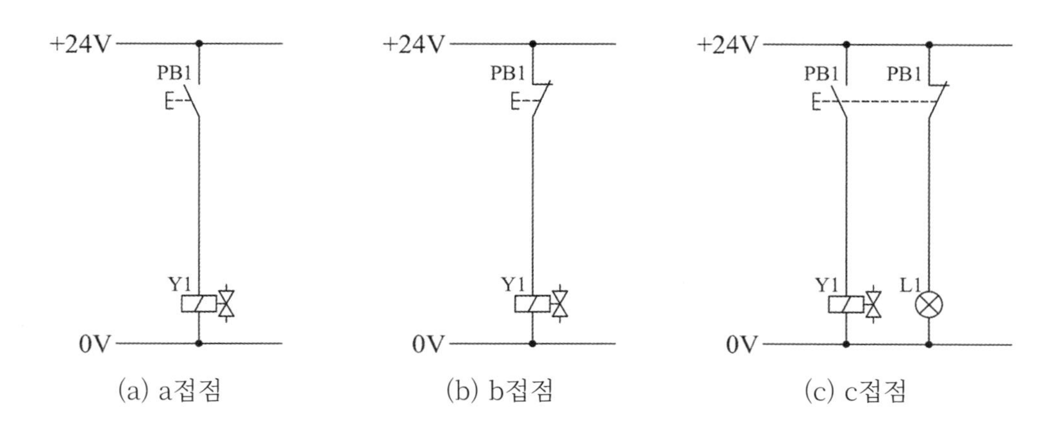

(a) a접점 (b) b접점 (c) c접점

공기압 제어 실습. 과제 8

논리 회로(AND, OR, NOT)

1. 실습 과제

주어진 공기압 회로도와 같이 시스템을 구성하고 전기 논리 회로(AND, OR, NOT)에 의해 실린더를 제어한다.

2. 공기압 회로도

※ 최대 공급 압력 설정: 0.5MPa 또는 5kgf/cm^2

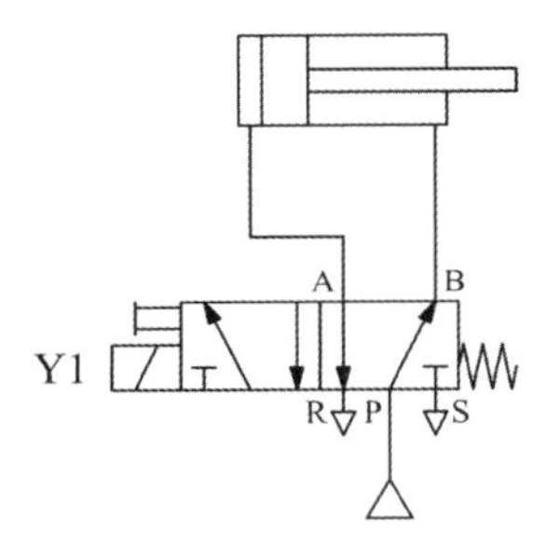

3. 전기회로도

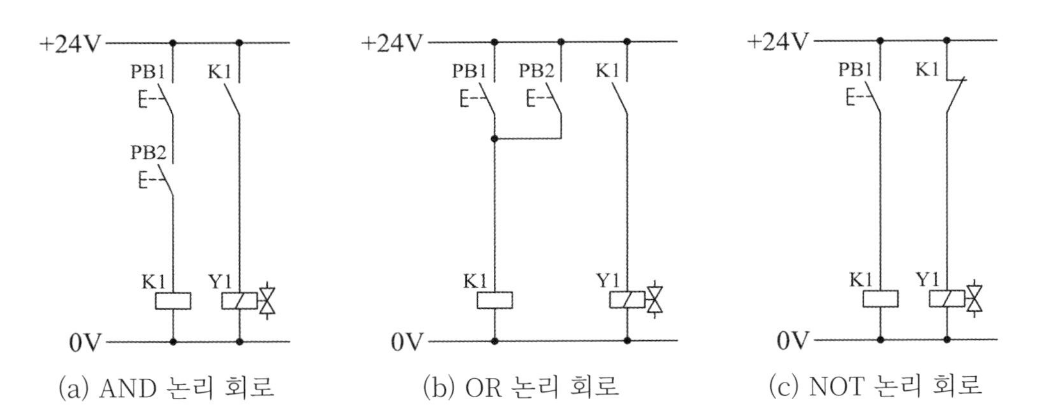

(a) AND 논리 회로 (b) OR 논리 회로 (c) NOT 논리 회로

공기압 제어 실습. 과제 9

자기 유지 회로(실린더 수동 복귀)

1. 실습 과제

2개의 누름 버튼을 각각 전진, 후진용으로 하여 PB1을 누르면 실린더가 전진하고 PB1을 놓아도 전진 상태를 유지해야 한다. PB2를 누르면 실린더가 후진한다.

정지 우선 자기 유지 회로는 PB1과 PB2를 같이 누르면 출력은 off 되고, 기동 우선 자기 유지 회로는 PB1과 PB2를 같이 누르면 출력이 on 되는 회로이다.

2. 공기압 회로도

※ 최대 공급 압력 설정: 0.5MPa 또는 5kgf/cm^2

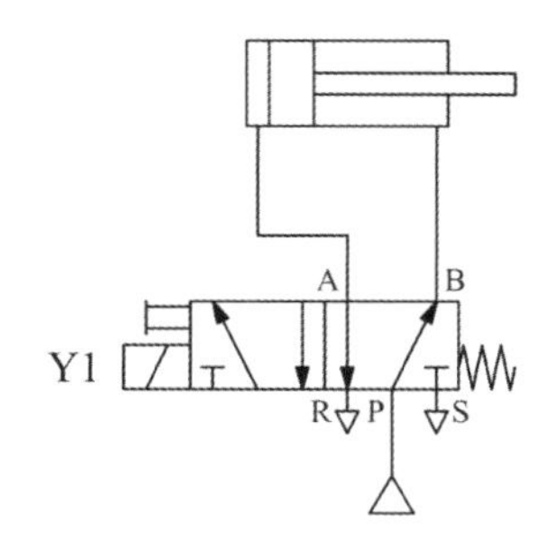

3. 전기회로도

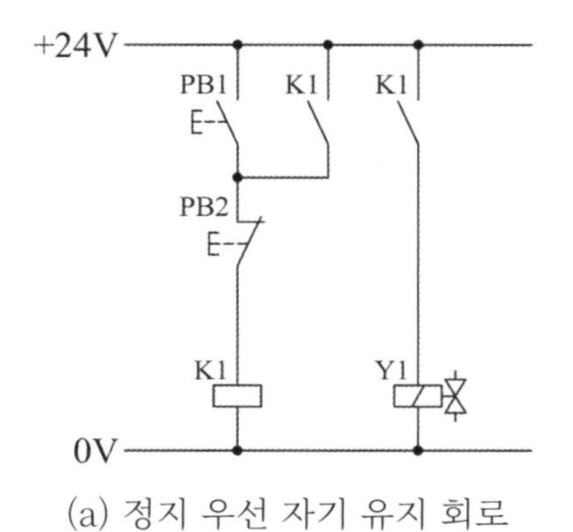

(a) 정지 우선 자기 유지 회로

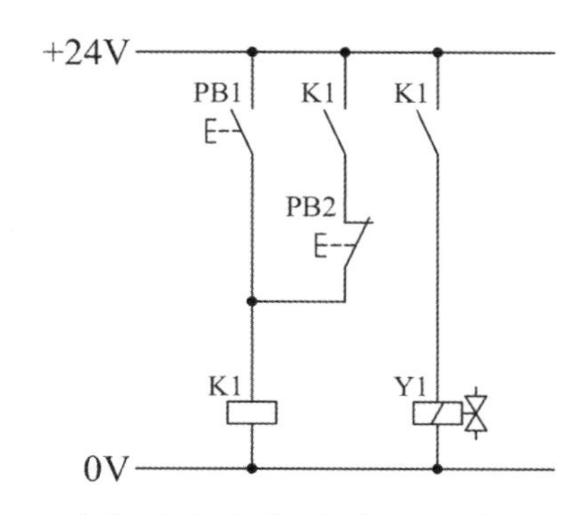

(b) 기동 우선 자기 유지 회로

공기압 제어 실습. 과제 10

실린더 자동 복귀(편측 솔레노이드 밸브)

1. 실습 과제

PB1을 누르면 K1 코일이 자기 유지되고 K1 접점이 Y1을 여자시켜 실린더는 전진한다. 실린더의 전진 행정 끝단에 리밋스위치를 설치하여 그 신호로 자기 유지를 해제하면 실린더는 후진한다.

전진 행정 끝단에만 리밋스위치를 설치하면 실린더가 후진 중에 PB1이 눌리면 실린더는 다시 전진하므로 실린더의 후진 행정 끝단에도 리밋스위치를 설치하여 오동작을 방지한다. LS1은 실린더의 후진을 검출하는 리밋스위치로 실린더의 후진 행정이 완료되어야만 PB1을 눌러 공정을 재시작할 수 있다.

2. 실습 회로도

※ 최대 공급압력 설정: 0.5 MPa 또는 5 kgf/cm^2

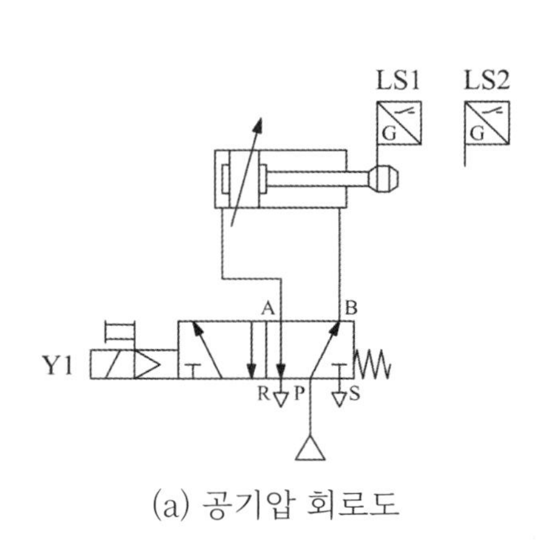

(a) 공기압 회로도

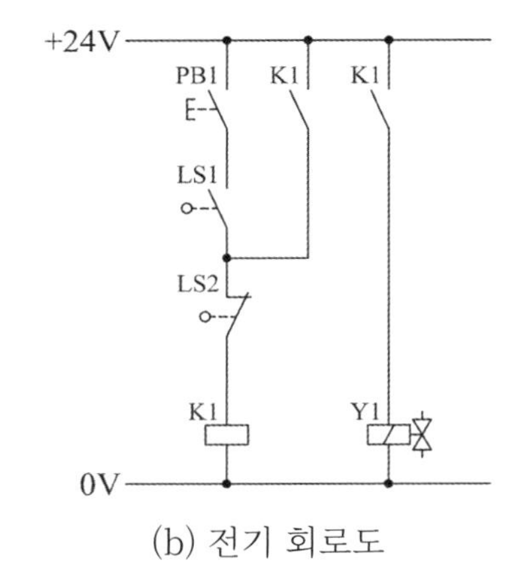

(b) 전기 회로도

3. 부가 기능 요구 사항

유지형 스위치 PB2를 추가하여 PB2를 한 번 누르면 연속 동작을 하고 PB2를 다시 누르면 실린더가 복귀하여 정지하도록 전기회로를 수정하시오.

공기압 제어 실습. 과제 11

실린더 수동 복귀(양측 솔레노이드 밸브)

1. 실습 과제

편측 솔레노이드 밸브를 사용하는 경우에 실린더는 솔레노이드를 on 시키면 전진하고 off 시키면 후진한다. 스프링 복귀형이 아닌 양측 솔레노이드 밸브를 사용하는 경우에 실린더는 솔레노이드를 on 시키면 전진하고, 전진 도중에 솔레노이드를 off 하여도 그 상태를 유지하는 것이 가능하다. 실린더를 복귀시키기 위해서는 전진 측 솔레노이드를 off 시킨 후에 복귀측 솔레노이드를 on 시켜야만 한다.

주어진 전기 회로도에서 PB1을 누르면 Y1이 여자되어 실린더가 전진하고, PB2를 누르면 Y2가 여자되어 실린더는 후진한다. PB1과 PB2 모두 눌러진 상태에서는 Y1, Y2가 모두 여자되어 솔레노이드 밸브는 구동이 되지 않으므로, 전기회로에서처럼 K1과 K2 b 접점에 의해 서로 차단시켜야 한다.

2. 실습 회로도

※ 최대 공급 압력 설정: 0.5MPa 또는 5kgf/cm^2

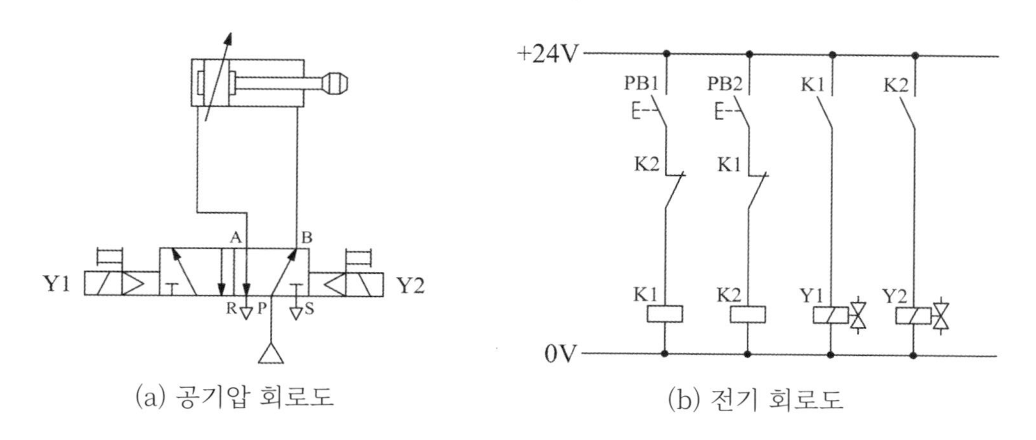

(a) 공기압 회로도 (b) 전기 회로도

3. 부가 기능 요구 사항

미터아웃 방식으로 실린더의 전·후진 속도가 제어되도록 회로를 구성하시오.

공기압 제어 실습. 과제 12

실린더 자동 복귀(양측 솔레노이드 밸브)

1. 실습 과제

시동 신호인 PB1을 누르면 K1의 코일이 여자되어 K1 접점에 의해 실린더는 전진한다. 실린더가 전진을 완료하면 전진 행정 끝단의 LS2 리밋스위치로 K2의 코일을 여자시켜 K2 접점에 의해 실린더는 후진한다.

PB1을 ON 상태가 유지되도록 하면 실린더가 전진 및 후진 행정이 완료되고 LS1에 의해 다시 전진이 시작되는 연속 왕복 운전을 한다.

2. 실습 회로도

※ 최대 공급 압력 설정: 0.5MPa 또는 5kgf/cm^2

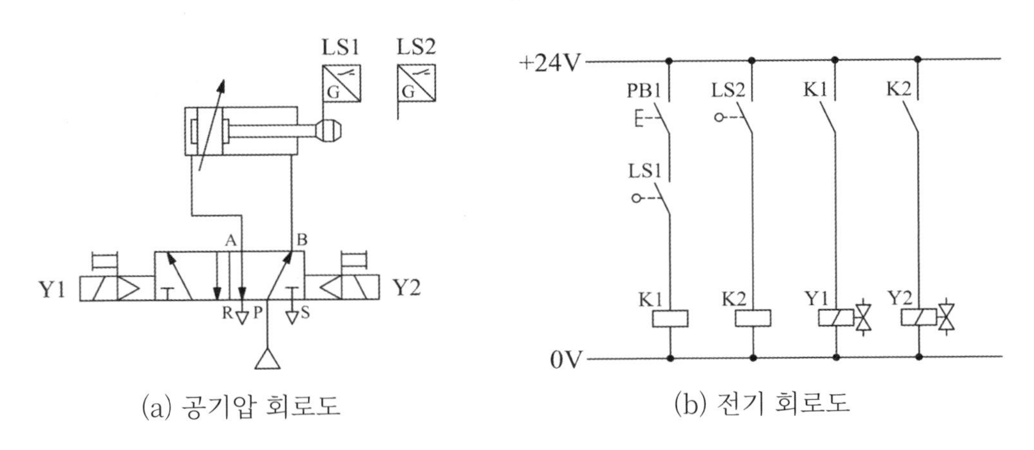

(a) 공기압 회로도 (b) 전기 회로도

3. 부가 기능 요구 사항

복귀형 스위치 PB2, PB3을 추가하여 PB2를 한 번 누르면 연속 동작을 하고 PB3을 누르면 실린더가 복귀하여 정지하도록 전기회로를 수정하시오.

공기압 제어 실습. 과제 13

연속 동작 회로 구성

1. 실습 과제

그림 (a), (b)에 주어진 공기압 및 전기회로도와 같이 PB1을 누르면 실린더가 전·후진 하고 정지하도록 시스템을 구성한다.

그림 (c)와 같이 복귀형 스위치 PB2, PB3을 추가하여 PB2를 누르면 시스템은 연속 동작을 하고, PB3을 누르면 해당 사이클을 완료하고 정지하도록 전기회로를 수정하여 구성한다.

2. 실습 회로도

※ 최대 공급 압력 설정: 0.5MPa 또는 5kgf/cm^2

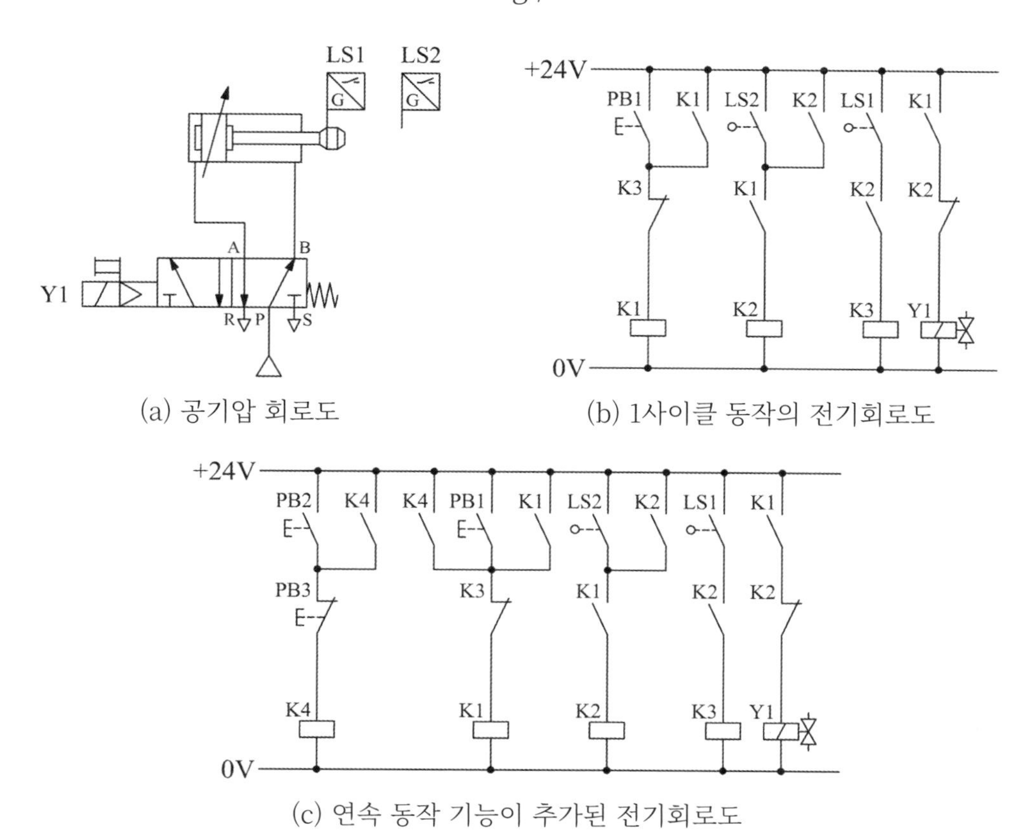

(a) 공기압 회로도

(b) 1사이클 동작의 전기회로도

(c) 연속 동작 기능이 추가된 전기회로도

공기압 제어 실습. 과제 14

카운터를 사용한 회로

1. 실습 과제

그림 (a), (b)에 주어진 공기압 및 전기회로도와 같이 PB1을 누르면 실린더가 전·후진하고 정지하도록 시스템을 구성한다.

그림 (c)와 같이 복귀형 스위치 PB2, PB3을 추가하여 PB2를 누르면 시스템은 3회 연속 동작을 하고 정지하도록 카운터를 사용하여 구성하시오. PB3을 누르면 카운터는 리셋된다. PB1을 눌러 1사이클 동작을 하는 경우에 카운터는 계수되지 않도록 한다.

2. 실습 회로도

※ 최대 공급 압력 설정: 0.5MPa 또는 5kgf/cm^2

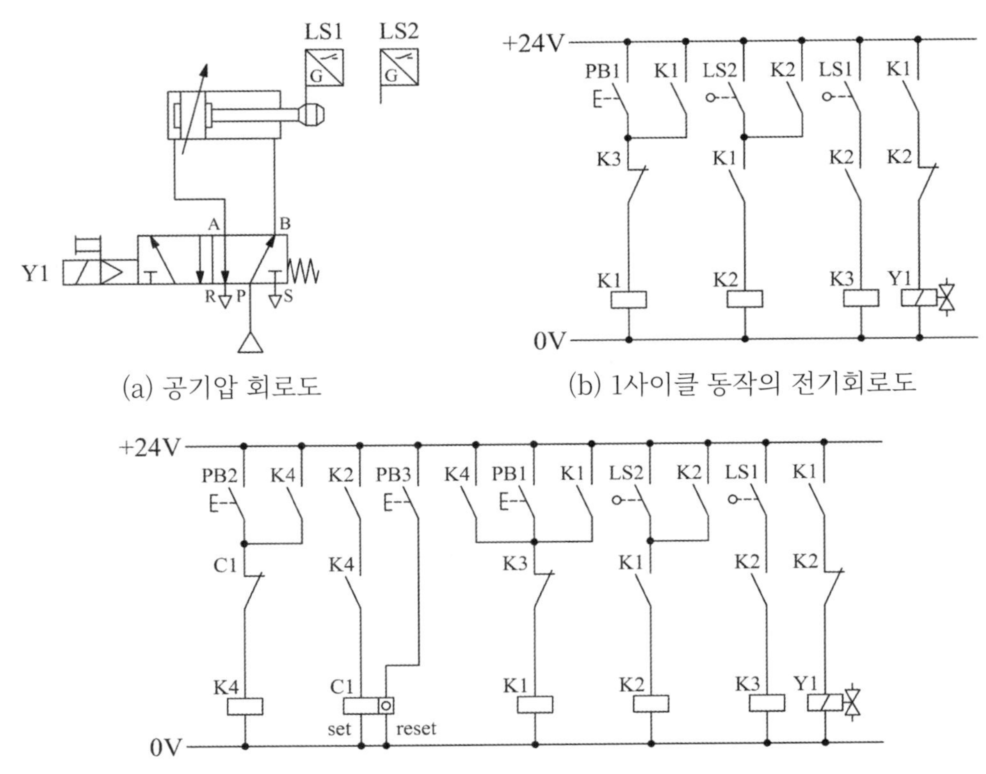

(a) 공기압 회로도

(b) 1사이클 동작의 전기회로도

(c) 연속 동작 및 카운터 기능이 추가된 전기회로도

공기압 제어 실습. 과제 15

타이머를 사용한 회로

1. 실습 과제

주어진 공기압 및 전기회로도와 같이 PB1을 누르면 실린더는 전진하고, 3초 후에 후진하도록 시스템을 구성하시오.

2. 실습 회로도

※ 최대 공급 압력 설정: 0.5MPa 또는 5kgf/cm^2

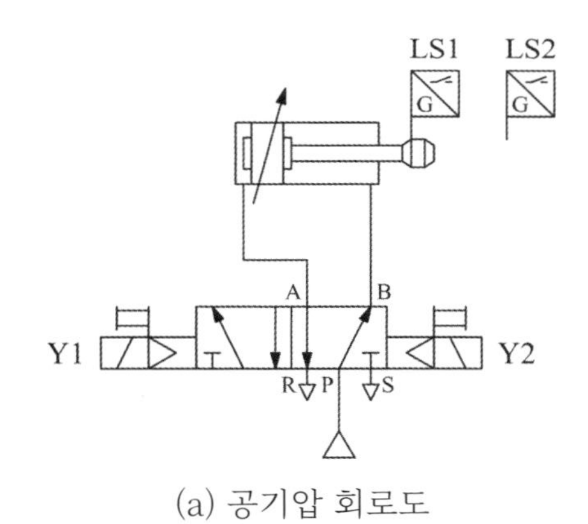

(a) 공기압 회로도

(b) 전기회로도

공기압 제어 실습. 과제 16

비상 정지 기능을 적용한 회로

1. 실습 과제

주어진 시스템은 앞에서 실습한 타이머를 사용한 회로에 비상 정지 기능을 추가하여 전기회로도를 수정한 것이다. PB1을 눌러 시스템이 운전 중일 때 비상 정지 스위치를 누르면 램프가 점등되고, 실린더는 후진하여 정지한다.

2. 실습 회로도

※ 최대 공급 압력 설정: 0.5MPa 또는 5kgf/cm^2

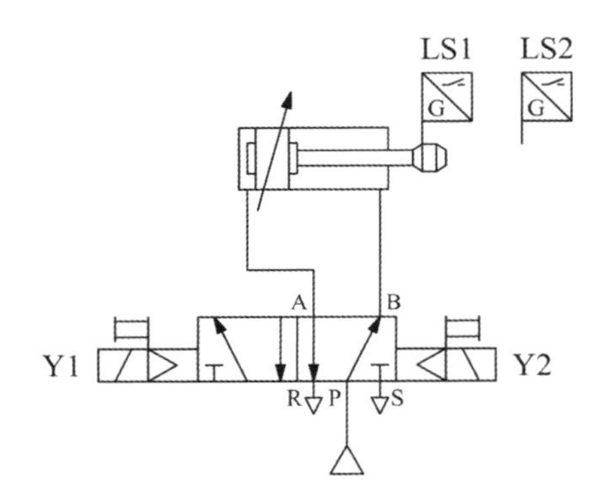

(a) 공기압 회로도

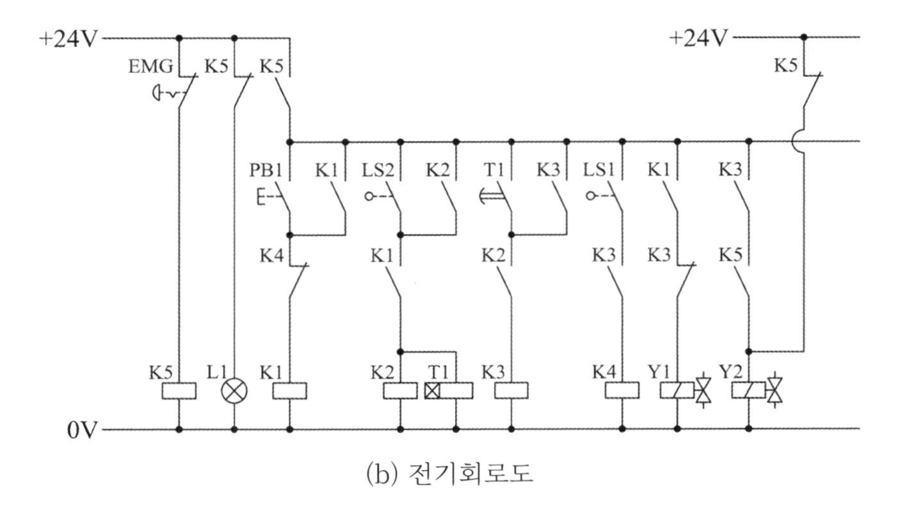

(b) 전기회로도

공기압 제어 실습. 과제 17

실린더의 순차 제어 회로 분석

1. 실습 과제

주어진 공기압 및 전기회로도를 참고하여 다음의 변위단계선도를 완성한 후에 시스템을 구성하여 동작시킨다.

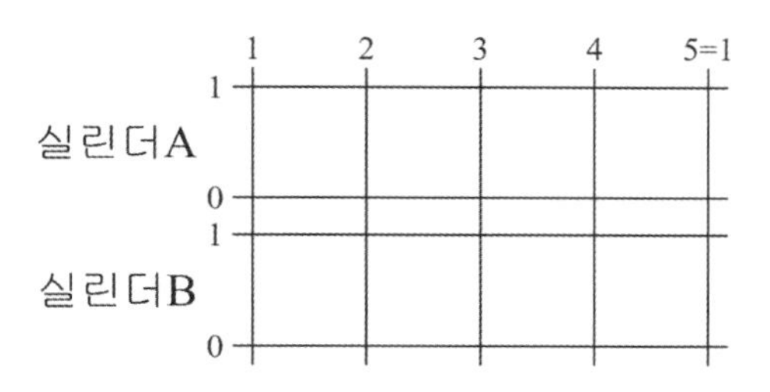

2. 실습 회로도

※ 최대 공급 압력 설정: 0.5MPa 또는 5kgf/cm^2

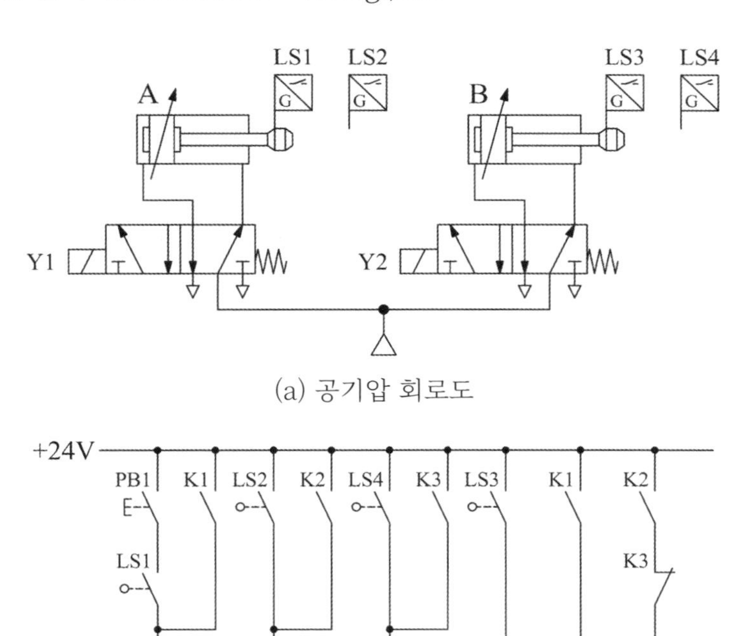

(a) 공기압 회로도

(b) 전기회로도

공기압 제어 실습. 과제 18

실린더의 순차 제어 회로 설계

1. 실습 과제

PB1을 누르면 공기압 회로가 주어진 변위 단계선도와 같이 1사이클 동작하도록 전기회로도를 설계하여 시스템을 구성하시오.

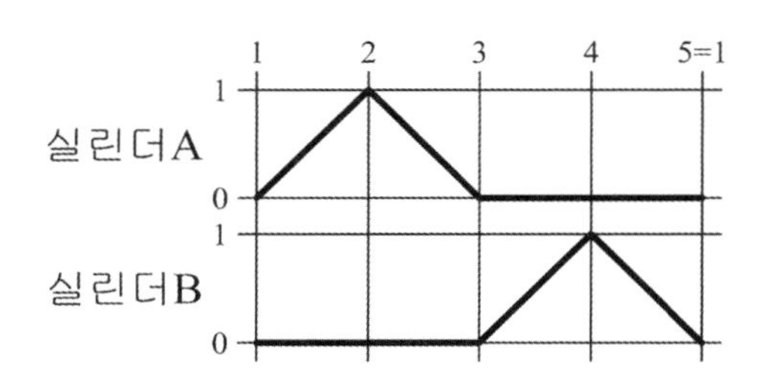

2. 실습 회로도

※ 최대 공급 압력 설정: 0.5MPa 또는 5kgf/cm^2

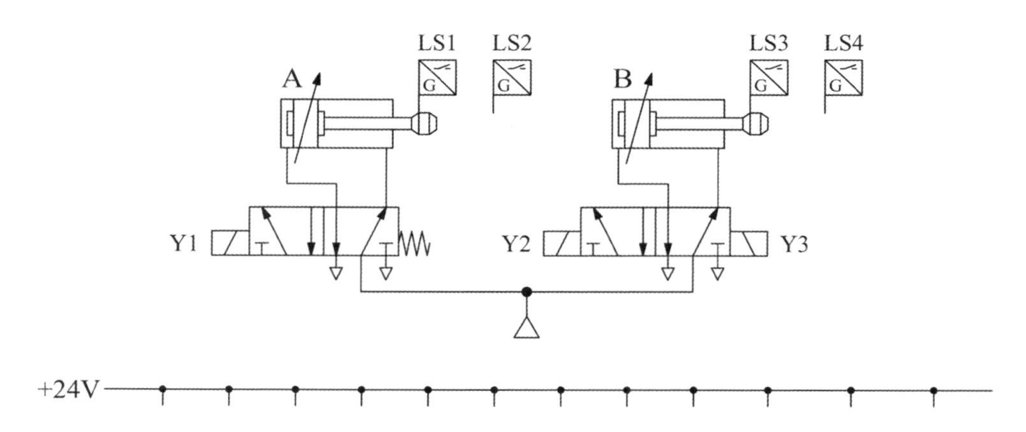

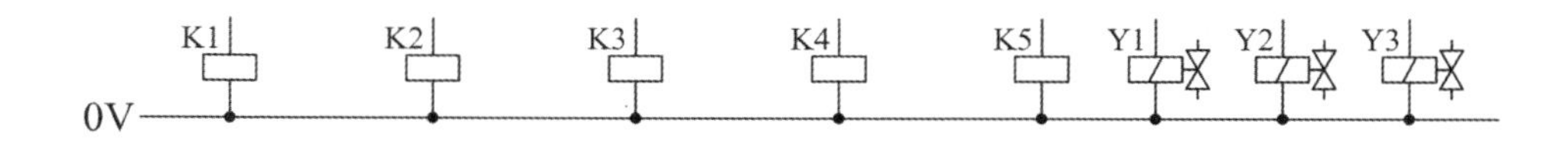

유압 제어 실습

유압 제어 실습. 과제 1

최대 압력 설정 회로

1. 실습 과제

릴리프 밸브를 이용하여 유압 회로의 최대 압력을 설정한다.

2. 실습 방법

1) 주어진 유압 회로를 구성한다. (유압 회로도의 1점 쇄선 내는 유압 파워 유니트)
2) 릴리프 밸브의 조정 핸들이 완전히 풀려 있는지 확인한다.
3) 유압펌프를 가동시킨 후 압력 게이지 P1, P2의 눈금을 확인한다.
4) 릴리프 밸브의 조정 핸들을 잠그면서 P1, P2의 눈금을 확인한다.
5) 릴리프 밸브의 조정 핸들을 조정하여 유압 회로의 최대 압력을 설정한다.
6) 릴리프 밸브의 조정 핸들을 완전히 풀고 유압펌프를 정지시킨다.

3. 실습 회로도

※ 릴리프 밸브 설정 압력: 4MPa 또는 40kgf/cm^2

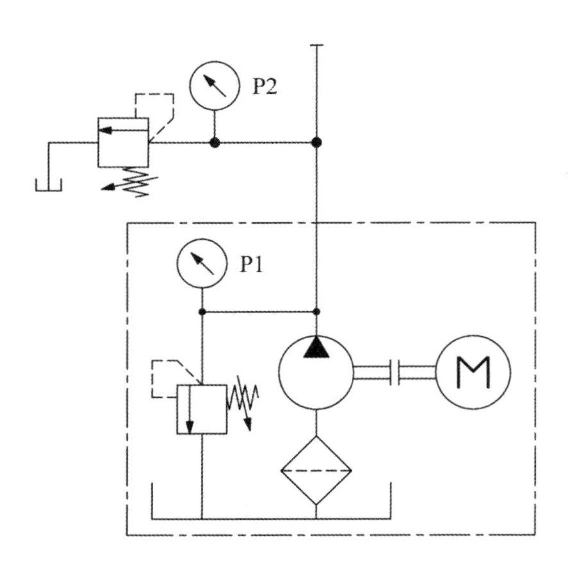

유압 제어 실습. 과제 2

감압 밸브를 이용한 회로

1. 실습 과제

감압 밸브를 이용하여 감압 밸브 출구 측의 최대 압력을 릴리프 밸브의 설정 압력보다 낮은 압력으로 설정한다.

2. 실습 방법

1) 주어진 유압 회로를 구성한다. (유압 회로도의 1점 쇄선 내는 유압 파워 유니트)
2) 릴리프 밸브와 감압 밸브의 조정 핸들이 완전히 풀려 있는지 확인한다.
3) 유압펌프를 가동시킨 후 릴리프 밸브의 조정 핸들을 조정하여 유압 회로의 최대 압력을 설정한다.
4) 감압 밸브의 조정 핸들을 조정하여 감압 밸브 출구 측의 최대 압력을 설정한다.
5) 릴리프 밸브와 감압 밸브의 조정 핸들을 완전히 풀고 유압펌프를 정지시킨다.

3. 실습 회로도

1) 릴리프 밸브 설정 압력: 4MPa 또는 40kgf/cm^2
2) 감압 밸브 설정 압력: 3MPa 또는 30kgf/cm^2

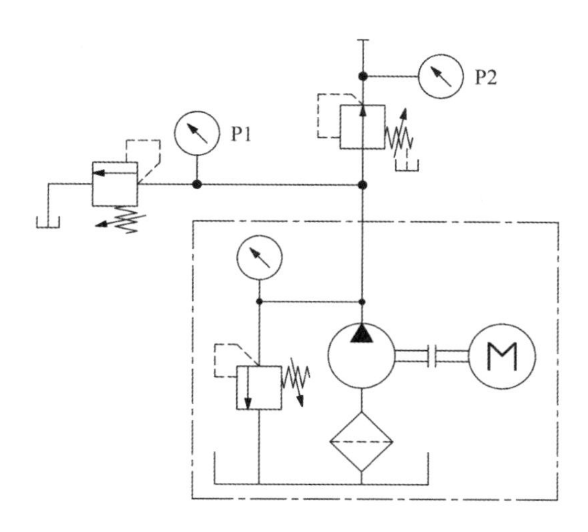

유압 제어 실습. 과제 3

카운터 밸런스 밸브를 이용한 배압 설정

1. 실습 과제

카운터 밸런스 밸브를 이용하여 실린더 전진 시에 설정된 배압을 발생시킨다.

2. 실습 방법

1) 주어진 유압 회로를 구성하고, 릴리프 밸브와 카운터 밸런스 밸브의 조정 핸들이 완전히 풀려 있는지 확인한다.
2) 릴리프 밸브를 조정하여 유압 회로의 최대 압력을 설정한다.
3) 주어진 전기회로를 구성하고 PB1을 눌러 실린더를 전진시킨다. (PB2는 후진)
4) 실린더가 전진 시에 요구되는 배압을 발생시키도록 압력 게이지 P2의 눈금을 확인하며 카운터 밸런스 밸브의 핸들을 조정한다. 실린더 전진을 반복하여 압력 설정을 완료한다.

3. 실습 회로도

1) 릴리프 밸브 설정 압력: 4MPa 또는 40kgf/cm^2
2) 카운터 밸런스 밸브 설정 압력: 3MPa 또는 30kgf/cm^2

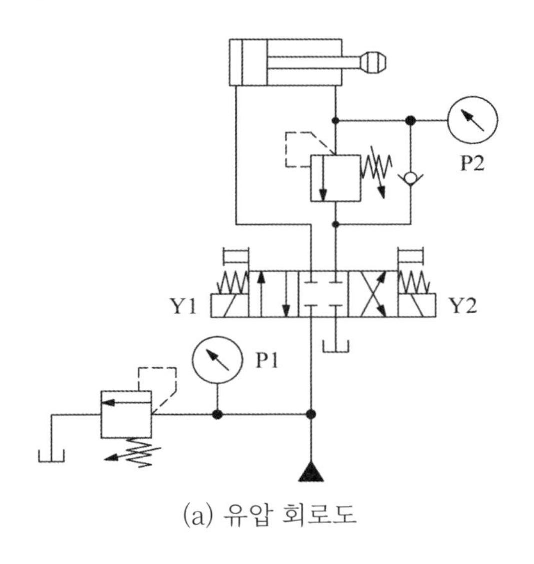

(a) 유압 회로도

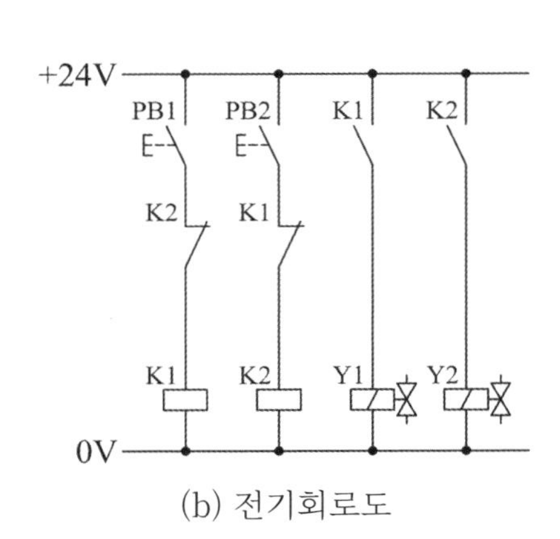

(b) 전기회로도

유압 제어 실습. 과제 4

릴리프 밸브를 이용한 2압 회로

1. 실습 과제

고압용, 저압용 릴리프 밸브를 사용하여 2압 회로 구성을 실습한다.

2. 실습 방법

1) 주어진 유압 및 전기회로를 구성한다.
2) 릴리프 밸브의 조정 핸들이 완전히 풀려 있는지 확인한다.
3) 유압펌프를 가동시킨 후 고압용 릴리프 밸브를 조정하여 유압 회로의 최대 압력을 설정한다. (실린더 후진 시의 최대 압력)
4) 시작 스위치 PB1을 눌러 실린더를 전진시키고, 전진을 유지한 상태에서 저압용 릴리프 밸브를 조정한다. (실린더 전진 시의 최대 압력)
5) 실린더 전진 또는 후진 시의 압력을 압력 게이지 P1, P2의 눈금으로 확인한다.

3. 실습 회로도

1) 고압용 릴리프 밸브 설정 압력: 4MPa 또는 40kgf/cm^2
2) 저압용 릴리프 밸브 설정 압력: 3MPa 또는 30kgf/cm^2

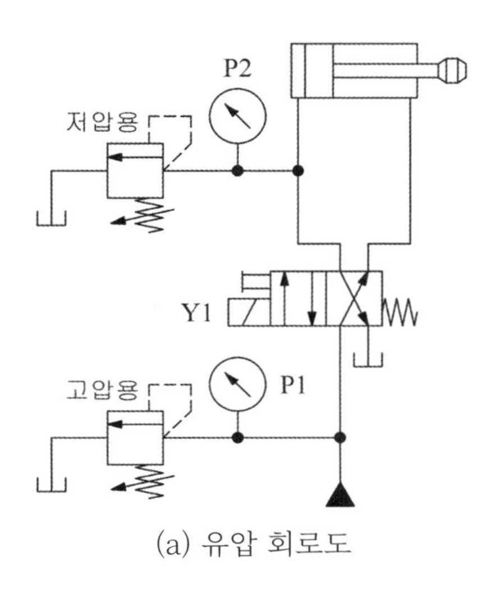

(a) 유압 회로도

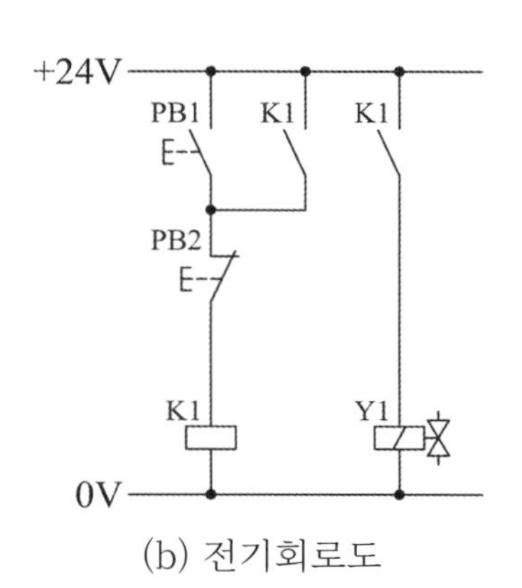

(b) 전기회로도

유압 제어 실습. 과제 5

압력 스위치에 의한 실린더 자동 복귀

1. 실습 과제

실린더가 전진을 완료하고 압력 스위치 on 신호에 의해서 실린더를 후진시킨다.
압력 스위치의 올바른 설정 방법을 익힌다.

2. 실습 방법

1) 주어진 유압 및 전기 회로를 구성한다.
2) 릴리프 밸브 조정 핸들이 완전히 풀려 있는지 확인한다.
3) 유압펌프를 가동시키고 릴리프 밸브를 조정하여 유압 회로의 최대 압력을 설정한다.
4) 압력 스위치의 동작 압력을 설정한다.
5) PB1을 눌러 피스톤의 전진 및 후진을 확인한다.

3. 실습 회로도

1) 릴리프 밸브 설정 압력: 4MPa 또는 40kgf/cm^2
2) 압력 스위치 on 압력: 3MPa 또는 30kgf/cm^2

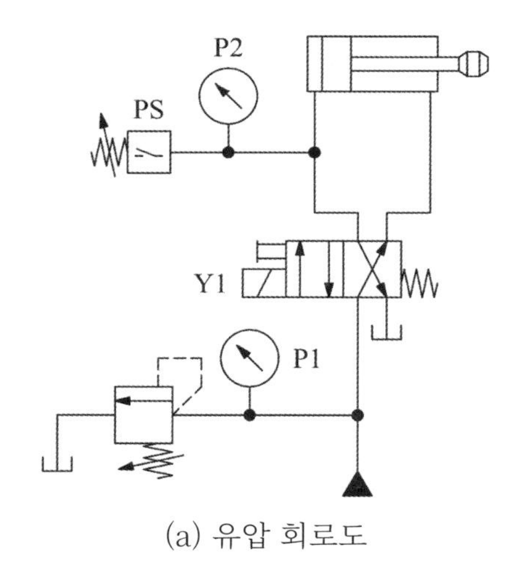

(a) 유압 회로도

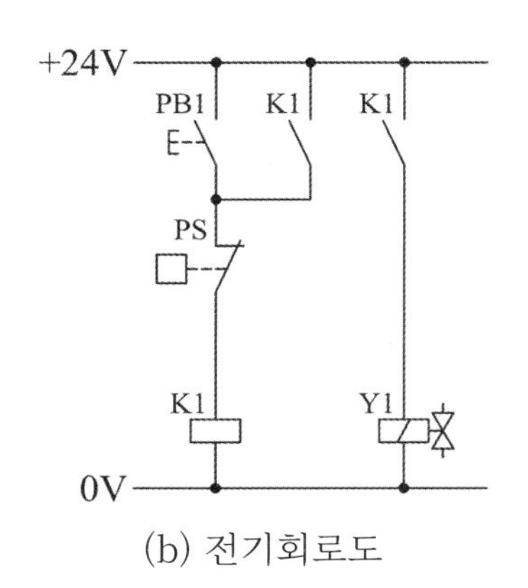

(b) 전기회로도

유압 제어 실습. 과제 6

텐덤 센터형 밸브를 사용한 무부하 회로

1. 실습 과제

중립 위치가 PT 접속형인 3 위치 방향 제어 밸브를 사용하여 펌프를 무부하시키는 회로를 실습한다.

2. 실습 방법

1) 주어진 유압 회로를 구성한다.
2) 릴리프 밸브 조정 핸들이 완전히 풀려 있는지 확인한다.
3) 주어진 전기회로를 구성한다.
4) PB1 또는 PB2를 눌러 방향 제어 밸브의 위치를 전환하고 릴리프 밸브의 압력을 설정한다.
5) PB1 또는 PB2를 눌러 방향 제어 밸브를 전환하면서 압력 게이지 P1의 눈금과 실린더의 작동 상태를 확인한다.
6) 릴리프 밸브의 조정 핸들을 완전히 풀고 펌프를 정지시킨다.

3. 실습 회로도

※ 릴리프 밸브 설정 압력: 4MPa 또는 40kgf/cm^2

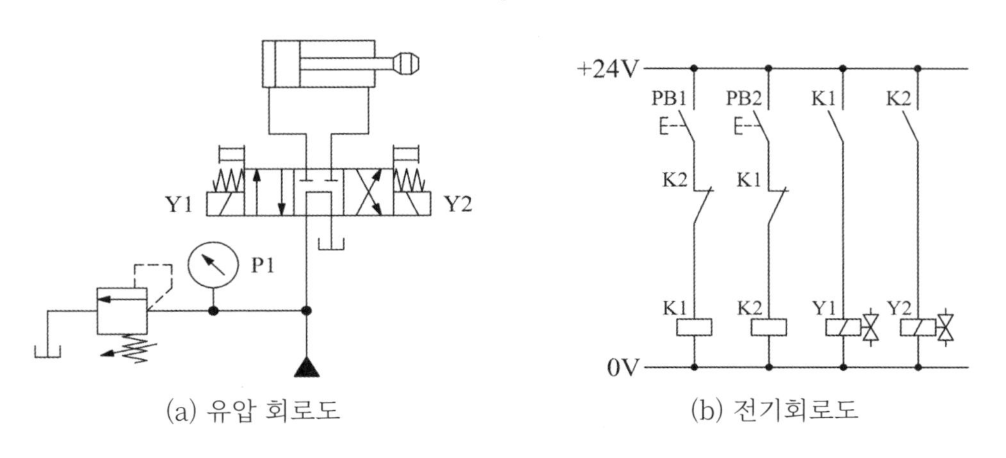

(a) 유압 회로도　　(b) 전기회로도

유압 제어 실습. 과제 7

파일럿 조작 체크 밸브를 사용한 로킹 회로

1. 실습 과제

파일럿 조작 체크 밸브를 이용하여 유압 실린더는 임의의 위치에 정지시킬 수 있어야 한다. 실린더는 전기 스위치를 작동시키고 있는 동안에만 작동한다.

초기 상태에서 실린더 전진 측으로 작동유가 공급되지만 파일럿 조작 체크 밸브에 의해 실린더로부터 작동유가 배출되지 않으므로 실린더는 후진 상태를 유지한다.

PB1을 누르면 K1이 여자되어 Y2가 on 되고, 파일럿 조작 체크 밸브의 파일럿 포트에 압력이 작용하여 작동유가 배출되면서 실린더는 전진한다. PB1을 놓으면 Y2가 off 되어 실린더는 그 자리에 정지한다.

PB2를 누르는 동안에는 K2가 여자되어 Y1이 on 되고, 실린더는 후진한다.

2. 실습 회로도

※ 릴리프 밸브 설정 압력: 4MPa 또는 40kgf/cm^2

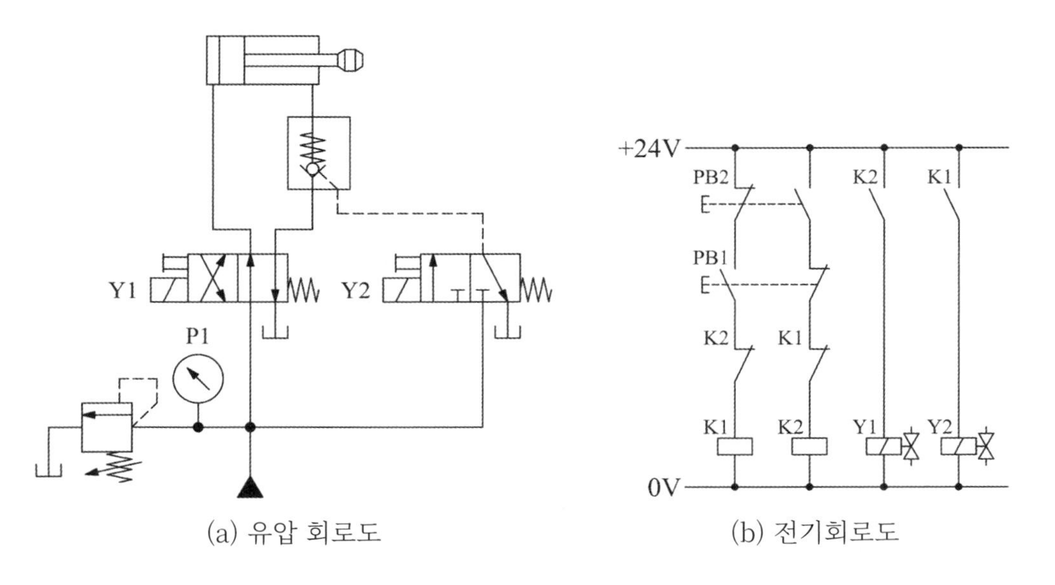

(a) 유압 회로도 (b) 전기회로도

유압 제어 실습. 과제 8

차동 회로

1. 실습 과제

유압 실린더의 전진 행정에서 충분한 속도를 얻을 수 없는 경우에 빠른 속도를 얻기 위해서 차동 회로를 사용한다. 전진 시의 추력은 충분하다고 가정한다.

주어진 유압 및 전기회로를 구성하고 PB1을 누르면 K1이 자기 유지되어 Y1이 on 되고 실린더는 전진한다. 이때 실린더에서 배출되는 작동유는 탱크로 복귀시키지 않고 실린더 전진 측으로 합류시켜 배출되는 유량만큼 실린더의 전진 속도를 증가시킨다.

PB2를 누르면 K1의 자기 유지가 해제되어 Y1이 off 된다. 작동유는 실린더 전진 측이 차단되고 후진 측으로 공급되어 실린더가 후진한다.

2. 실습 회로도

※ 릴리프 밸브 설정 압력: 4MPa 또는 40kgf/cm^2

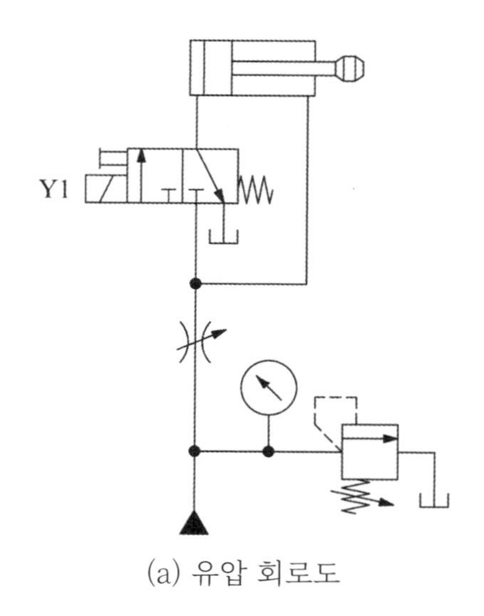

(a) 유압 회로도

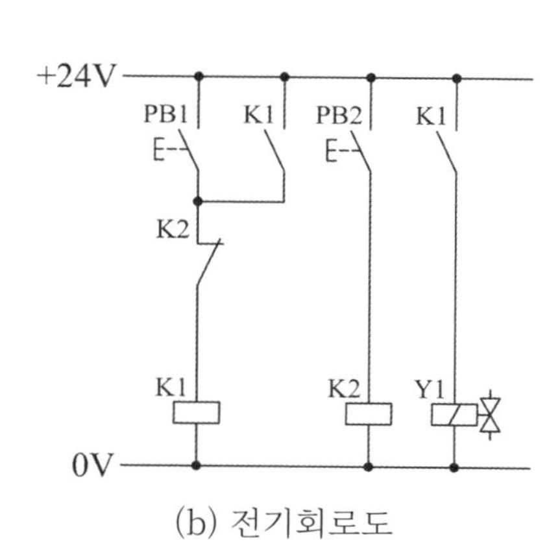

(b) 전기회로도

유압 제어 실습. 과제 9

시퀀스 밸브를 사용한 순차 회로

1. 실습 과제

시퀀스 밸브를 사용하여 액추에이터가 미리 정해진 순서에 따라서 순차적으로 작동하는 시퀀스 회로를 실습한다.

1) 주어진 유압 회로를 구성하고 릴리프 밸브의 압력을 설정한다.
2) 전기회로를 구성하고, PB1을 눌러 실린더 A가 전진 완료 후 실린더 B가 전진하도록 시퀀스 밸브의 압력을 설정한다.
3) PB1 또는 PB2를 눌러 방향 제어 밸브를 전환하면서 압력 변화를 확인한다.

2. 실습 회로도

1) 릴리프 밸브 설정 압력: 4MPa 또는 40kgf/cm^2
2) 시퀀스 밸브 설정 압력: 3MPa 또는 30kgf/cm^2

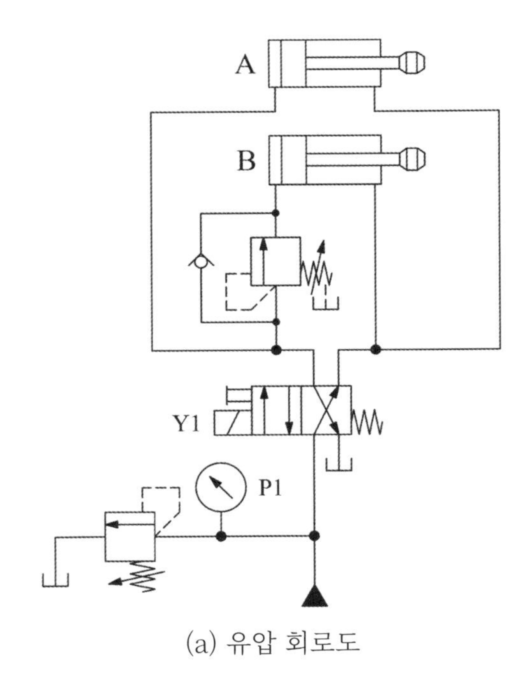

(a) 유압 회로도

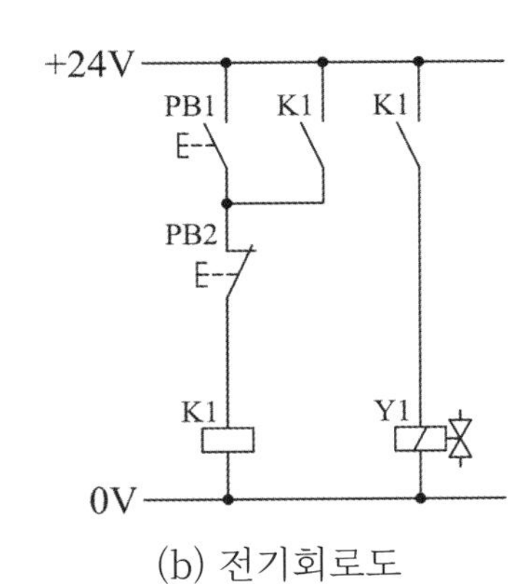

(b) 전기회로도

유압 제어 실습. 과제 10

드릴링 머신의 2단 속도 제어

1. 실습 과제

드릴링 머신의 이송에 유압 실린더를 이용하고자 한다. 가공물이 있는 곳까지는 빠른 속도로 이송되어야 하고, 가공 시에는 작업 속도로 이송되는 2단 속도 조절을 해야 한다. 작업 속도는 부하와 관계없이 일정해야 한다.

초기에 실린더가 후진한 상태에서는 LS1이 on 되어 있으므로 릴레이 K2가 자기 유지되고 솔레노이드 Y2가 on 된다. 이 상태에서 시작 스위치 PB1을 누르면 릴레이 K1이 자기 유지되어 Y1을 on 시켜 실린더가 빠른 속도로 전진한다.

실린더가 전진 중에 가공물 위치 확인용 LS2를 on 시키면 K2의 자기 유지를 해제시켜 Y2가 off 되고, 작동유는 유량 제어 밸브를 통해서만 실린더로 공급되므로 실린더는 작업 속도로 전진하게 된다.

작업이 종료된 후에는 PB2를 누르면 실린더가 후진한다.

2. 실습 회로도

※ 릴리프 밸브 설정 압력: 4MPa 또는 40kgf/cm^2

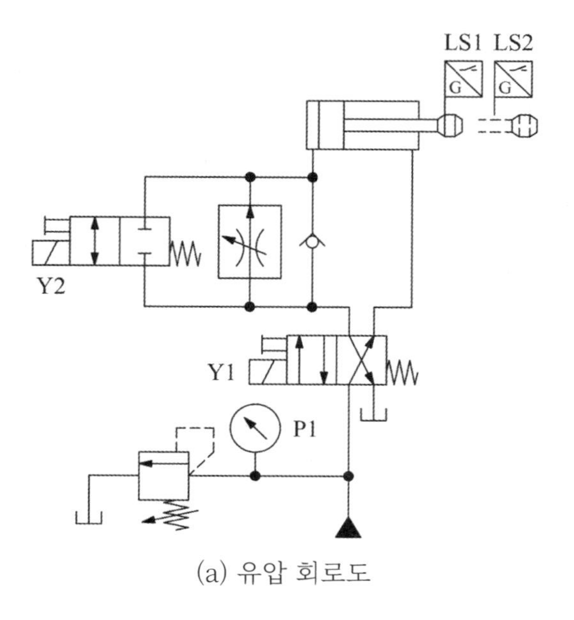

(a) 유압 회로도

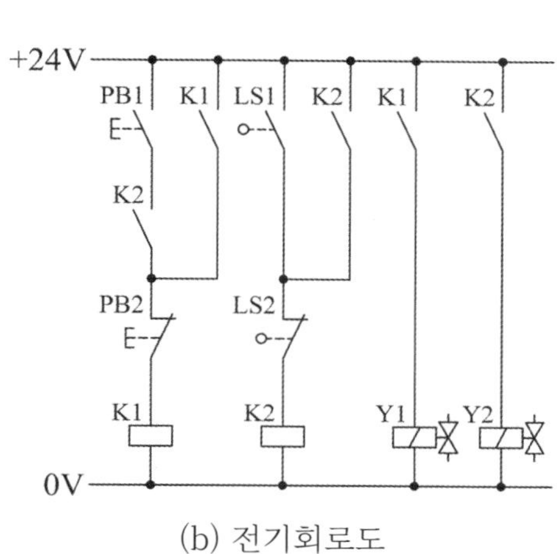

(b) 전기회로도

설비보전산업기사 실기 공개 문제

[공개]

자격 종목	설비보전산업기사	과제명	공기압 시스템 설계 및 구성

※ 시험시간 : [제1과제] 50분

1. 요구 사항

※ 지급된 재료 및 시설을 사용하여 아래 작업을 완성하시오.

※ 한 번 제출한 작품의 재작업은 허용되지 않습니다.

가. 공기압 회로도 구성

1) 공기압 회로도와 같이 기기를 선정하여 고정판에 배치하시오.

가) 기기는 수평 또는 수직 방향으로 수험자가 임의로 배치하고, 리밋스위치는 방향성을 고려하여 설치하시오.

2) 공기압 호스를 적절한 길이로 절단 및 사용하여 기기를 연결하시오.

가) 공기압 호스가 시스템 동작에 영향을 주지 않도록 정리하시오.

3) 작업 압력(서비스 유닛)을 0.5±0.05MPa로 설정하시오.

나. 기본 동작

1) PB1을 1회 ON-OFF 하면 변위단계선도(타이머 포함)와 같이 1사이클 단속 동작되도록 전기회로도를 설계하여 시스템을 구성하고 시험감독위원에게 확인받으시오.

가) 전기 배선은 +는 적색으로, -는 청색 또는 흑색으로 연결하고, 전선이 시스템 동작에 영향을 주지 않도록 정리하시오.

나) 지정되지 않은 누름 버튼 스위치는 자동 복귀형 스위치를 사용하시오.

다. 시스템 유지 보수

1) 동작 확인 후 유지 보수 계획과 같이 시스템을 변경하고 시험감독위원에게 확인받으시오.

라. 정리정돈

1) 평가 종료 후 작업한 자리의 부품 정리, 공기압 호스 정리, 전선 정리 등 모든 상태를 초기 상태로 정리하시오.

2. 수험자 유의 사항

※ 다음의 유의 사항을 고려하여 요구 사항을 완성하시오.

※ 작업형 과제별 배점은 [공기압 시스템 설계 및 구성 30점, 유압 시스템 설계 및 구성 30점, 가스 절단 및 용접 40점]이며, 이외 세부 항목 배점은 비공개입니다.

1) 시험 시작 전 장비의 이상 유무를 확인합니다.
2) 시험 중 반드시 시험감독위원의 지시에 따라야 하며, 시험감독위원의 지시가 없는 한 시험장을 임의로 이탈할 수 없습니다.
3) 시험에 필요한 기기 이외의 부품이나 장비에 임의로 접촉하지 않도록 주의하시기 바랍니다.
4) 공기압 호스의 제거는 공급 압력을 차단한 후 실시하시기 바랍니다.
5) 전기 합선 시에는 즉시 전원 공급 장치의 전원을 차단하시기 바랍니다.
6) 실린더의 작동 부분에는 전선 및 호스가 접촉되지 않도록 주의하여야 합니다.
7) "기본 동작→시스템 유지 보수" 순서대로 시험감독위원에게 평가받습니다.
   (단, 각 동작의 평가는 전원이 유지된 상태에서 2회 이상 시도하여 동일하게 정상 동작이 되어야 하며, 1회만 동작하고 정상적으로 재동작하지 않으면 인정하지 않습니다.)
8) 평가 기회는 한 번만 부여되오니, 이점 유의하여 평가를 요청하시기 바랍니다.
   (단, 평가가 불명확하여 재확인이 필요한 경우 시험감독위원의 판단에 따라 다시 동작시킬 수 있습니다. 회로를 변경 또는 수정할 수 없고, 동작만 재시도 합니다.)
9) 평가 종료 후 정리정돈 상태에 따라 감점될 수 있음을 유의하시기 바랍니다.
10) 시험 중 작업복 및 안전 보호구를 착용하여 안전 수칙을 준수하여야 하며, 안전수칙 미준수로 인해 감점될 수 있음을 유의하시기 바랍니다.
   (단, 슬리퍼, 샌들 착용 등 복장이 작업에 부적합할 경우 응시가 불가능합니다.)
11) 다음 사항은 실격에 해당하여 채점 대상에서 제외됩니다.
   가) 수험자 본인이 수험 도중 시험에 대한 기권 의사를 표현하는 경우
   나) 실기 시험 과정 중 1개 과정이라도 불참한 경우
   다) 시설·장비의 조작 또는 재료의 취급이 미숙하여 위해를 일으킬 것으로 시험감독위원 전원이 합의하여 판단한 경우
   라) 기능이 해당 등급 수준에 전혀 도달하지 못한 것으로 시험감독위원이 판단할 경우
   마) 부정행위를 한 경우
   바) 시험 시간 내에 작품을 제출하지 못한 경우
   사) 공기압 회로도와 다른 부품을 사용하거나 부품을 누락한 경우
   아) 기본 동작이 변위단계선도와 일치하지 않는 경우

[공개]

자격 종목	설비보전산업기사	과제명	유압 시스템 설계 및 구성

※ 시험 시간: [제2과제] 50분

1. 요구 사항

※ 지급된 재료 및 시설을 사용하여 아래 작업을 완성하시오.

※ 한 번 제출한 작품의 재작업은 허용되지 않습니다.

가. 유압 회로도 구성

1) 유압 회로도와 같이 기기를 선정하여 고정판에 배치하시오.
   가) 기기는 수평 또는 수직 방향으로 수험자가 임의로 배치하고, 리밋스위치는 방향성을 고려하여 설치하시오.
2) 유압 호스를 사용하여 기기를 연결하시오.
   가) 유압 호스가 시스템 동작에 영향을 주지 않도록 정리하시오.
3) 유압 회로 내 최고 압력을 4±0.2 MPa로 설정하시오.

나. 기본 동작

1) PB1을 1회 ON-OFF 하면 변위단계선도와 같이 1사이클 단속 동작되도록 전기회로도를 설계하여 시스템을 구성하고 시험감독위원에게 확인받으시오.
   가) 전기 배선은 +는 적색으로, -는 청색 또는 흑색으로 연결하고, 전선이 시스템 동작에 영향을 주지 않도록 정리하시오.
   나) 지정되지 않은 누름 버튼스위치는 자동 복귀형 스위치를 사용하시오.

다. 시스템 유지 보수

1) 동작 확인 후 유지 보수 계획과 같이 시스템을 변경하고 시험감독위원에게 확인받으시오.

라. 정리정돈

1) 평가 종료 후 작업한 자리의 부품 정리, 기름 제거, 유압 배관 정리, 전선 정리 등 모든 상태를 초기 상태로 정리하시오.

2. 수험자 유의 사항

※ 다음의 유의 사항을 고려하여 요구 사항을 완성하시오.

※ 작업형 과제별 배점은 [공기압 시스템 설계 및 구성 30점, 유압 시스템 설계 및 구성 30점, 가스 절단 및 용접 40점]이며, 이외 세부 항목 배점은 비공개입니다.

1) 시험 시작 전 장비의 이상 유무를 확인합니다.
2) 시험 중 반드시 시험감독위원의 지시에 따라야 하며, 시험감독위원의 지시가 없는 한 시험장을 임의로 이탈할 수 없습니다.
3) 시험에 필요한 기기 이외의 부품이나 장비에 임의로 접촉하지 않도록 주의하시기 바랍니다.
4) 유압 배관의 제거는 공급 압력을 차단한 후 실시하시기 바랍니다.
5) 유압펌프는 OFF 상태를 기본으로 하고, 회로 검증 등 필요한 경우에만 동작시키기 바랍니다.
6) 유압 회로가 무부하 회로일 경우 압력 설정에 주의하시기 바랍니다.
7) 전기 합선 시에는 즉시 전원 공급 장치의 전원을 차단하시기 바랍니다.
8) 실린더의 작동 부분에는 전선 및 호스가 접촉되지 않도록 주의하여야 합니다.
9) "기본 동작→시스템 유지 보수" 순서대로 시험감독위원에게 평가받습니다.
   (단, 각 동작의 평가는 전원이 유지된 상태에서 2회 이상 시도하여 동일하게 정상 동작이 되어야 하며, 1회만 동작하고 정상적으로 재동작하지 않으면 인정하지 않습니다.)
10) 평가 기회는 한 번만 부여되오니, 이점 유의하여 평가를 요청하시기 바랍니다.
   (단, 평가가 불명확하여 재확인이 필요한 경우 시험감독위원의 판단에 따라 다시 동작시킬 수 있습니다. 회로를 변경 또는 수정할 수 없고, 동작만 재시도 합니다.)
11) 평가 종료 후 정리정돈 상태에 따라 감점될 수 있음을 유의하시기 바랍니다.
12) 시험 중 작업복 및 안전 보호구를 착용하여 안전 수칙을 준수하여야 하며, 안전 수칙 미준수로 인해 감점될 수 있음을 유의하시기 바랍니다.
   (단, 슬리퍼, 샌들 착용 등 복장이 작업에 부적합할 경우 응시가 불가능합니다.)
13) 다음 사항은 실격에 해당하여 채점 대상에서 제외됩니다.
   가) 수험자 본인이 수험 도중 시험에 대한 기권 의사를 표현하는 경우
   나) 실기 시험 과정 중 1개 과정이라도 불참한 경우
   다) 시설·장비의 조작 또는 재료의 취급이 미숙하여 위해를 일으킬 것으로 시험감독위원 전원이 합의하여 판단한 경우
   라) 기능이 해당 등급 수준에 전혀 도달하지 못한 것으로 시험감독위원이 판단할 경우
   마) 부정행위를 한 경우
   바) 시험 시간 내에 작품을 제출하지 못한 경우
   사) 유압 회로도와 다른 부품을 사용하거나 부품을 누락한 경우
   아) 기본 동작이 변위단계선도와 일치하지 않는 경우

[공개 1번]

자격 종목	설비보전산업기사	과제명	공기압 시스템 설계 및 구성

3. 도면

가. 공기압 회로도

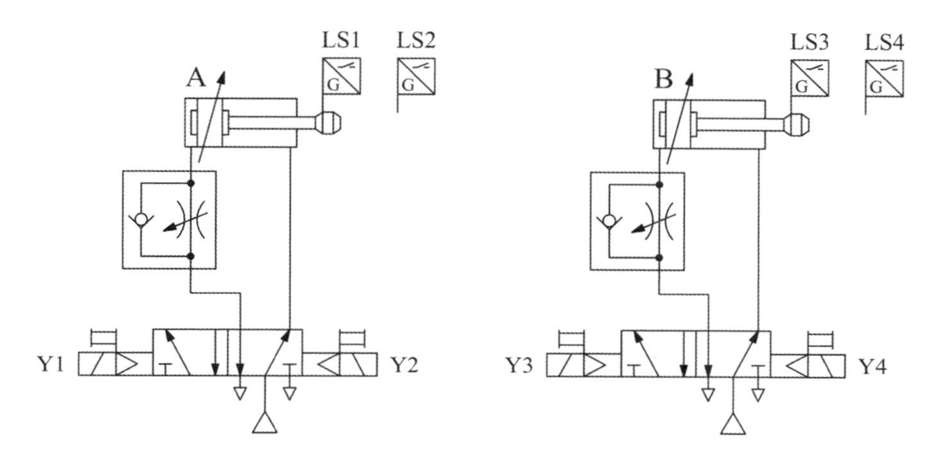

나. 변위단계선도

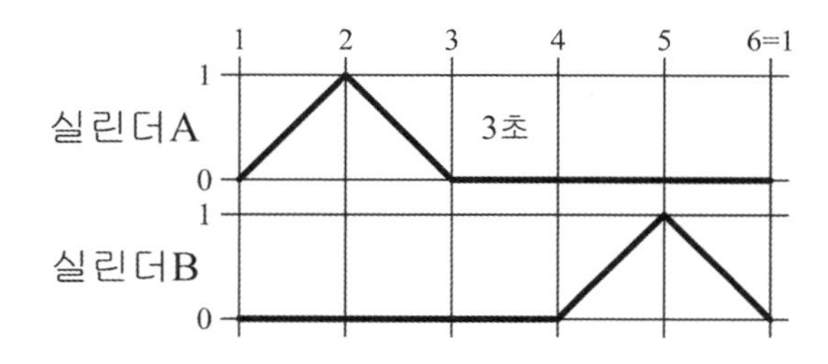

다. 유지 보수 계획

1) 연속 스위치(PB2), 카운터 리셋스위치(PB3), 램프를 추가하여 다음과 같이 동작하도록 회로를 변경하시오.
   ① PB2를 1회 ON-OFF하면, 기본 동작을 3회 연속 동작한 후 정지합니다.
   ② PB3를 1회 ON-OFF 하면, 카운터가 리셋됩니다.
   ③ 카운터 리셋 후 PB2를 1회 ON-OFF 하면, 연속 동작이 재동작합니다.
   ④ 연속 동작을 수행하는 동안 램프1이 점등되고, 동작 완료 후 소등됩니다.
2) 리밋스위치 LS2은 정전용량형 센서로, LS4은 유도형 센서로 교체한 후 변위단계선도와 같은 동작을 수행할 수 있도록 회로를 변경하시오.

4. 기본 동작 전기회로도 설계

○ 기본 동작 신호 분석

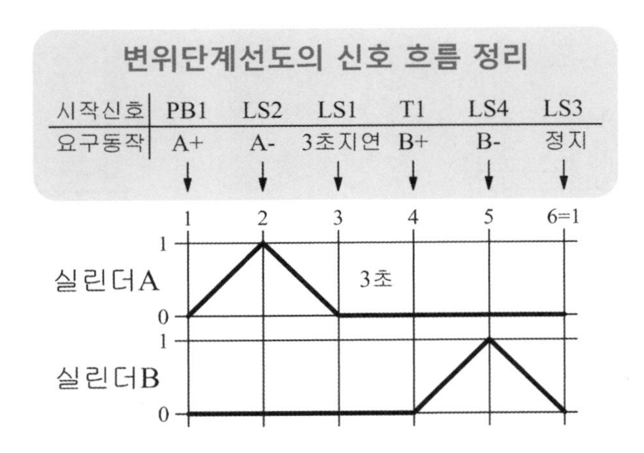

○ 기본 동작 전기회로도 설계

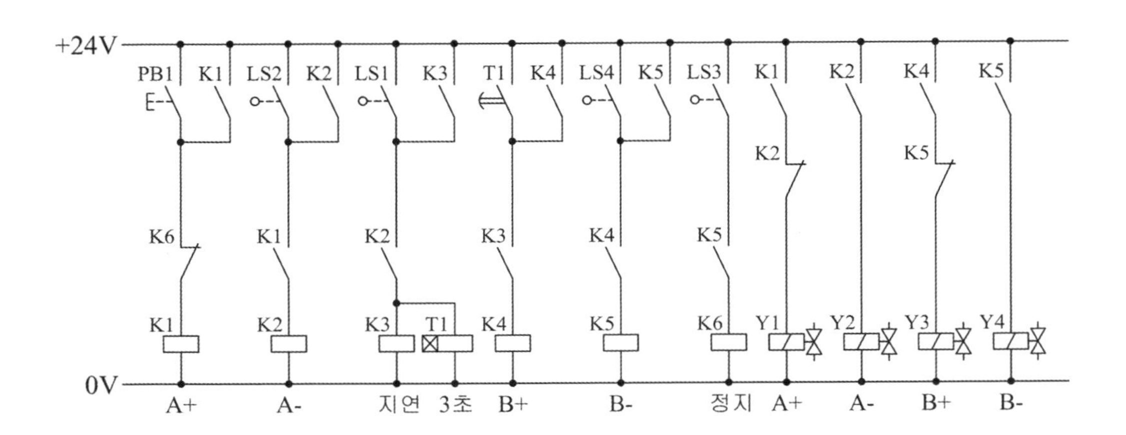

5. 유지 보수 계획

○ 공기압 회로도 변경

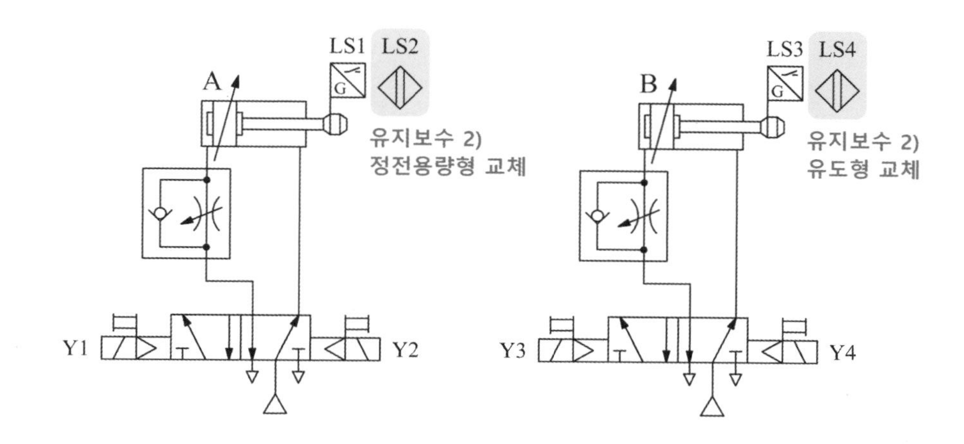

○ 전기회로도 변경

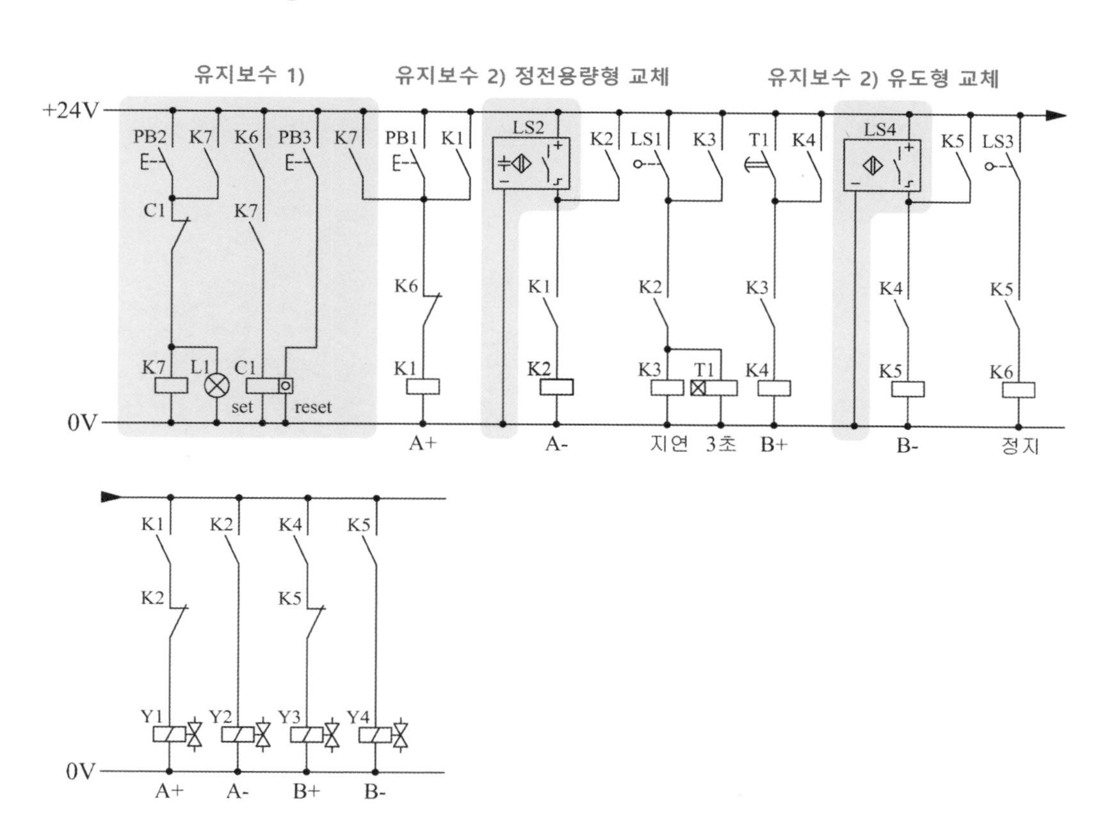

[공개 1번]

자격 종목	설비보전산업기사	과제명	유압 시스템 설계 및 구성

3. 도면

가. 유압 회로도

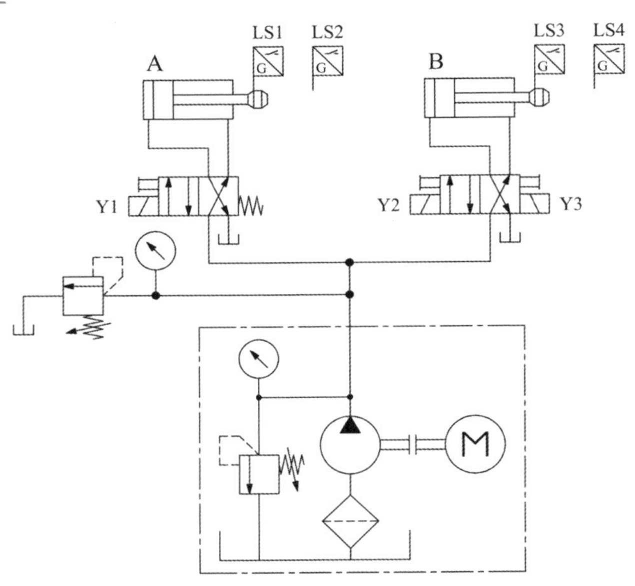

나. 변위단계선도

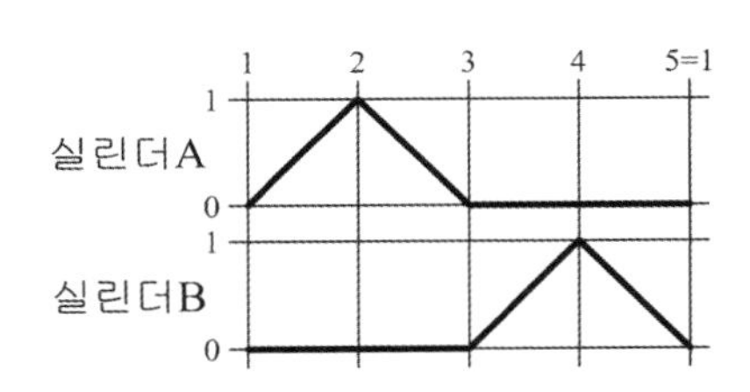

다. 유지 보수 계획

1) 실린더 A 전진 시 일방향 유량 조절 밸브를 사용하여 미터인 회로를 구성하고, 실린더 로드 측에 카운터 밸런스 밸브와 압력계를 사용하여 자중 낙하 방지 회로를 구성하시오.
 (단, 속도는 약 50% 정도로, 압력은 3±0.5MPa이 되도록 설정하시오.)
2) 실린더 B의 압력 라인(P)에 감압 밸브와 압력계를 설치하여 유압 회로도를 변경하고, 2차 측의 압력이 2±0.5MPa이 되도록 조정하시오.
3) 유압유의 역류를 방지하기 위해 파워 유닛의 토출구에 체크 밸브를 추가하여 구성하시오.

4. 기본 동작 전기회로도 설계

○ 기본 동작 신호 분석

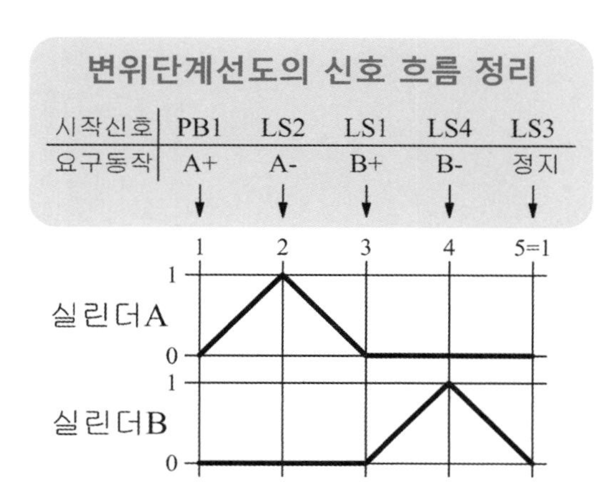

○ 기본 동작 전기회로도 설계

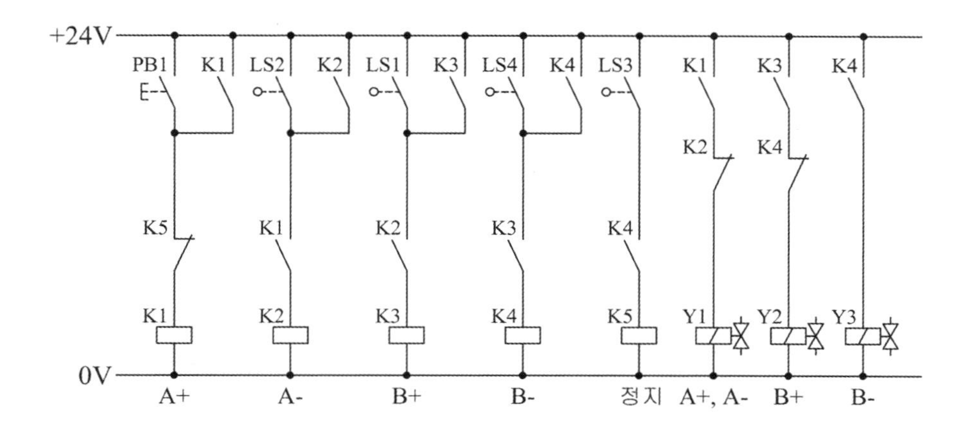

5. 유지 보수 계획

○ 유압 회로도 변경

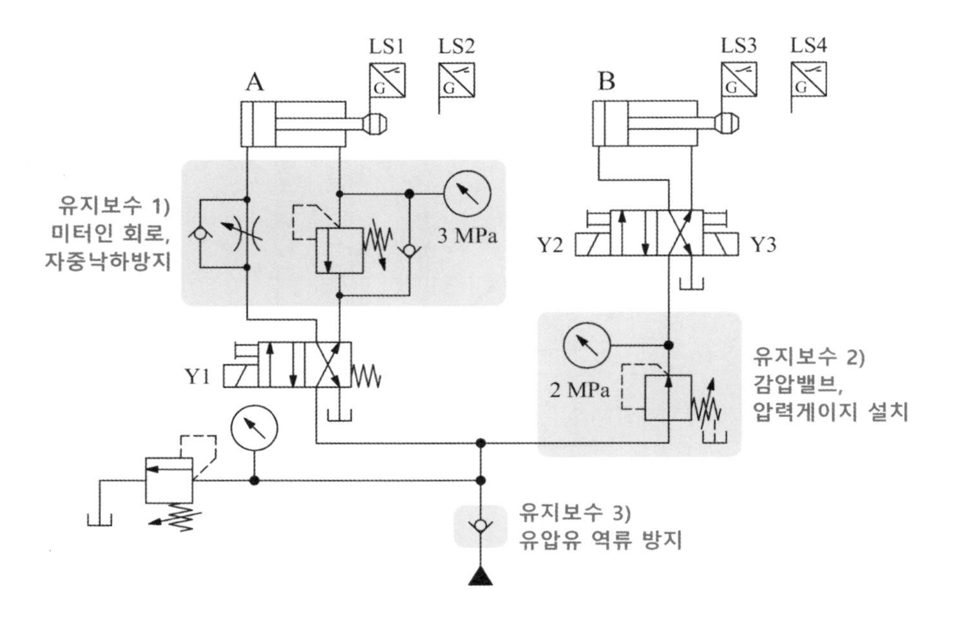

○ 전기회로도 변경

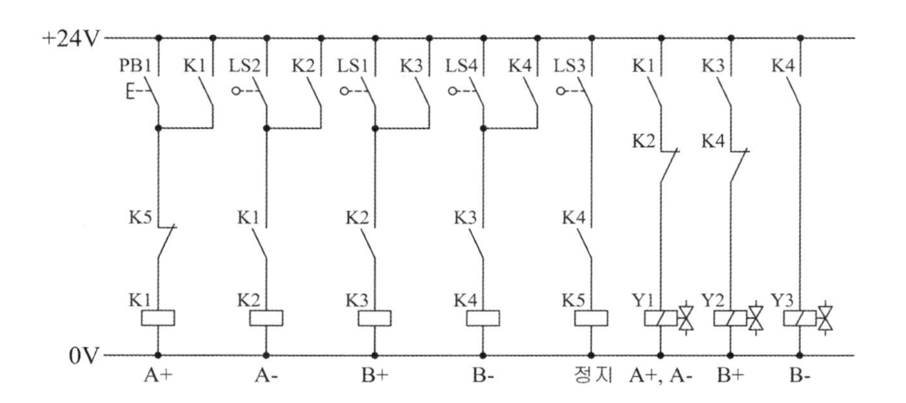

[공개 2번]

자격 종목	설비보전산업기사	과제명	공기압 시스템 설계 및 구성

3. 도면

가. 공기압 회로도

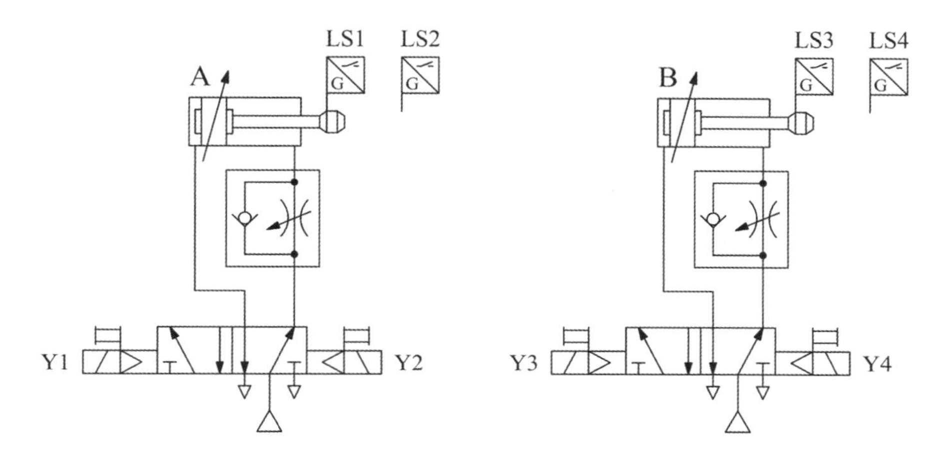

나. 변위단계선도

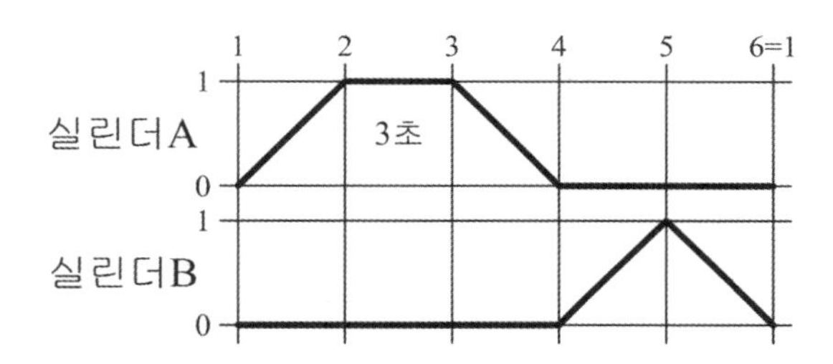

다. 유지 보수 계획

1) 연속 스위치(PB2), 카운터 리셋스위치(PB3), 램프를 추가하여 다음과 같이 동작하도록 회로를 변경하시오.
   ① PB2를 1회 ON-OFF 하면, 기본 동작을 3회 연속 동작한 후 정지합니다.
   ② PB3를 1회 ON-OFF 하면, 카운터가 리셋됩니다.
   ③ 카운터 리셋 후 PB2를 1회 ON-OFF 하면, 연속 동작이 재동작합니다.
   ④ 연속 동작을 수행하는 동안 램프1이 점등되고, 동작 완료 후 소등됩니다.
2) 리밋스위치 LS2는 정전용량형 센서로, LS3은 유도형 센서로 교체한 후 변위단계선도와 같은 동작을 수행할 수 있도록 회로를 변경하시오.

4. 기본 동작 전기회로도 설계

○ 기본 동작 신호 분석

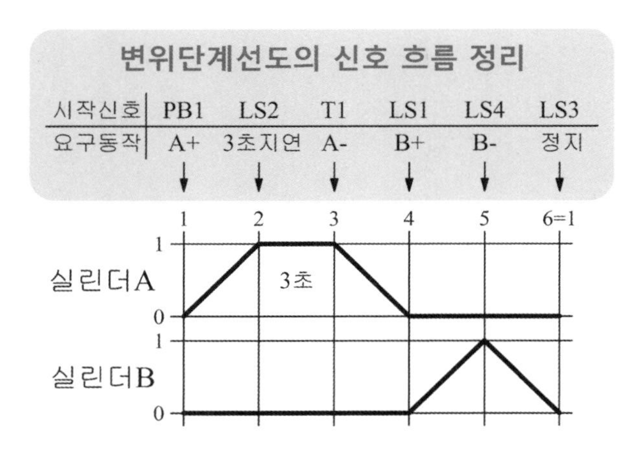

○ 기본 동작 전기회로도 설계

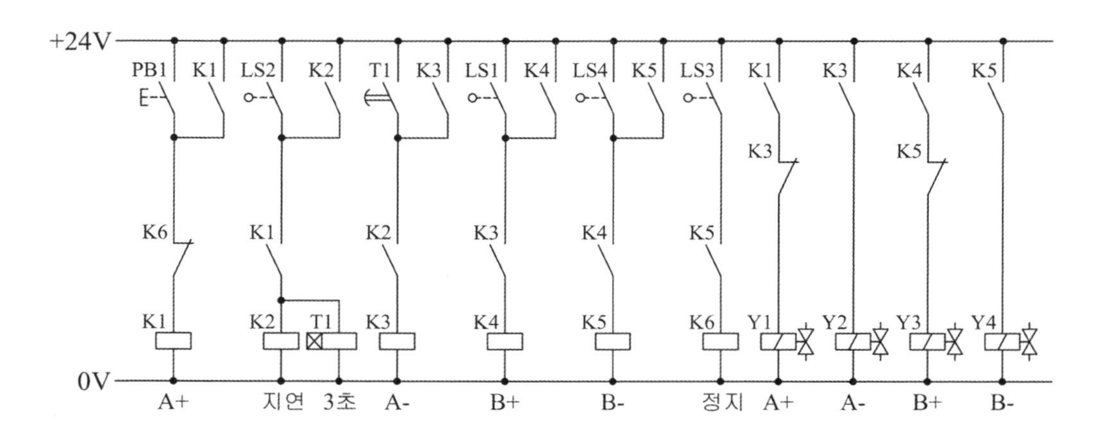

5. 유지 보수 계획

○ 공기압 회로도 변경

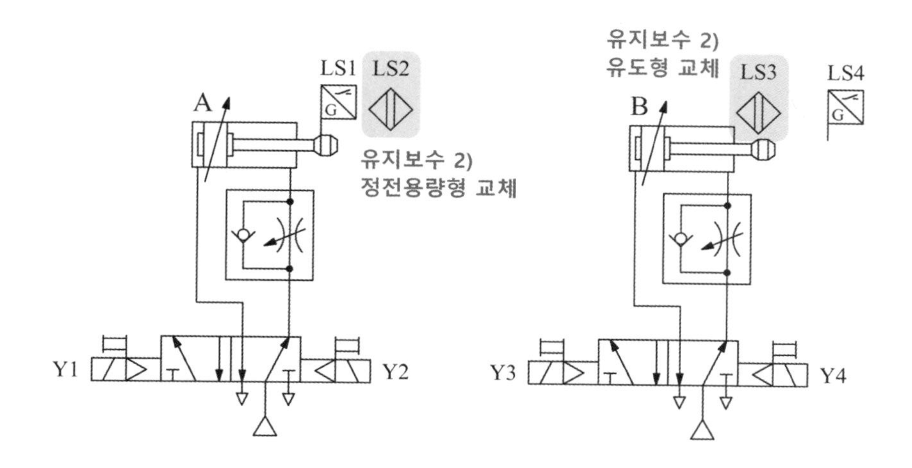

○ 전기회로도 변경

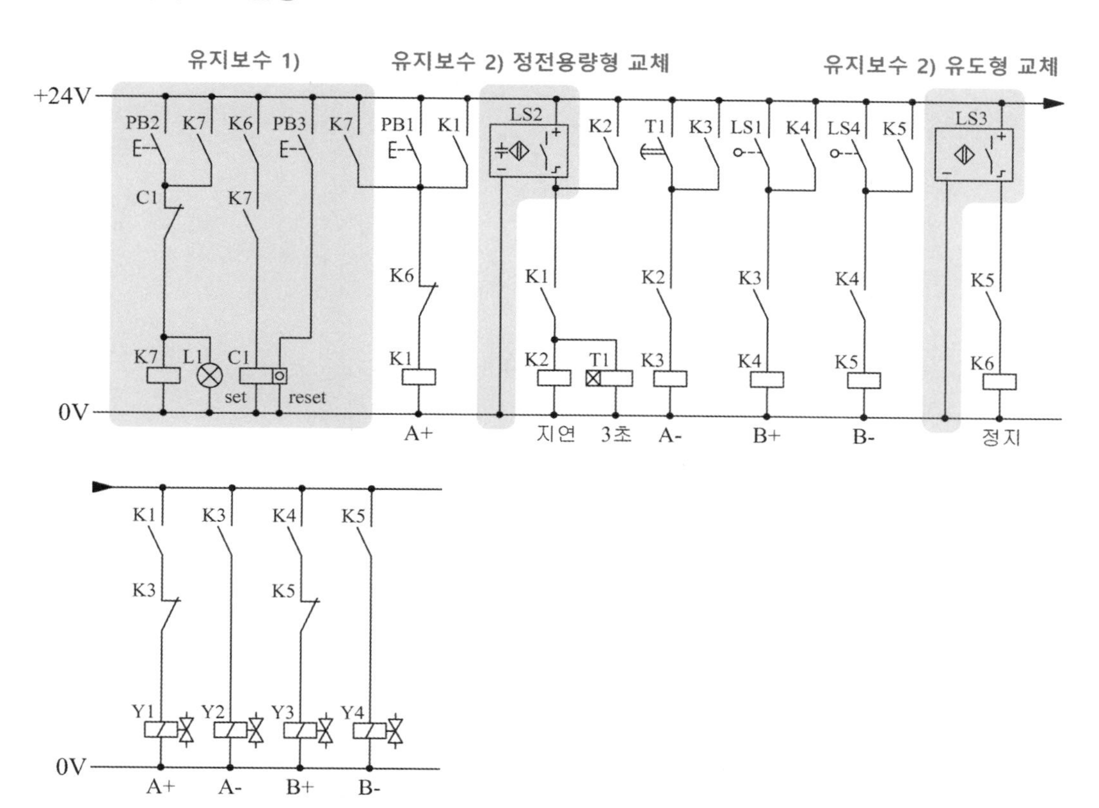

[공개 2번]

자격 종목	설비보전산업기사	과제명	유압 시스템 설계 및 구성

3. 도면

가. 유압 회로도

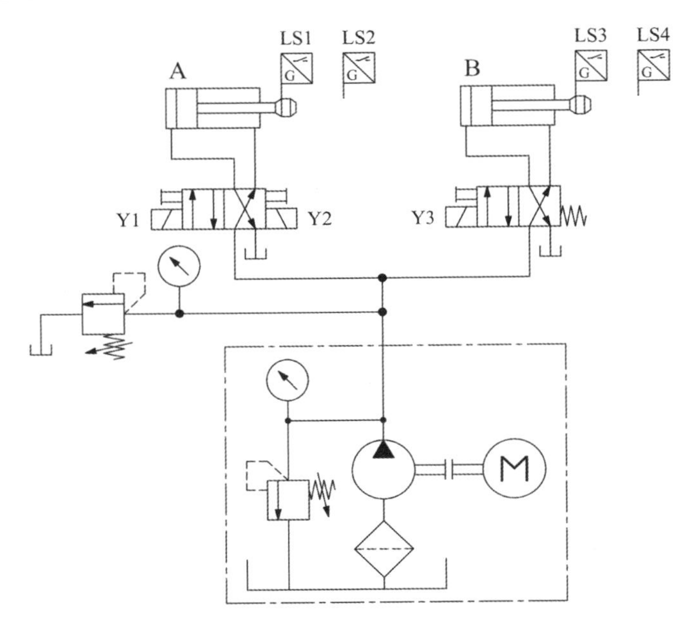

나. 변위단계선도

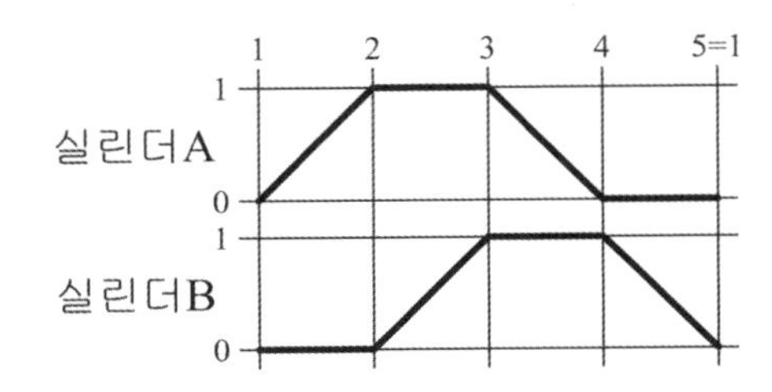

다. 유지 보수 계획

1) 실린더 B 전진 시 일방향 유량 조절 밸브를 사용하여 미터인 회로를 구성하고, 실린더 로드 측에 카운터 밸런스 밸브와 압력계를 사용하여 자중 낙하 방지 회로를 구성하시오.
(단, 속도는 약 50% 정도로, 압력은 3±0.5MPa이 되도록 설정하시오.)
2) 실린더 A의 전진 속도가 제어되도록 블리드오프 회로를 구성하시오.
3) 유압유의 역류를 방지하기 위해 파워 유닛의 토출구에 체크 밸브를 추가하여 구성하시오.

4. 기본 동작 전기회로도 설계

○ 기본 동작 신호 분석

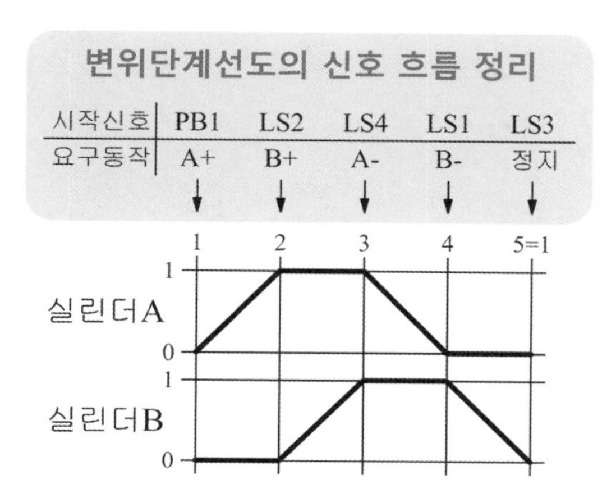

○ 기본 동작 전기회로도 설계

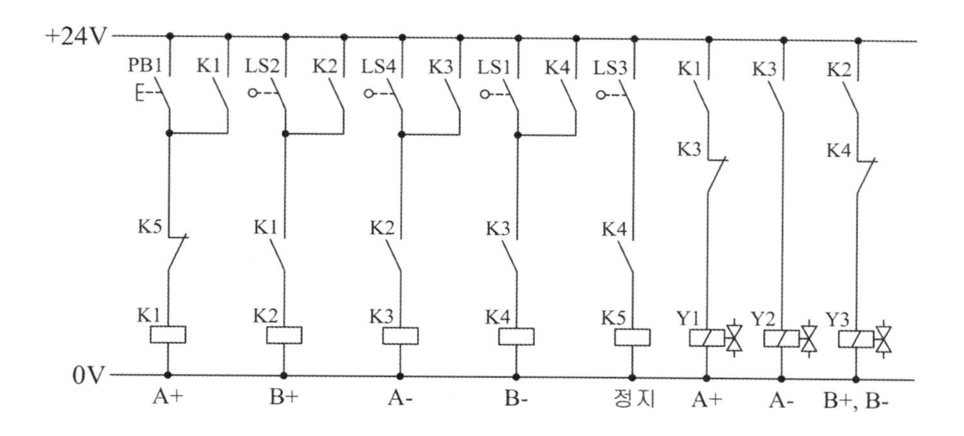

5. 유지 보수 계획

○ 유압 회로도 변경

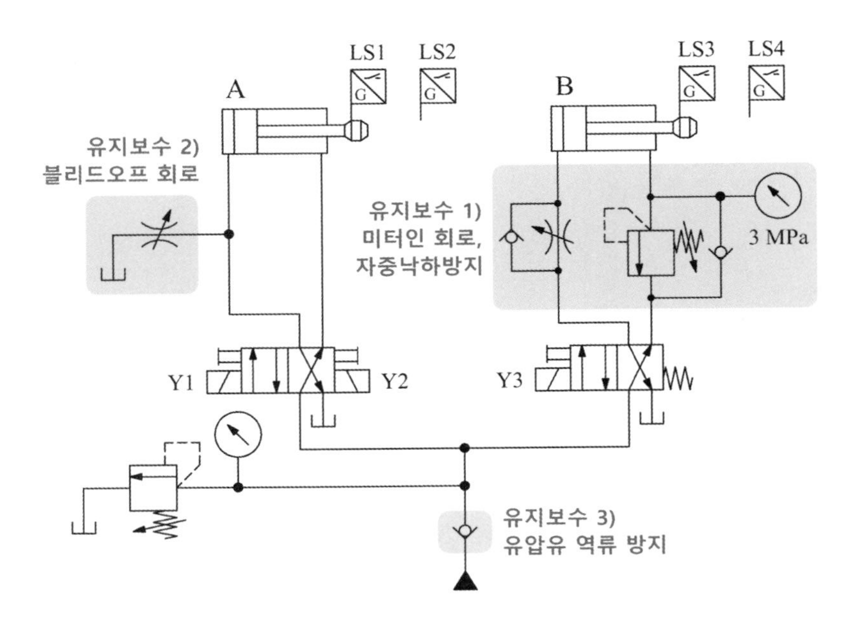

○ 전기회로도 변경

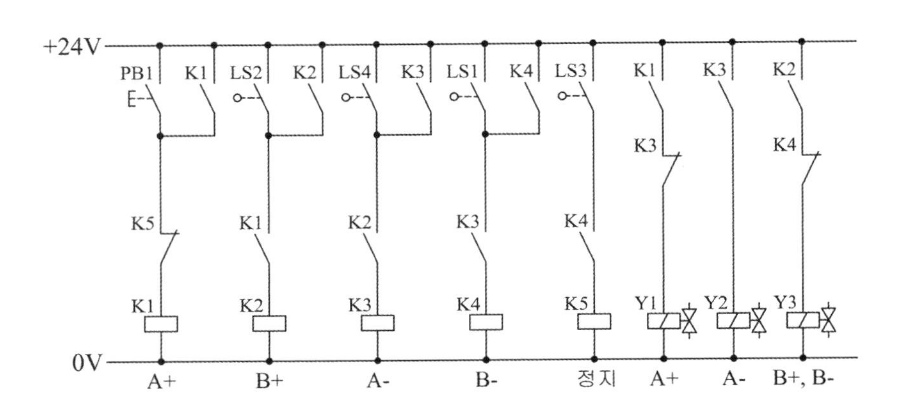

[공개 3번]

자격 종목	설비보전산업기사	과제명	공기압 시스템 설계 및 구성

3. 도면

가. 공기압 회로도

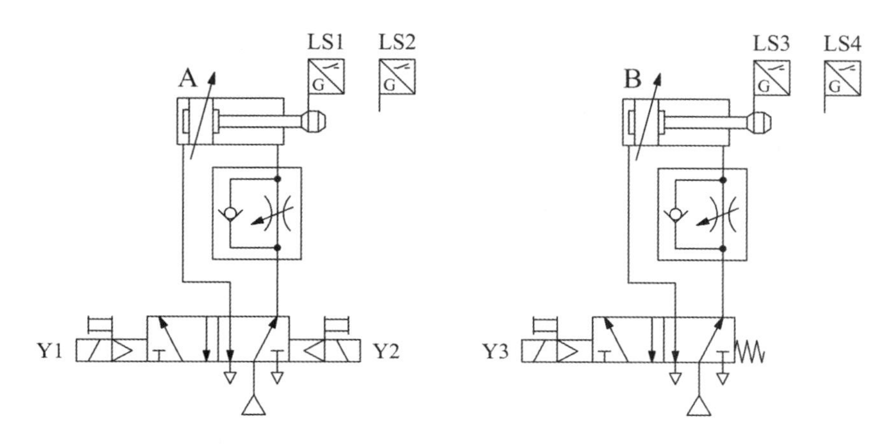

나. 변위단계선도

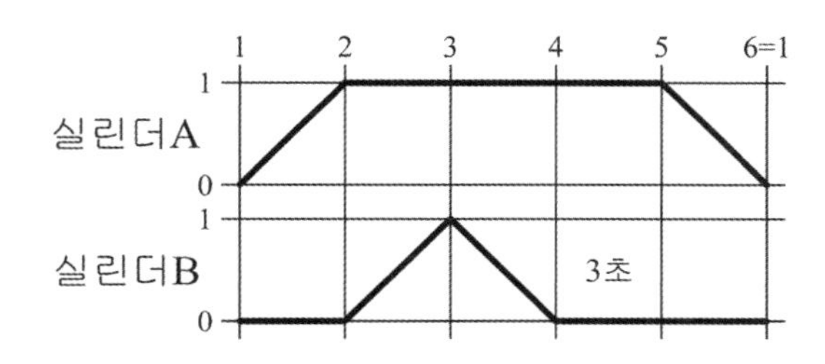

다. 유지 보수 계획

1) 연속 스위치(PB2), 비상 정지 스위치(유지형 스위치 사용 가능), 램프를 추가하여 다음과 같이 동작하도록 회로를 변경하시오.
   ① PB2를 1회 ON-OFF 하면, 기본 동작이 연속적으로 동작합니다.
   ② 연속 동작 중 비상 정지 스위치를 ON 하면, 모든 실린더는 후진하며 램프가 점등됩니다.
   ③ 비상 정지 스위치를 OFF 하면, 램프는 소등되고 시스템은 초기화됩니다.
   ④ 초기화 후 PB2를 1회 ON-OFF 하면, 연속 동작이 재동작합니다.
2) 리밋스위치 LS1은 정전용량형 센서로, LS4는 유도형 센서로 교체한 후 변위단계선도와 같은 동작을 수행할 수 있도록 회로를 변경하시오.

4. 기본 동작 전기회로도 설계

○ 기본 동작 신호 분석

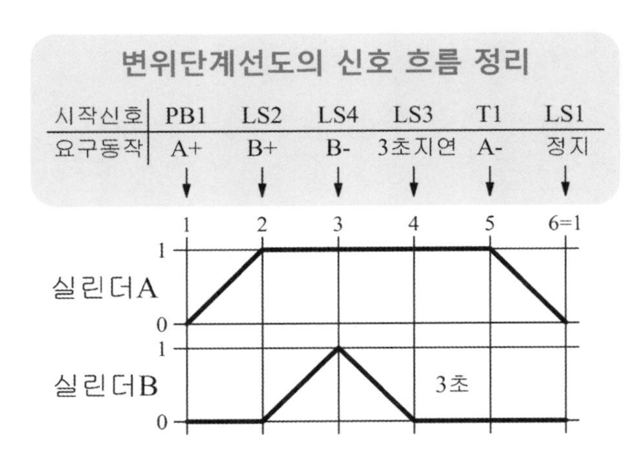

○ 기본 동작 전기회로도 설계

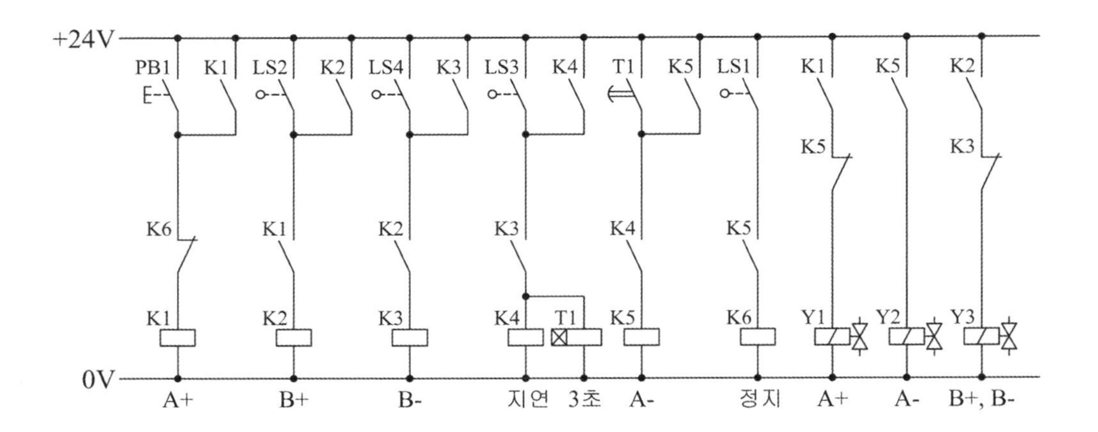

5. 유지 보수 계획

○ 공기압 회로도 변경

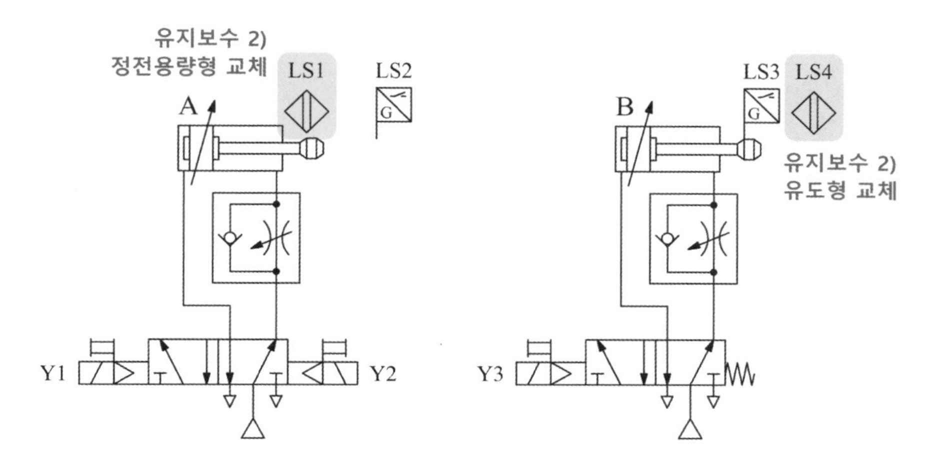

○ 전기회로도 변경

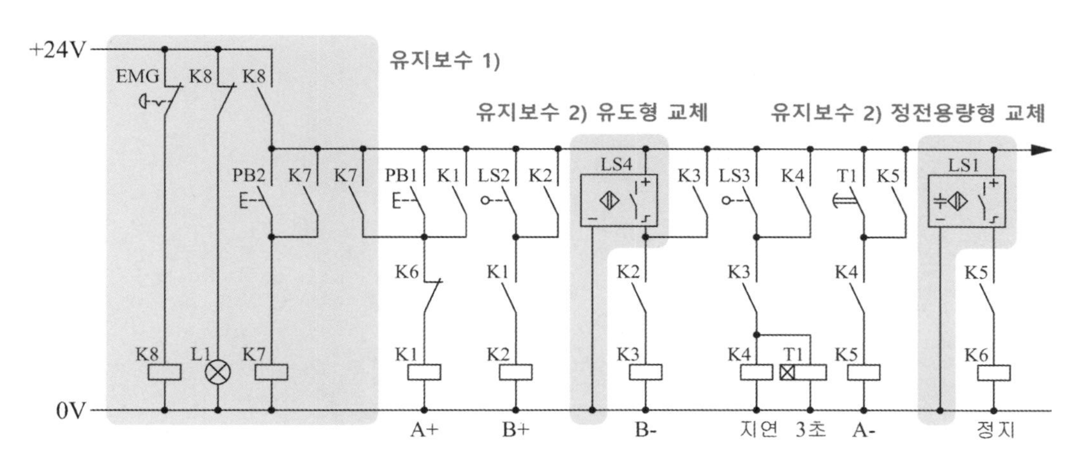

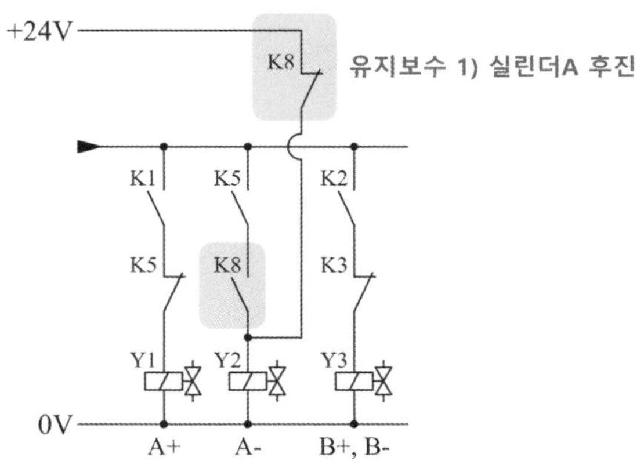

[공개 3번]

자격 종목	설비보전산업기사	과제명	유압 시스템 설계 및 구성

3. 도면

가. 유압 회로도

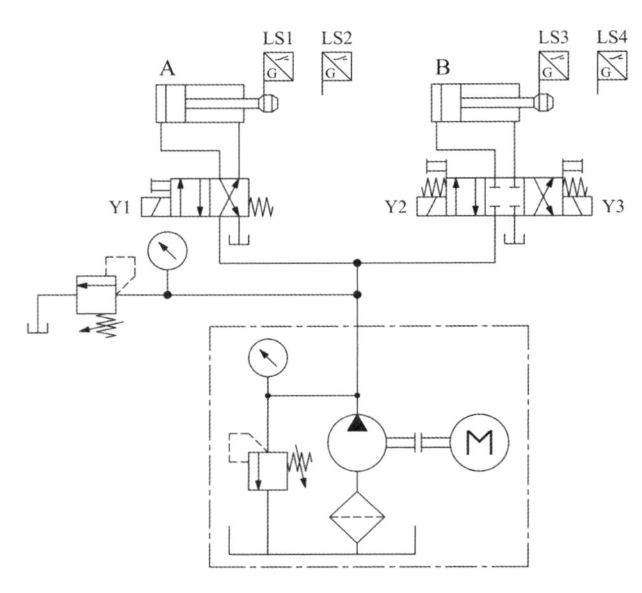

나. 변위단계선도

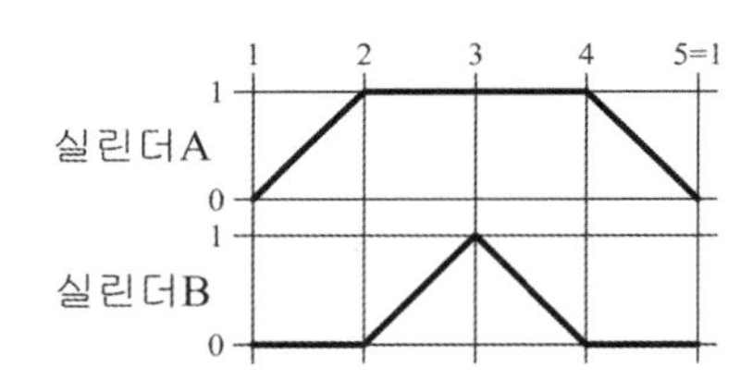

다. 유지 보수 계획

1) 실린더 A 전진 시 일방향 유량 조절 밸브를 사용하여 미터인 회로를 구성하고, 실린더 로드 측에 카운터 밸런스 밸브와 압력계를 사용하여 자중 낙하 방지 회로를 구성하시오.
 (단, 속도는 약 50% 정도로, 압력은 3±0.5MPa이 되도록 설정하시오.)
2) 실린더 B의 방향 제어 밸브를 4 포트 3 위치 A-B-T 접속형 밸브로 교체하고, 로드 측에 파일럿 조작 체크 밸브를 사용하여 로킹 회로가 되도록 변경하시오.
3) 실린더 B의 전·후진 속도가 제어되도록 공급 라인에 양방향 유량 조절 밸브를 사용하여 회로를 구성하시오.
 (단, 속도는 약 50% 정도가 되도록 설정하시오.)

4. 기본 동작 전기회로도 설계

○ 기본 동작 신호 분석

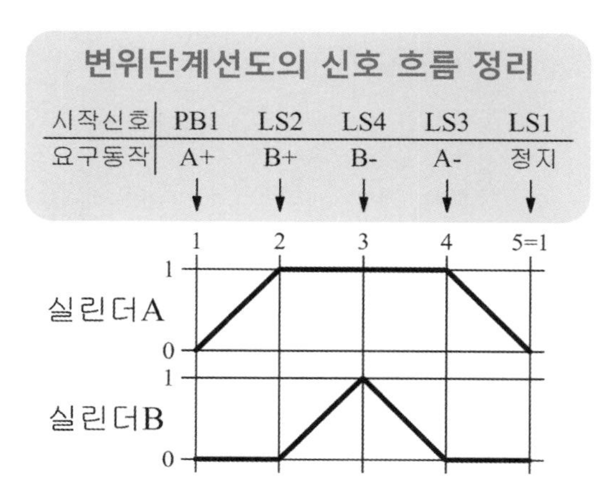

○ 기본 동작 전기회로도 설계

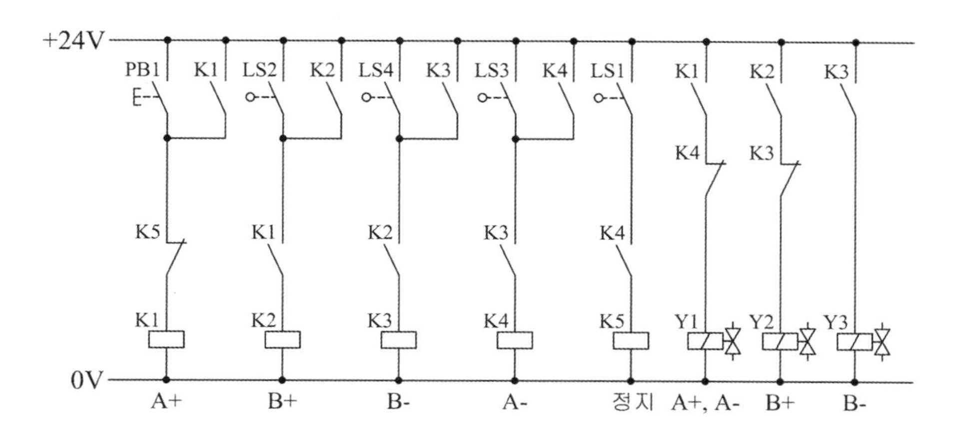

5. 유지 보수 계획

○ 유압 회로도 변경

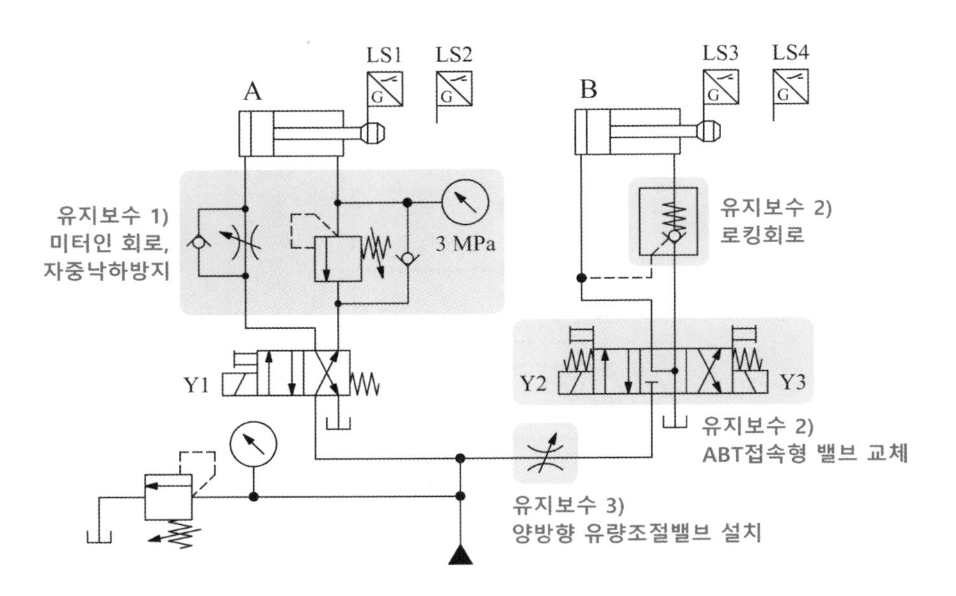

○ 전기회로도 변경

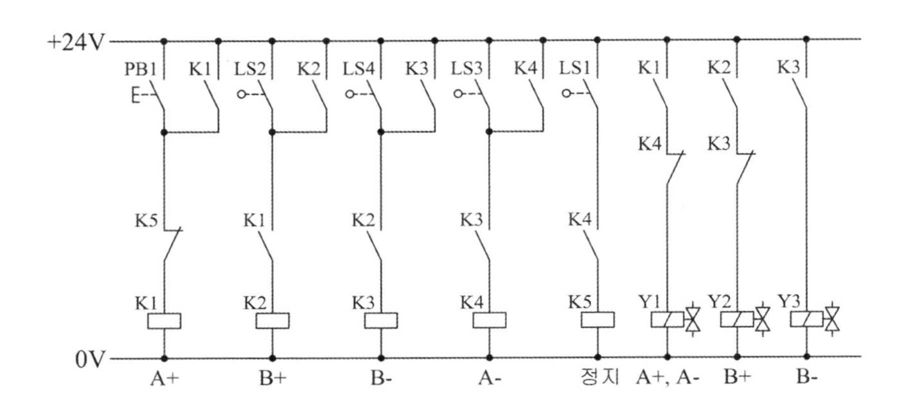

[공개 4번]

자격 종목	설비보전산업기사	과제명	공기압 시스템 설계 및 구성

3. 도면

가. 공기압 회로도

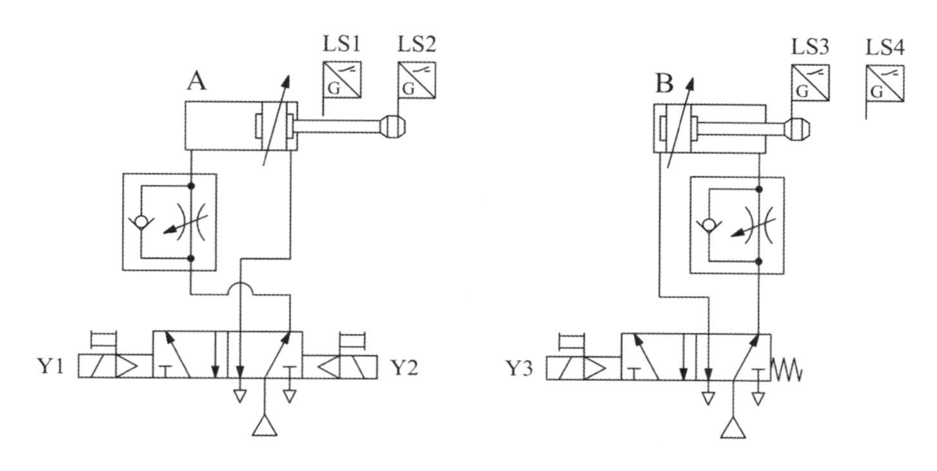

나. 변위단계선도

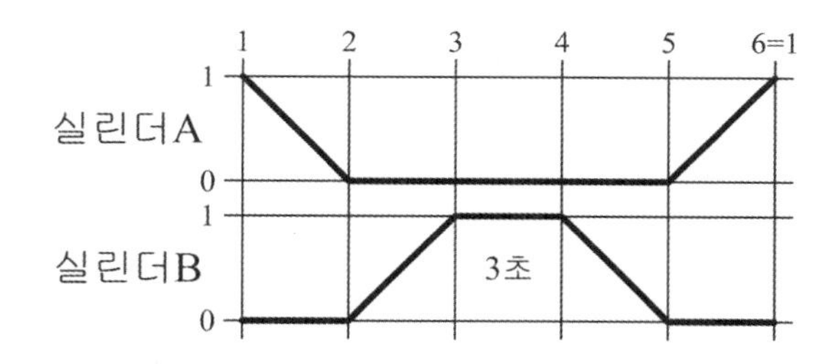

다. 유지 보수 계획

1) 연속 스위치(PB2), 카운터 리셋스위치(PB3), 램프를 추가하여 다음과 같이 동작하도록 회로를 변경하시오.
   ① PB2를 1회 ON-OFF 하면, 기본 동작을 3회 연속 동작한 후 정지합니다.
   ② PB3를 1회 ON-OFF 하면, 카운터가 리셋됩니다.
   ③ 카운터 리셋 후 PB2를 1회 ON-OFF 하면, 연속 동작이 재동작합니다.
   ④ 연속 동작을 수행하는 동안 램프1이 점등되고, 동작 완료 후 소등됩니다.
2) 리밋스위치 LS2는 정전용량형 센서로, LS3은 유도형 센서로 교체한 후 변위단계선도와 같은 동작을 수행할 수 있도록 회로를 변경하시오.

4. 기본 동작 전기회로도 설계

○ 기본 동작 신호 분석

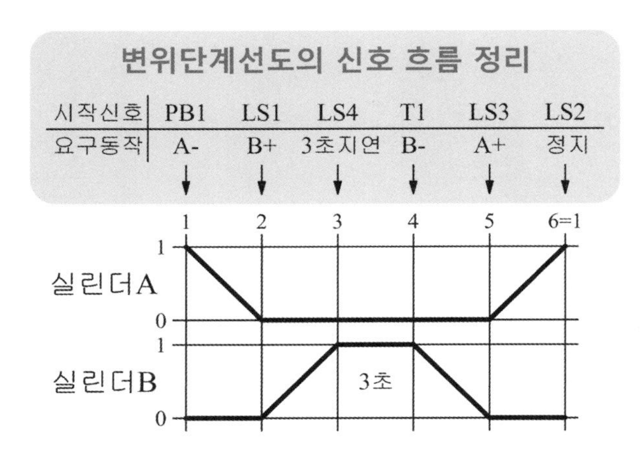

○ 기본 동작 전기회로도 설계

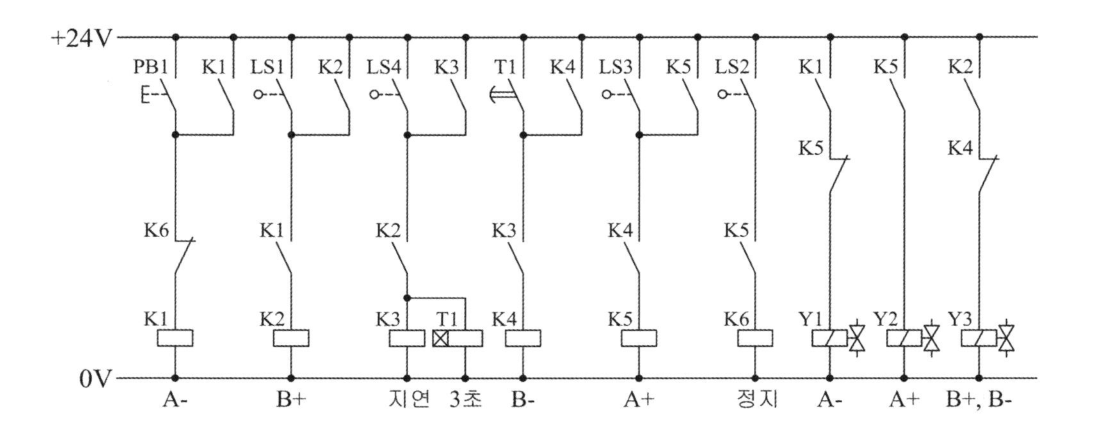

5. 유지 보수 계획

○ 공기압 회로도 변경

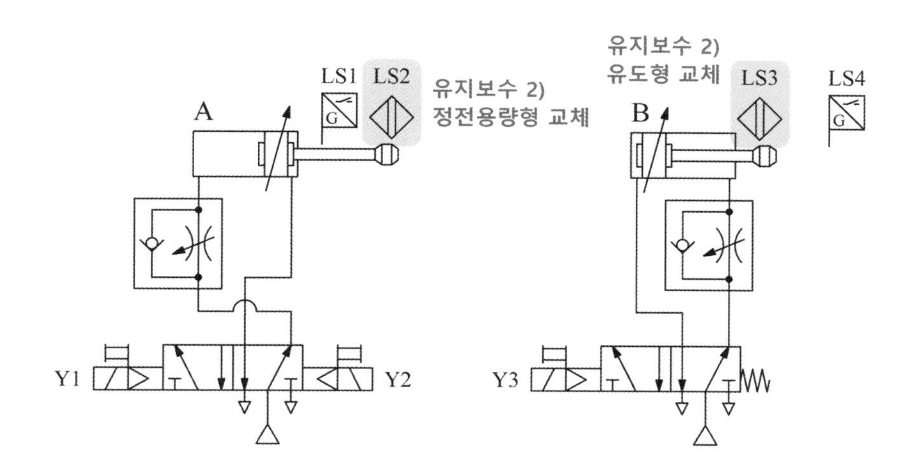

○ 전기회로도 변경

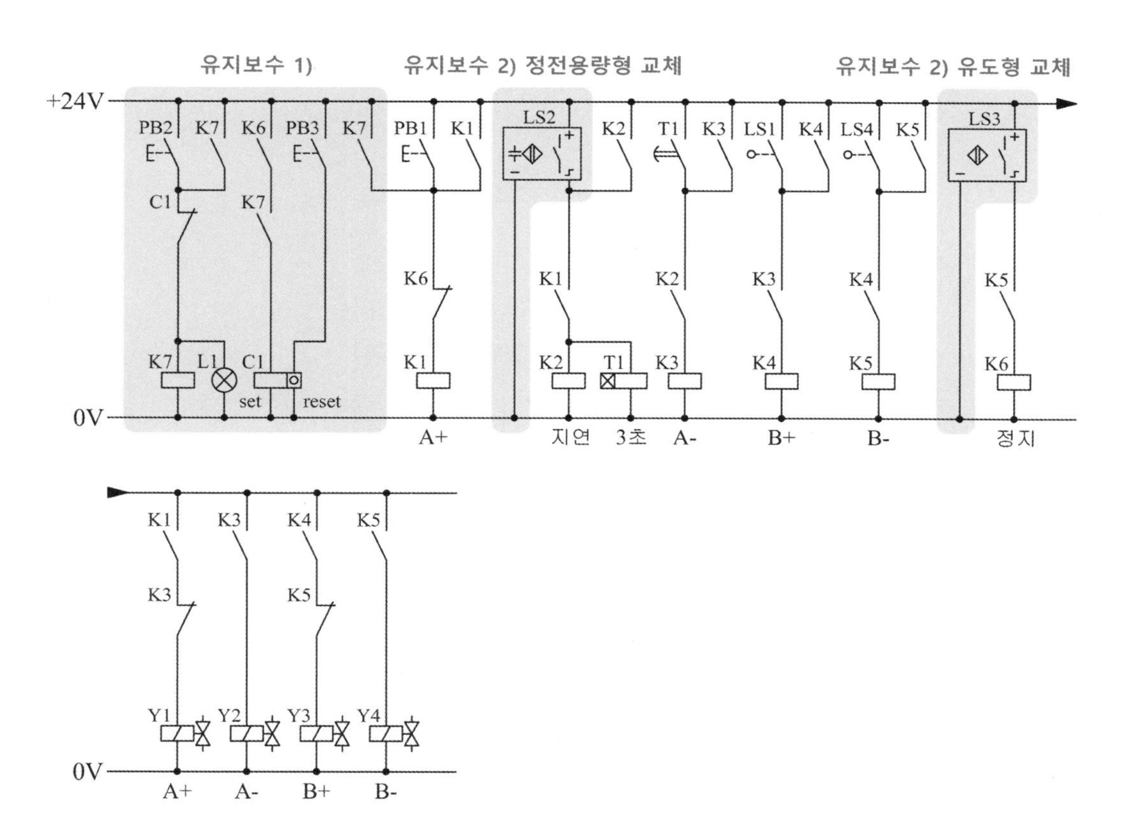

[공개 4번]

자격 종목	설비보전산업기사	과제명	유압 시스템 설계 및 구성

3. 도면

가. 유압 회로도

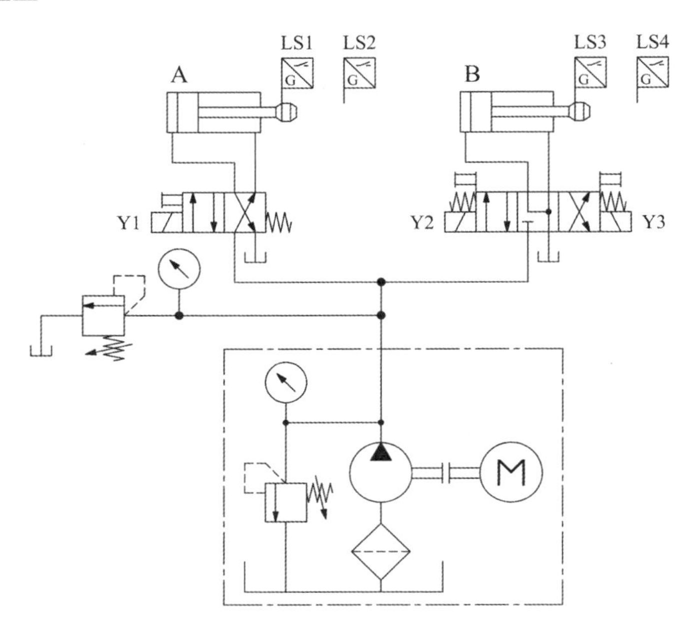

나. 변위단계선도

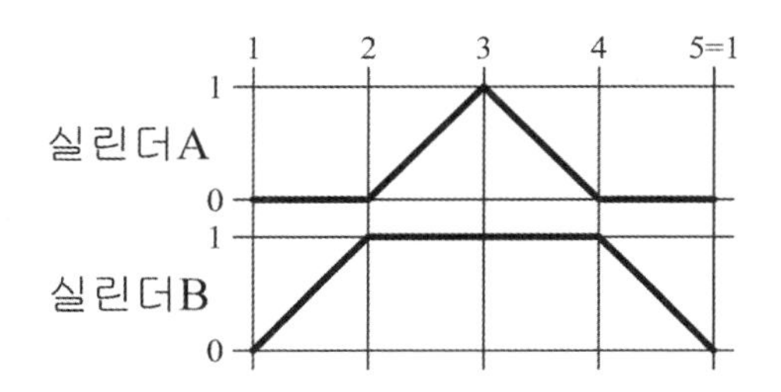

다. 유지 보수 계획

1) 실린더 A 전진 시 일방향 유량 조절 밸브를 사용하여 미터인 회로를 구성하고, 실린더 로드 측에 카운터 밸런스 밸브와 압력계를 사용하여 자중 낙하 방지 회로를 구성하시오.
 (단, 속도는 약 50% 정도로, 압력은 3±0.5MPa이 되도록 설정하시오.)
2) 실린더 B의 압력 라인(P)에 감압 밸브와 압력계를 설치하여 유압 회로도를 변경하고, 2차 측의 압력이 2±0.5MPa이 되도록 조정하시오.
3) 유압유의 역류를 방지하기 위해 파워 유닛의 토출구에 체크 밸브를 추가하여 구성하시오.

4. 기본 동작 전기회로도 설계

○ 기본 동작 신호 분석

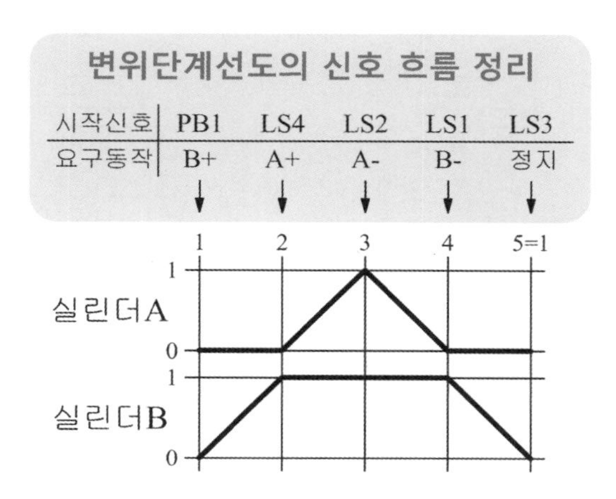

○ 기본 동작 전기회로도 설계

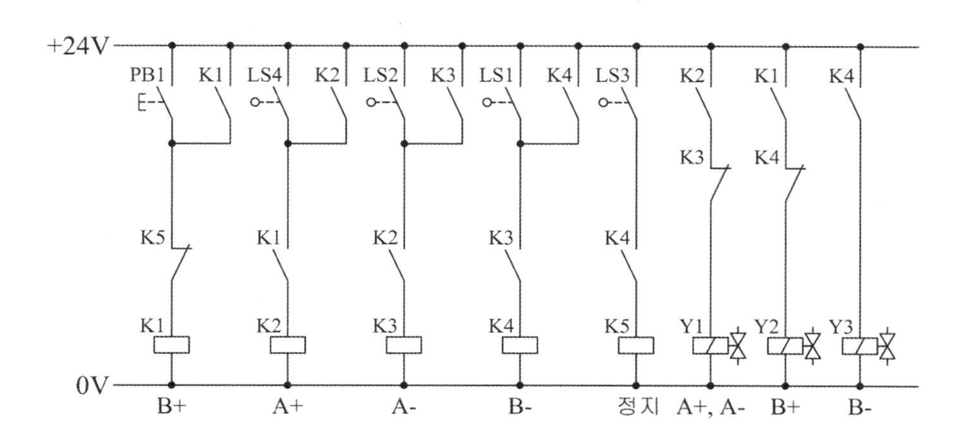

5. 유지 보수 계획

○ 유압 회로도 변경

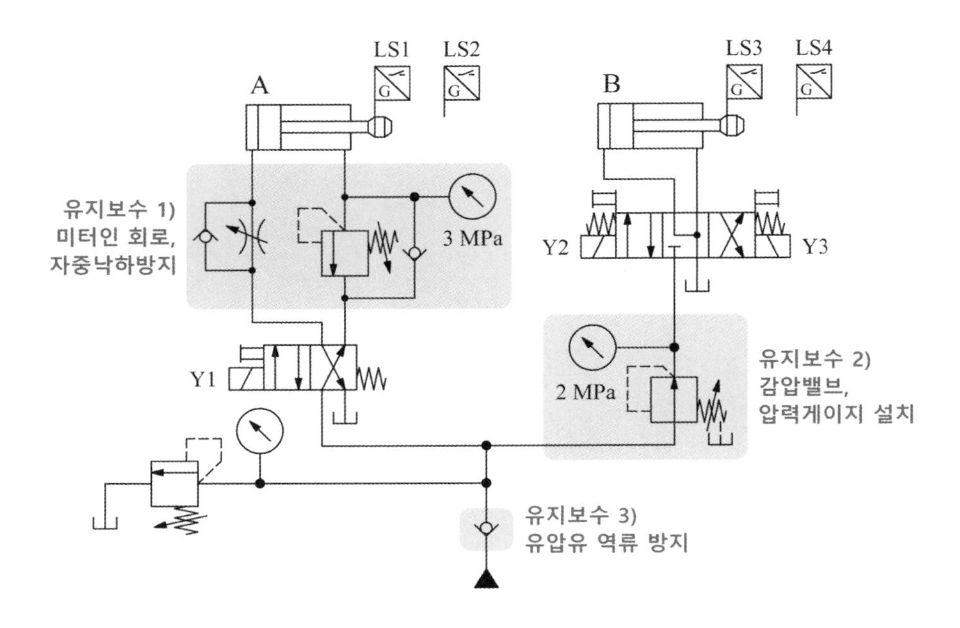

○ 전기회로도 변경

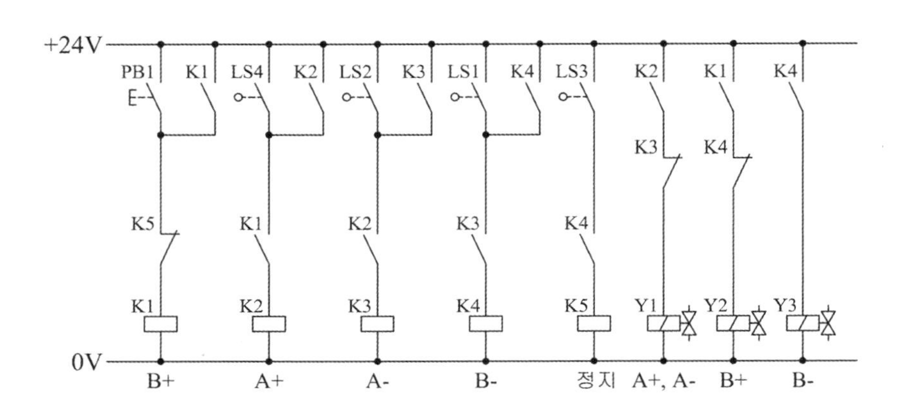

[공개 5번]

자격 종목	설비보전산업기사	과제명	공기압 시스템 설계 및 구성

3. 도면

가. 공기압 회로도

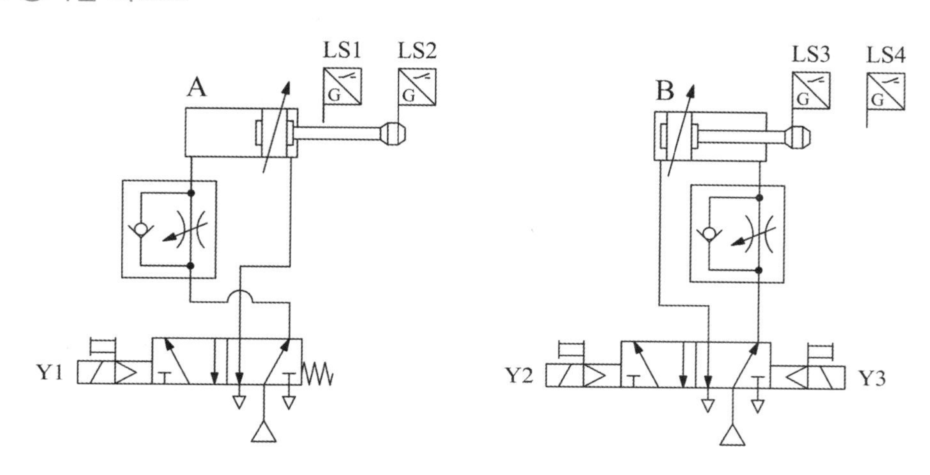

나. 변위단계선도

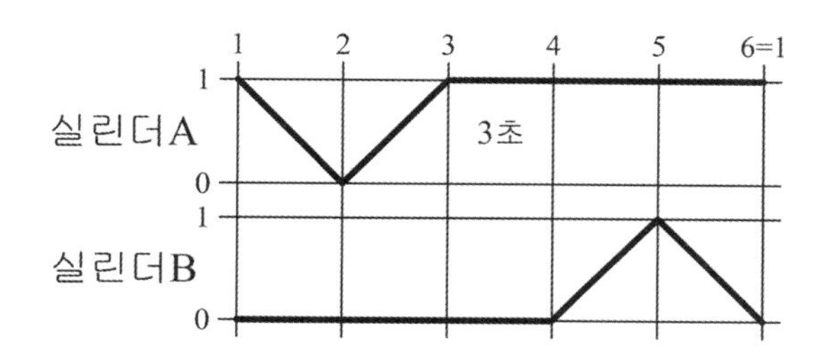

다. 유지 보수 계획

1) 연속 스위치(PB2), 카운터 리셋스위치(PB3), 램프를 추가하여 다음과 같이 동작하도록 회로를 변경하시오.
   ① PB2를 1회 ON-OFF 하면, 기본 동작을 3회 연속 동작한 후 정지합니다.
   ② PB3를 1회 ON-OFF 하면, 카운터가 리셋됩니다.
   ③ 카운터 리셋 후 PB2를 1회 ON-OFF 하면, 연속 동작이 재동작합니다.
   ④ 연속 동작을 수행하는 동안 램프1이 점등되고, 동작 완료 후 소등됩니다.
2) 실린더 A의 방향 제어 밸브를 양측 솔레노이드 밸브로 교체한 후 변위단계선도와 같은 동작을 수행할 수 있도록 회로를 변경하시오.

4. 기본 동작 전기회로도 설계

○ 기본 동작 신호 분석

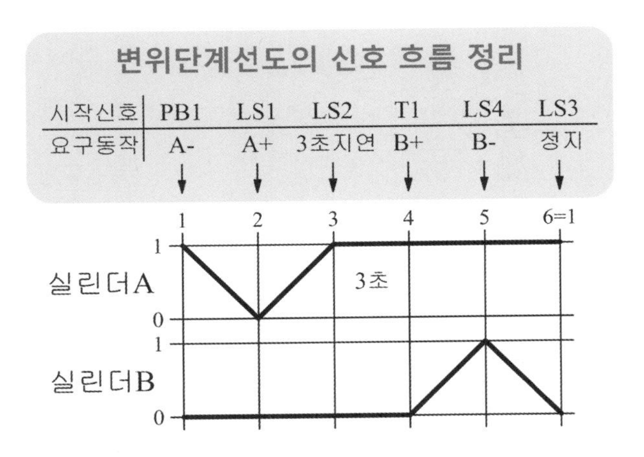

○ 기본 동작 전기회로도 설계

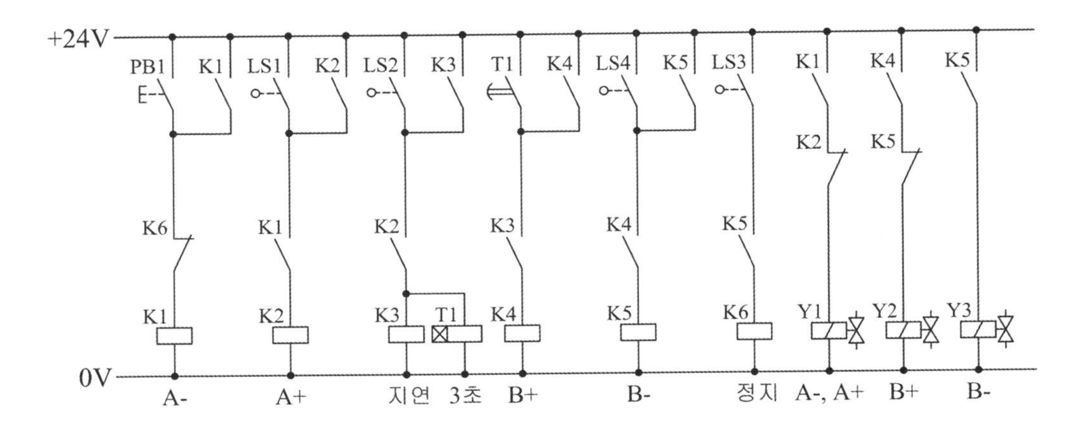

5. 유지 보수 계획

○ 공기압 회로도 변경

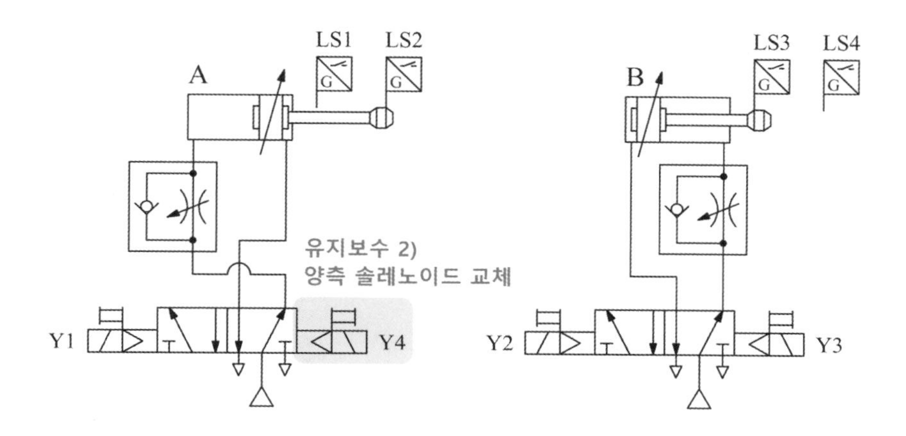

○ 전기회로도 변경

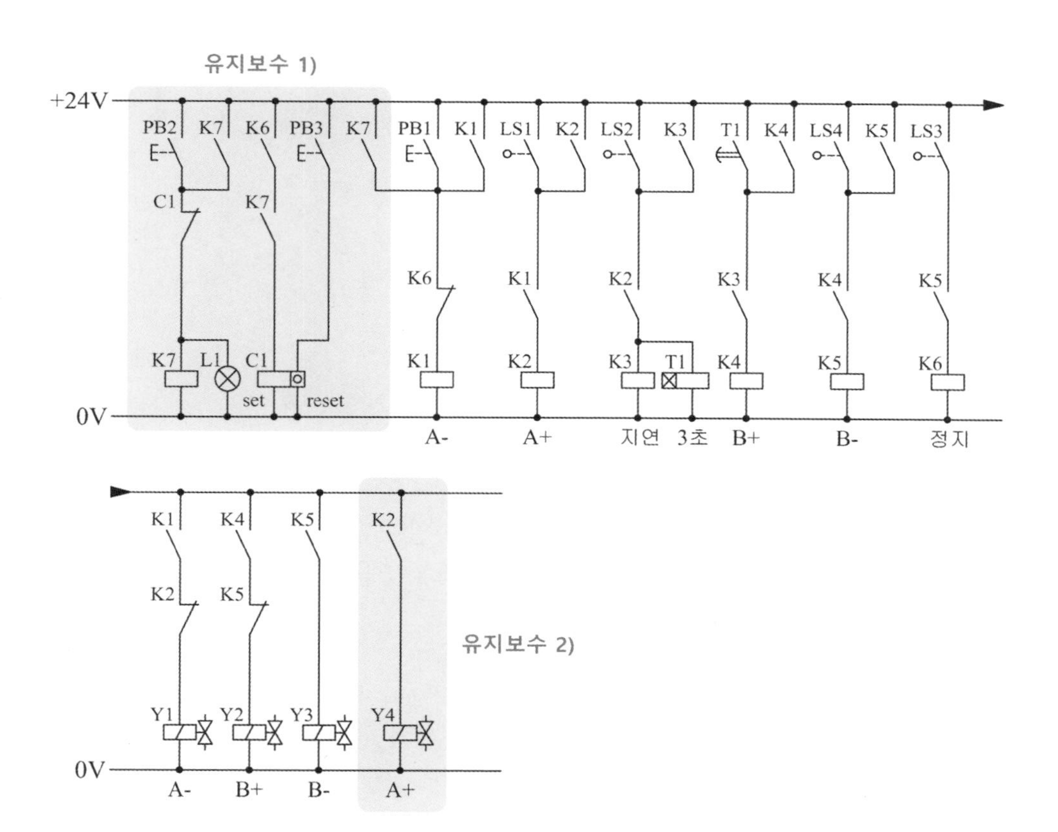

[공개 5번]

자격 종목	설비보전산업기사	과제명	유압 시스템 설계 및 구성

3. 도면

가. 유압 회로도

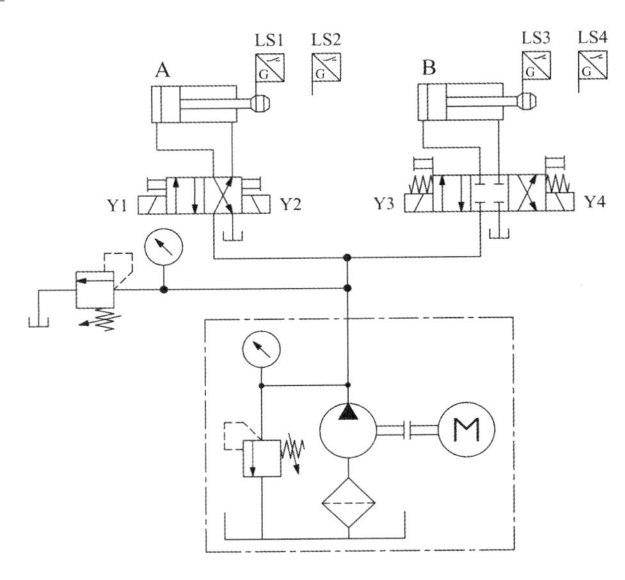

나. 변위단계선도

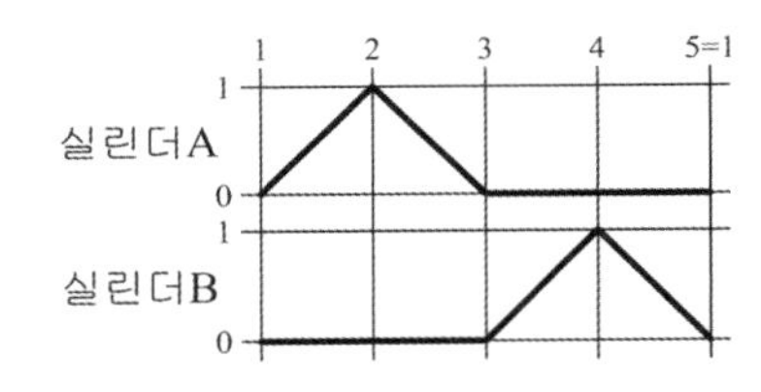

다. 유지 보수 계획

1) 실린더 A의 전진 리밋스위치 LS2를 제거하고 압력 스위치와 압력 게이지를 설치하여 전진 완료 후 압력 스위치의 설정 압력에 도달했을 때 실린더 A가 후진하도록 회로를 변경하시오.
   (단, 압력은 3±0.5MPa이 되도록 설정하시오.)
2) 실린더 B의 압력 라인(P)에 감압 밸브와 압력계를 설치하여 유압 회로도를 변경하고, 2차 측의 압력이 2±0.5MPa이 되도록 조정하시오.
3) 실린더 A, B의 전진 속도를 조절하기 위하여 일방향 유량 조절 밸브를 사용하여 미터인 방식으로 회로를 구성하시오.
   (단, 속도는 약 50% 정도가 되도록 설정하시오.)

4. 기본 동작 전기회로도 설계

○ 기본 동작 신호 분석

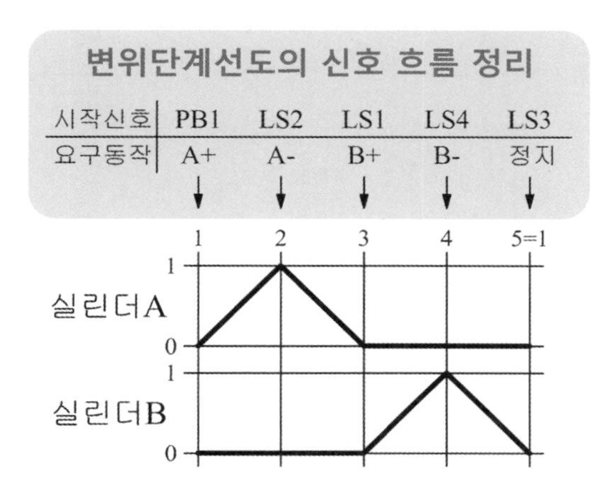

○ 기본 동작 전기회로도 설계

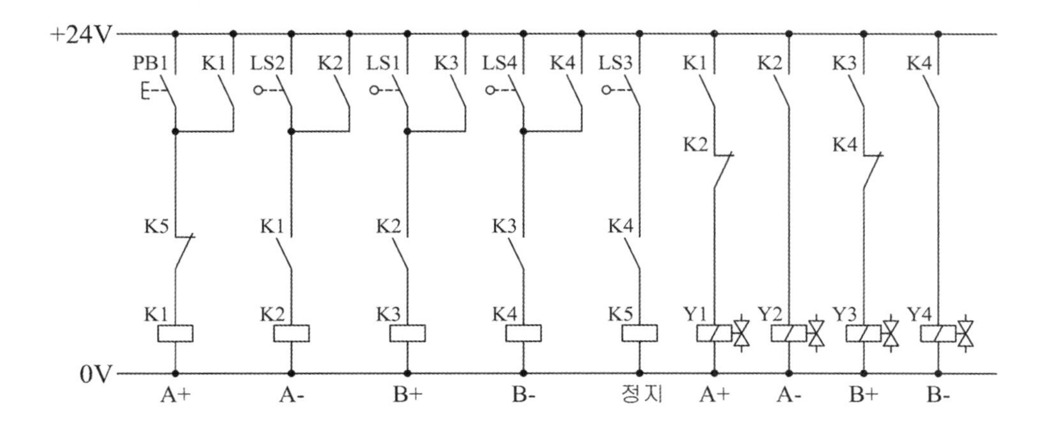

5. 유지 보수 계획

○ 유압 회로도 변경

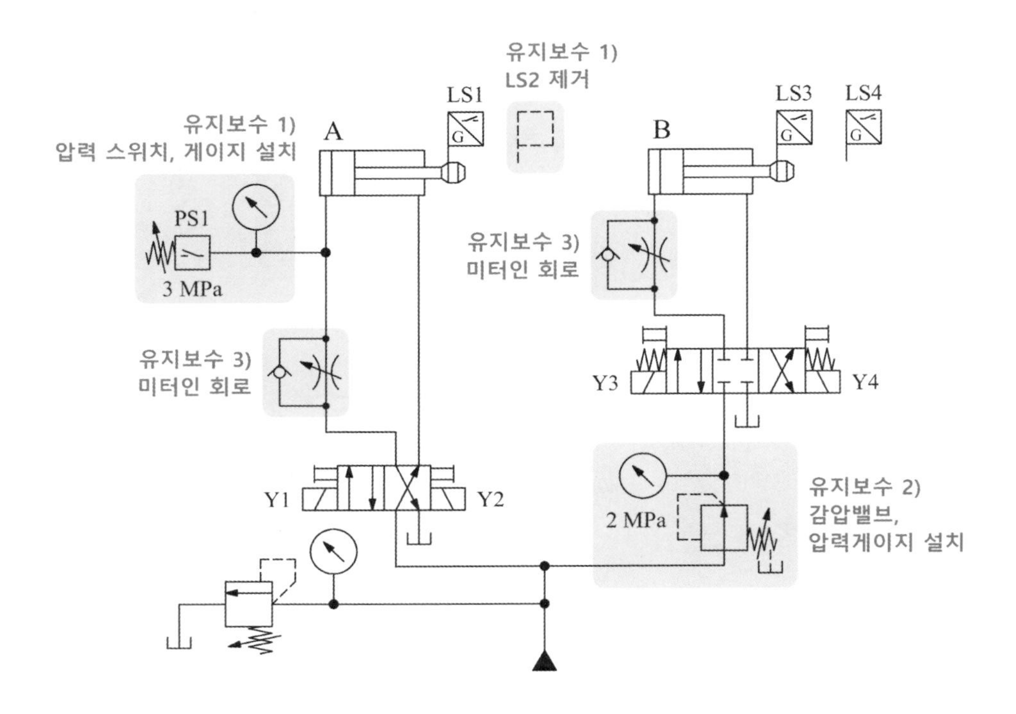

○ 전기회로도 변경

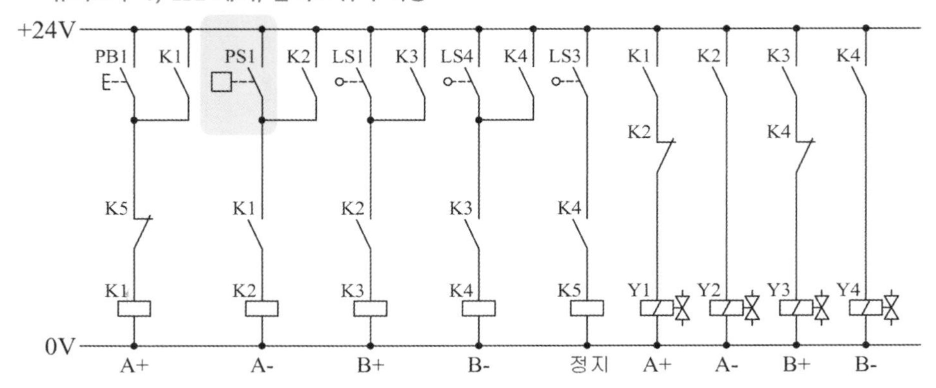

[공개 6번]

자격 종목	설비보전산업기사	과제명	공기압 시스템 설계 및 구성

3. 도면

가. 공기압 회로도

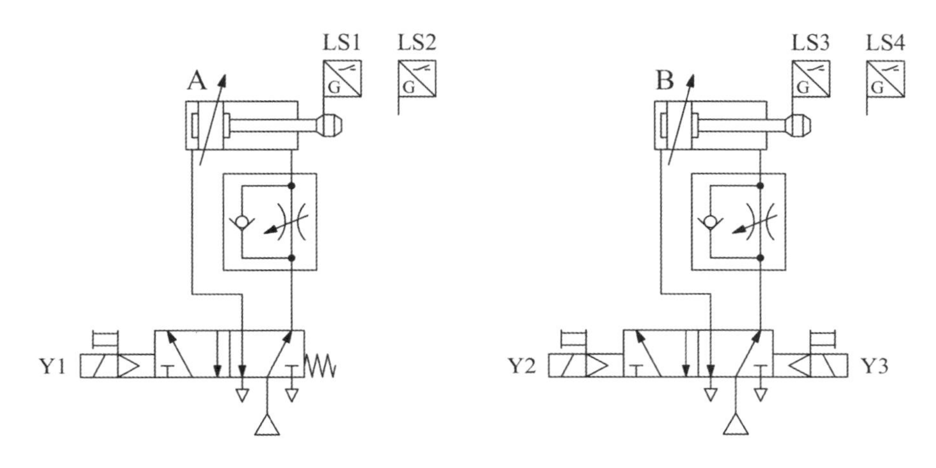

나. 변위단계선도

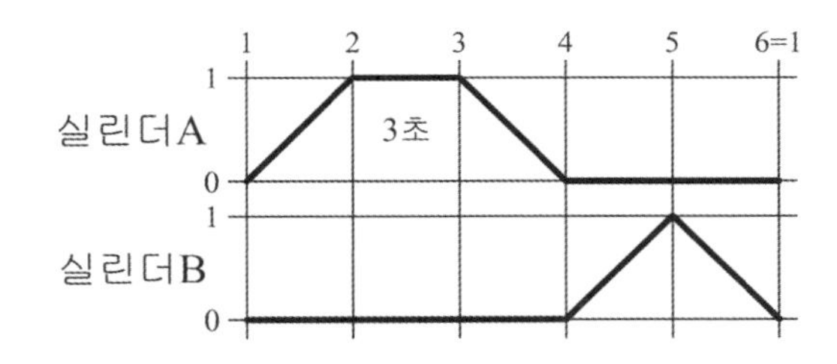

다. 유지 보수 계획

1) 연속 스위치(PB2), 비상 정지 스위치(유지형 스위치 사용 가능), 램프를 추가하여 다음과 같이 동작하도록 회로를 변경하시오.
   ① PB2를 1회 ON-OFF 하면, 기본 동작이 연속적으로 동작합니다.
   ② 연속 동작 중 비상 정지 스위치를 ON 하면, 모든 실린더는 후진하며 램프가 점등됩니다.
   ③ 비상 정지 스위치를 OFF 하면, 램프는 소등되고 시스템은 초기화됩니다.
   ④ 초기화 후 PB2를 1회 ON-OFF 하면, 연속 동작이 재동작합니다.
2) 실린더 A의 방향 제어 밸브를 양측 솔레노이드 밸브로 교체한 후 변위단계선도와 같은 동작을 수행할 수 있도록 회로를 변경하시오.

4. 기본 동작 전기회로도 설계

○ 기본 동작 신호 분석

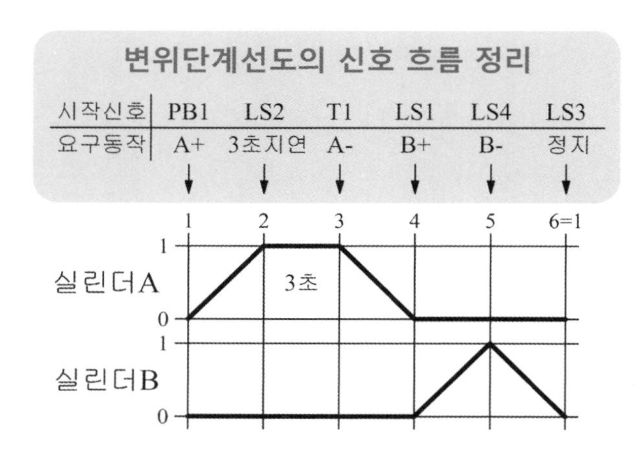

○ 기본 동작 전기회로도 설계

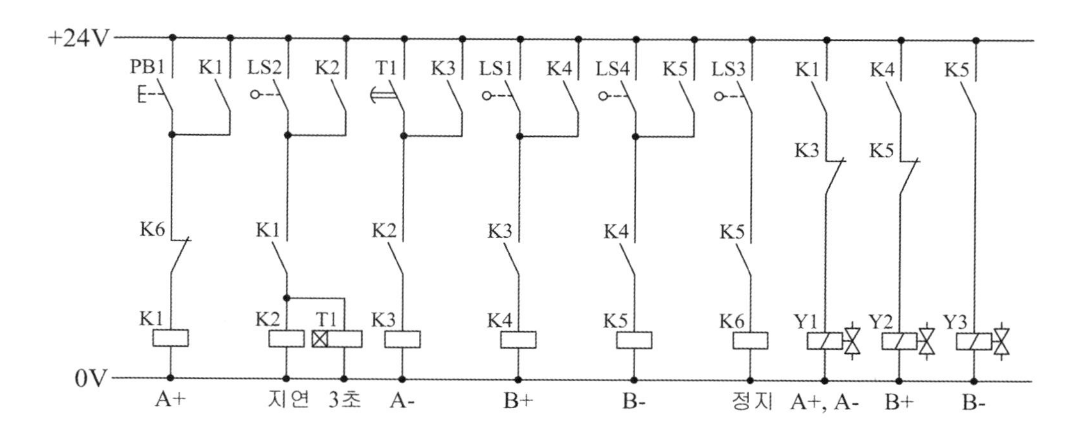

5. 유지 보수 계획

○ 공기압 회로도 변경

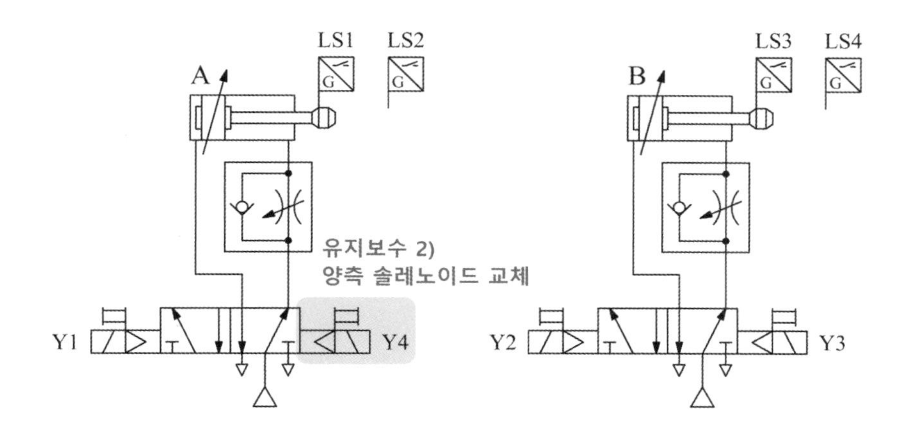

○ 전기회로도 변경

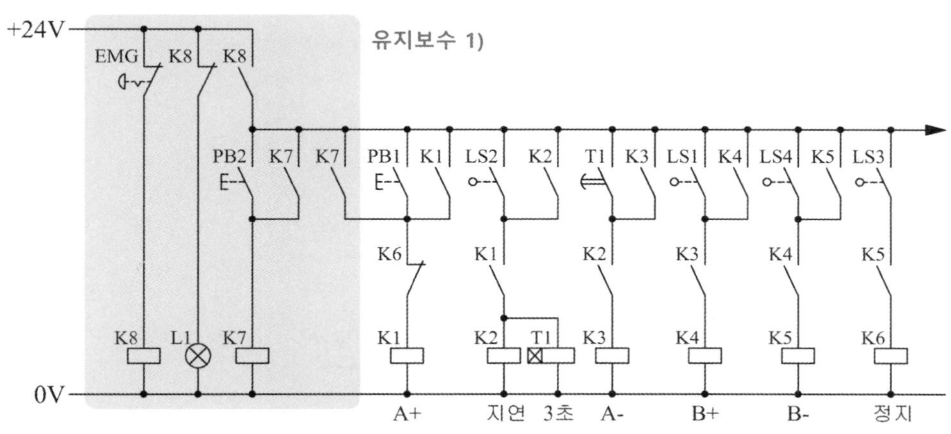

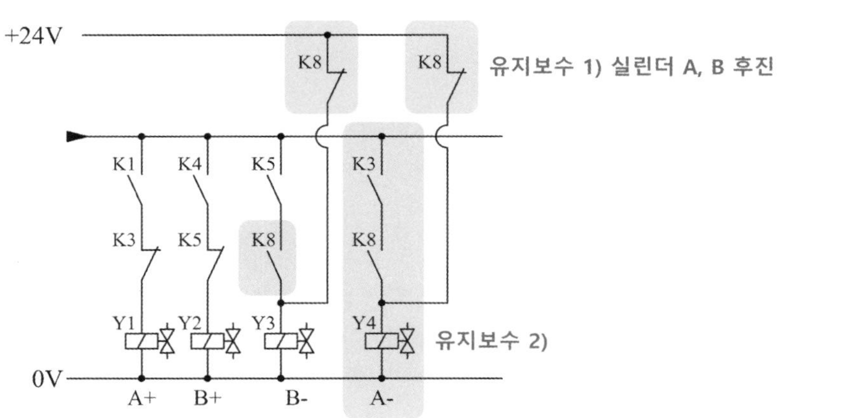

[공개 6번]

자격 종목	설비보전산업기사	과제명	유압 시스템 설계 및 구성

3. 도면

가. 유압 회로도

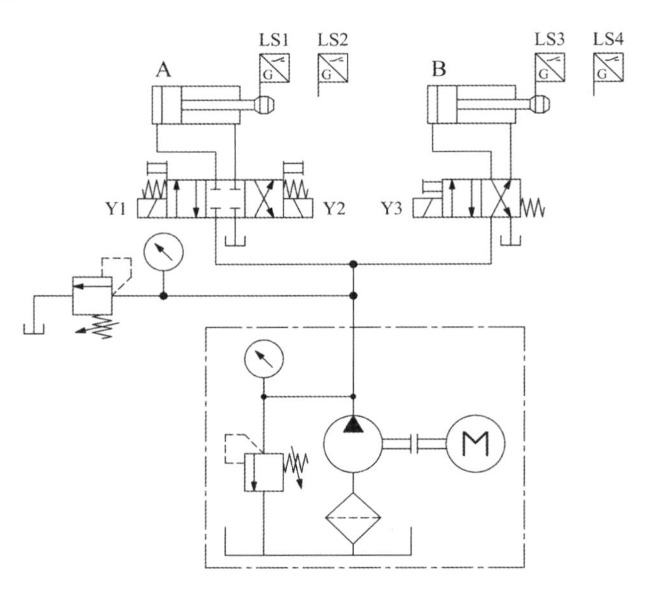

나. 변위단계선도

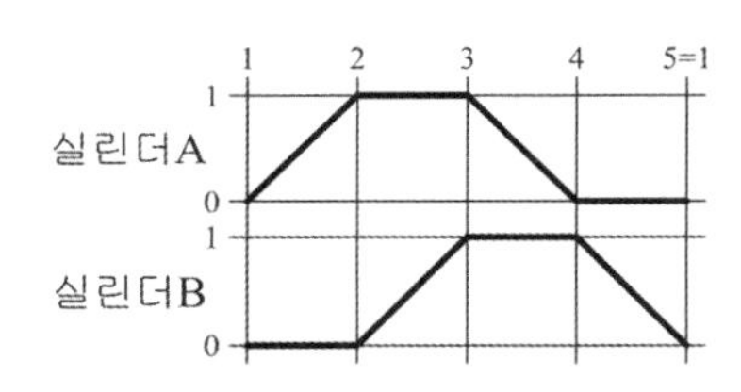

다. 유지 보수 계획

1) 실린더 A의 전진 리밋스위치 LS2를 제거하고 압력 스위치와 압력 게이지를 설치하여 전진 완료 후 압력 스위치의 설정 압력에 도달했을 때 실린더 B가 전진하도록 회로를 변경하시오.
(단, 압력은 3±0.5MPa이 되도록 설정하시오.)
2) 실린더 B의 압력 라인(P)에 감압 밸브와 압력계를 설치하여 유압 회로도를 변경하고, 2차 측의 압력이 2±0.5MPa이 되도록 조정하시오.
3) 실린더 A, B의 전진 속도를 조절하기 위하여 일방향 유량 조절 밸브를 사용하여 미터인 방식으로 회로를 구성하시오.
(단, 속도는 약 50% 정도가 되도록 설정하시오.)

4. 기본 동작 전기회로도 설계

○ 기본 동작 신호 분석

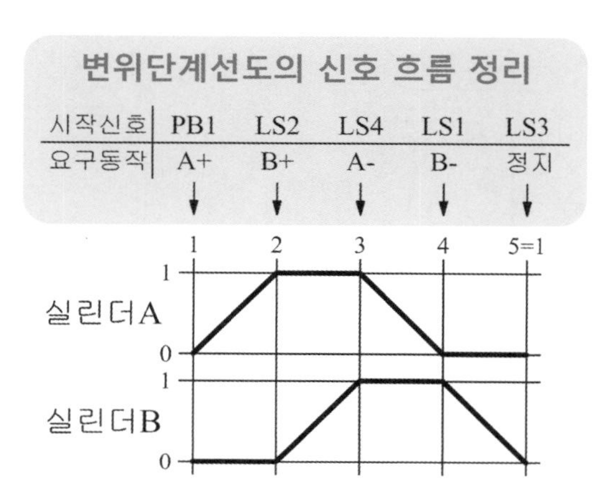

○ 기본 동작 전기회로도 설계

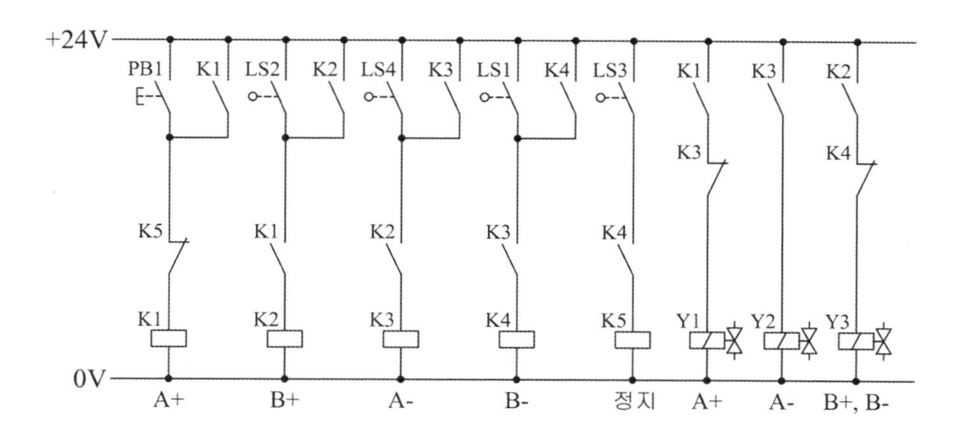

5. 유지 보수 계획

○ 유압 회로도 변경

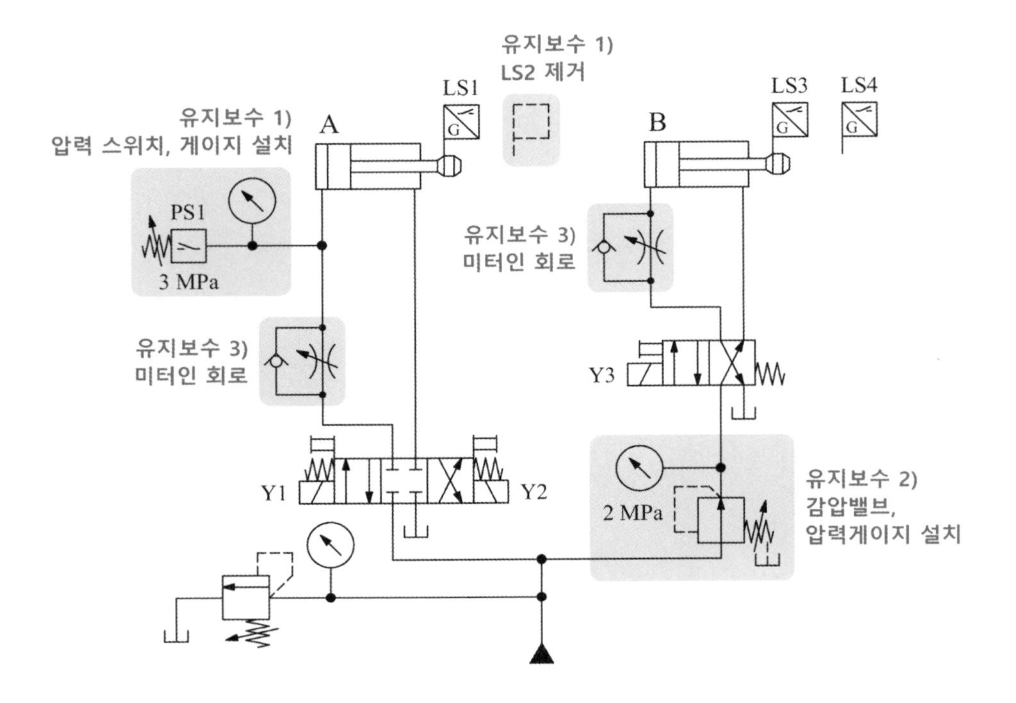

○ 전기회로도 변경

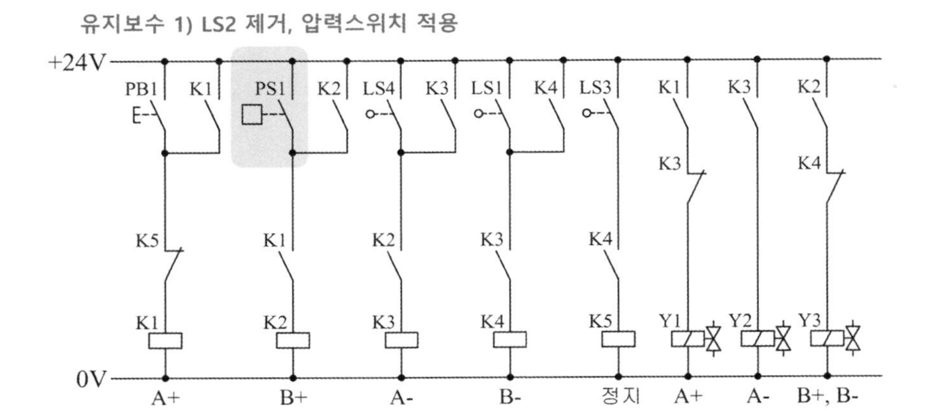

[공개 7번]

자격 종목	설비보전산업기사	과제명	공기압 시스템 설계 및 구성

3. 도면

가. 공기압 회로도

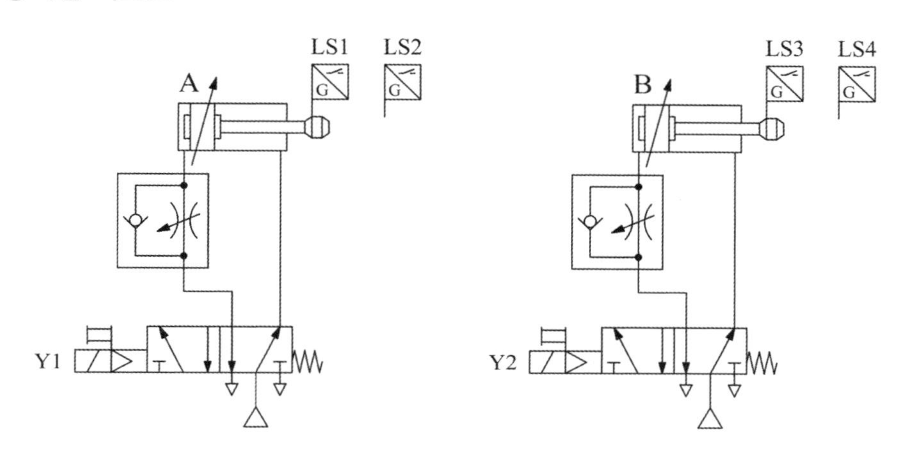

나. 변위단계선도

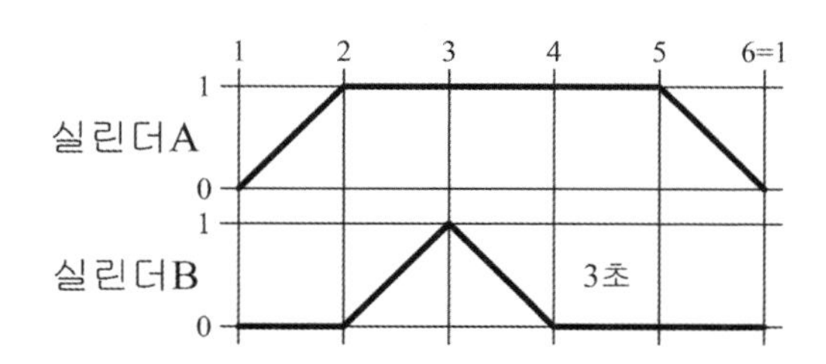

다. 유지 보수 계획

1) 연속 스위치(PB2), 비상 정지 스위치(유지형 스위치 사용 가능), 램프를 추가하여 다음과 같이 동작하도록 회로를 변경하시오.
   ① PB2를 1회 ON-OFF 하면, 기본 동작이 연속적으로 동작합니다.
   ② 연속 동작 중 비상 정지 스위치를 ON 하면, 모든 실린더는 후진하며 램프가 점등됩니다.
   ③ 비상 정지 스위치를 OFF 하면, 램프는 소등되고 시스템은 초기화됩니다.
   ④ 초기화 후 PB2를 1회 ON-OFF 하면, 연속 동작이 재동작합니다.
2) 실린더 B의 방향 제어 밸브를 양측 솔레노이드 밸브로 교체한 후 변위단계선도와 같은 동작을 수행할 수 있도록 회로를 변경하시오.

4. 기본 동작 전기회로도 설계

○ 기본 동작 신호 분석

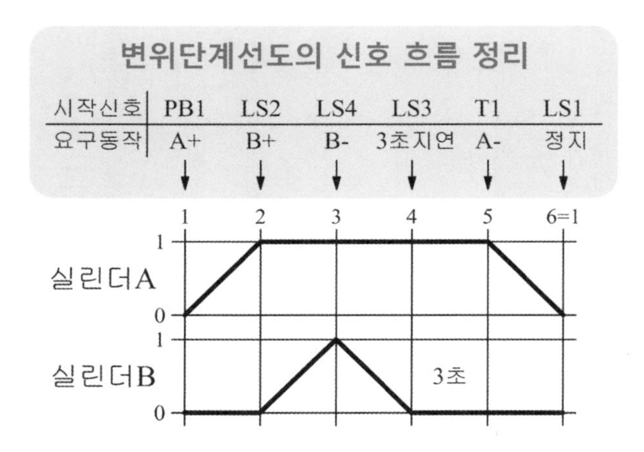

○ 기본 동작 전기회로도 설계

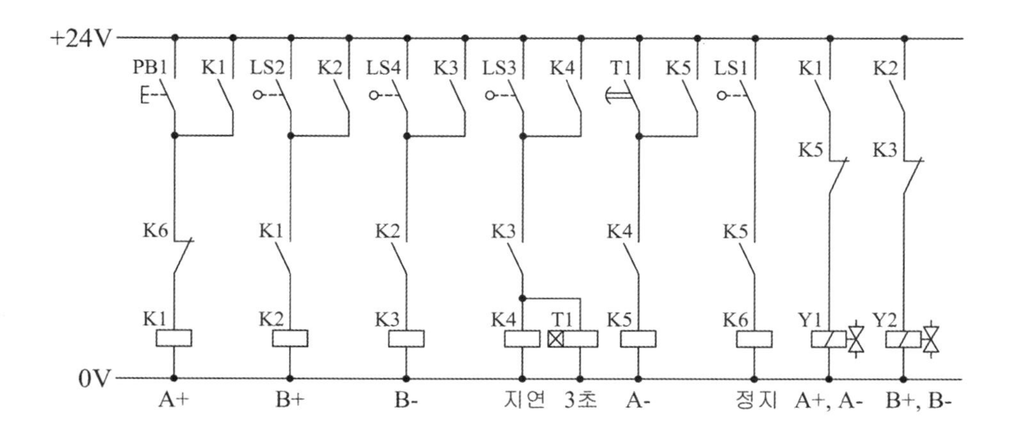

5. 유지 보수 계획

○ 공기압 회로도 변경

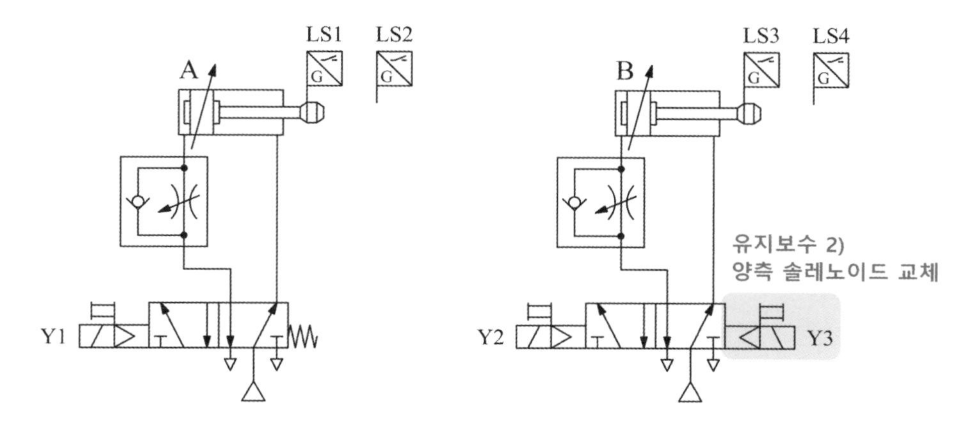

○ 전기회로도 변경

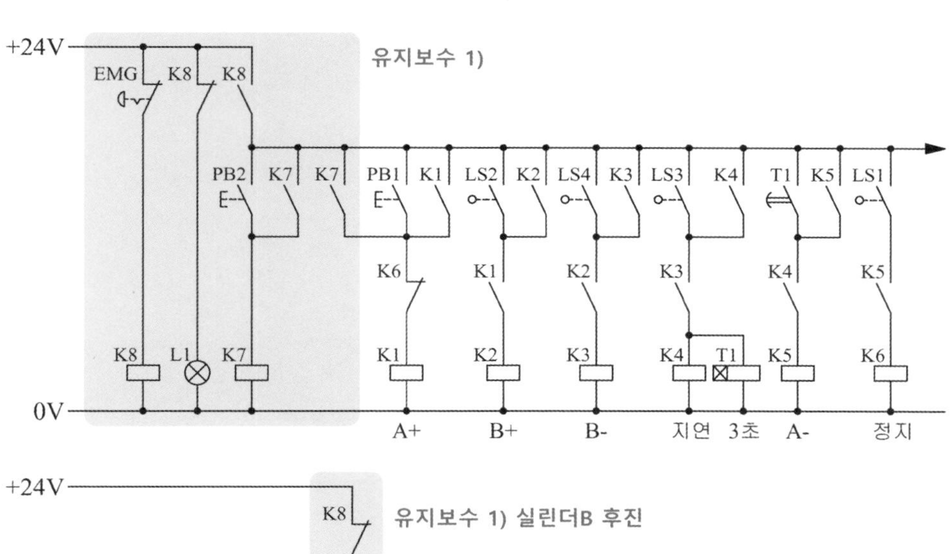

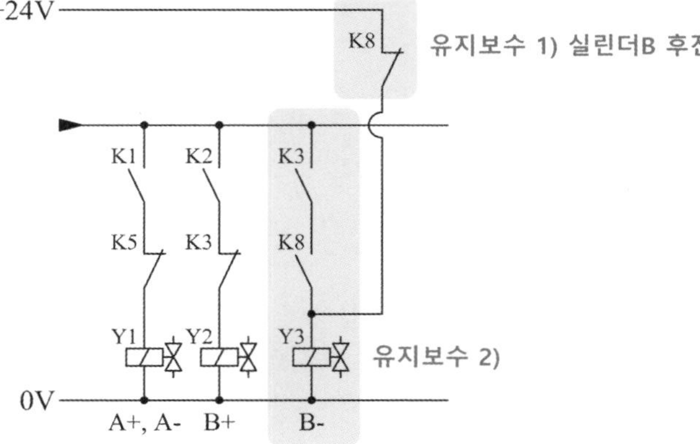

[공개 7번]

자격 종목	설비보전산업기사	과제명	유압 시스템 설계 및 구성

3. 도면

가. 유압 회로도

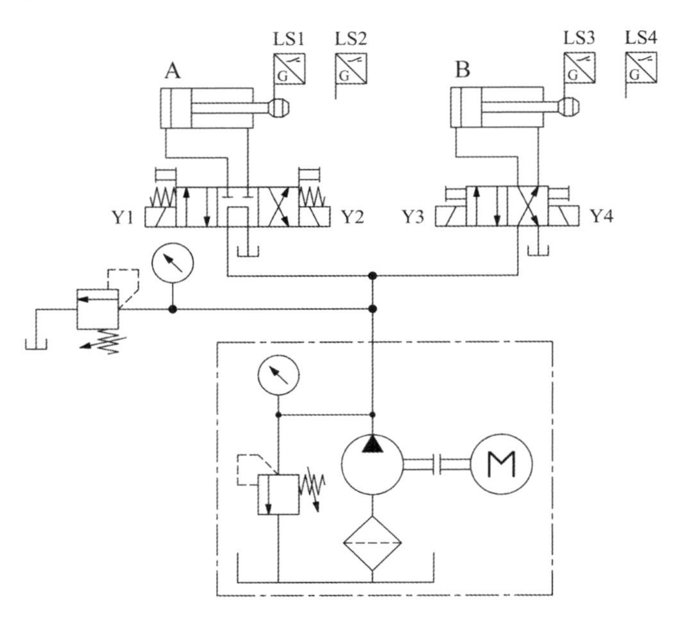

나. 변위단계선도

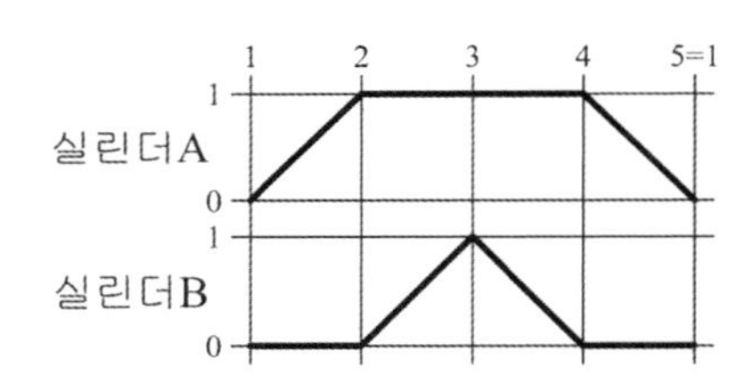

다. 유지 보수 계획

1) 실린더 B의 전진 리밋스위치 LS4를 제거하고 압력 스위치와 압력 게이지를 설치하여 전진 완료 후 압력 스위치의 설정 압력에 도달했을 때 실린더 B가 후진하도록 회로를 변경하시오.
 (단, 압력은 3±0.5MPa이 되도록 설정하시오.)
2) 실린더 A의 방향 제어 밸브를 4포트 3위치 A-B-T 접속형 밸브로 교체하고, 로드 측에 파일럿 조작 체크 밸브를 사용하여 로킹 회로가 되도록 변경하시오.
3) 실린더 B의 전·후진 속도가 제어되도록 공급 라인에 양방향 유량 조절 밸브를 사용하여 회로를 구성하시오.
 (단, 속도는 약 50% 정도가 되도록 설정하시오.)

4. 기본 동작 전기회로도 설계

○ 기본 동작 신호 분석

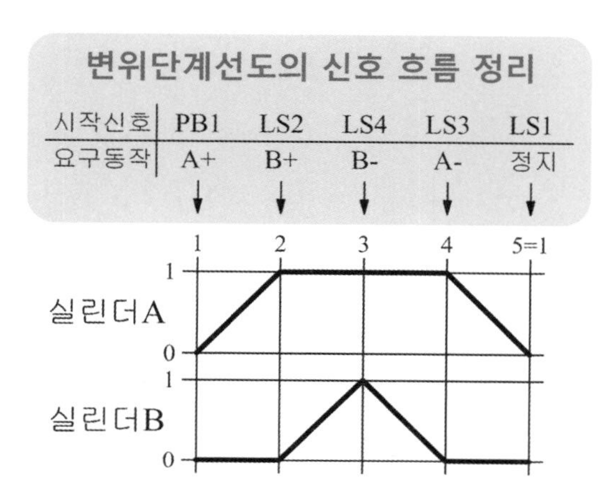

○ 기본 동작 전기회로도 설계

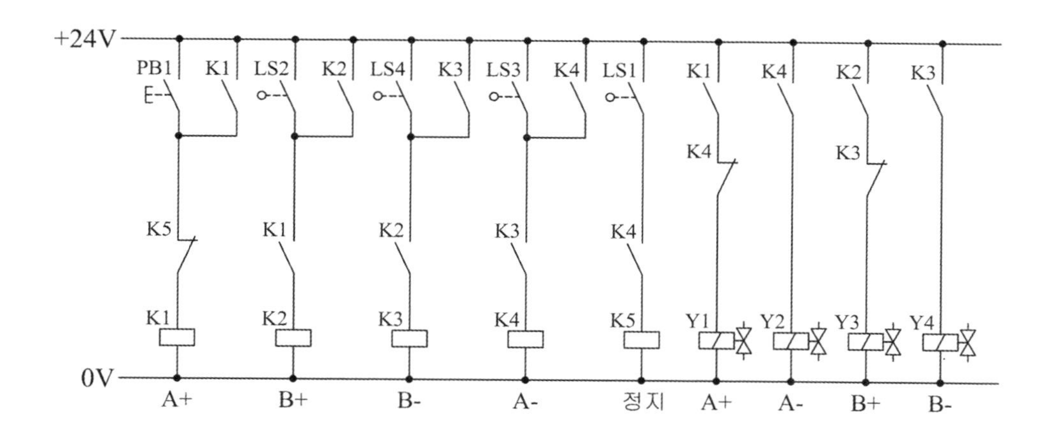

5. 유지 보수 계획

○ 유압 회로도 변경

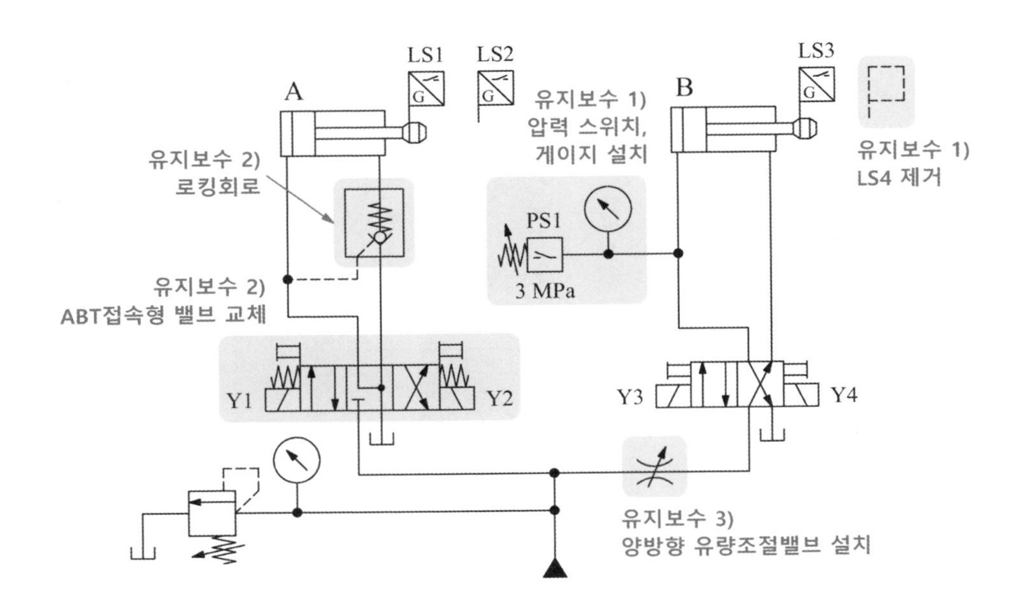

○ 전기회로도 변경

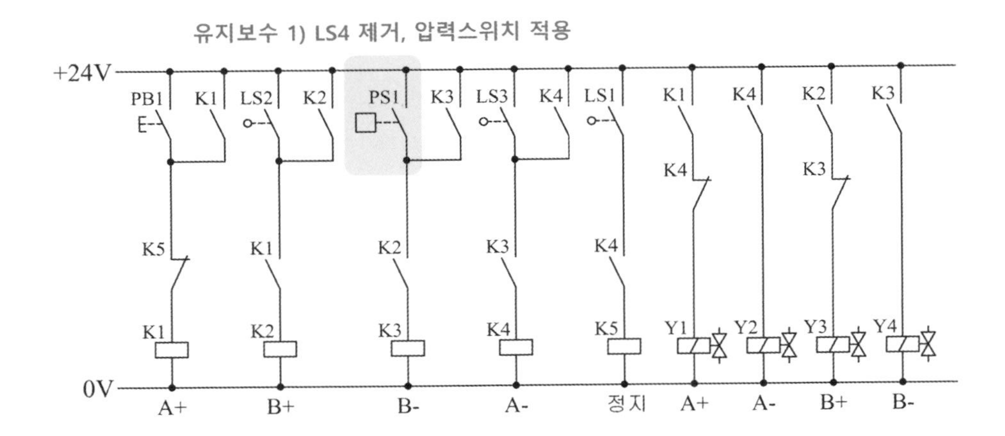

[공개 8번]

자격 종목	설비보전산업기사	과제명	공기압 시스템 설계 및 구성

3. 도면

가. 공기압 회로도

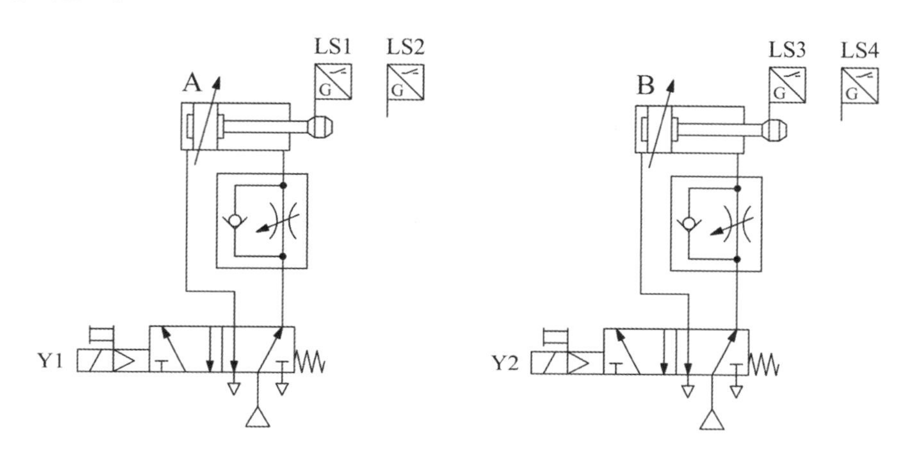

나. 변위단계선도

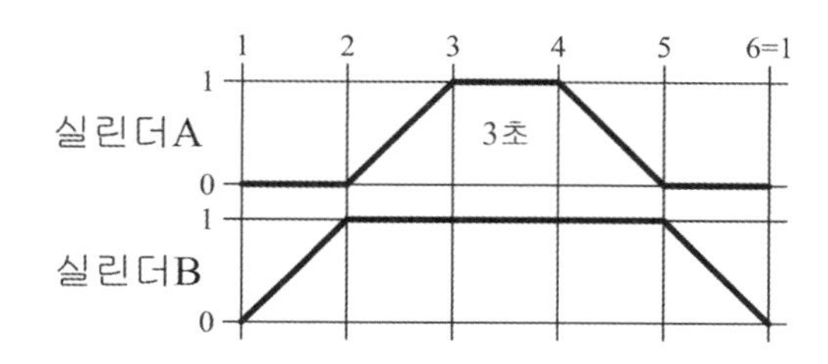

다. 유지 보수 계획

1) 연속 스위치(PB2), 비상 정지 스위치(유지형 스위치 사용 가능), 램프를 추가하여 다음과 같이 동작하도록 회로를 변경하시오.
   ① PB2를 1회 ON-OFF 하면, 기본 동작이 연속적으로 동작합니다.
   ② 연속 동작 중 비상 정지 스위치를 ON 하면, 모든 실린더는 후진하며 램프가 점등됩니다.
   ③ 비상 정지 스위치를 OFF 하면, 램프는 소등되고 시스템은 초기화됩니다.
   ④ 초기화 후 PB2를 1회 ON-OFF 하면, 연속 동작이 재동작합니다.
2) 실린더 B의 방향 제어 밸브를 양측 솔레노이드 밸브로 교체한 후 변위단계선도와 같은 동작을 수행할 수 있도록 회로를 변경하시오.

4. 기본 동작 전기회로도 설계

○ 기본 동작 신호 분석

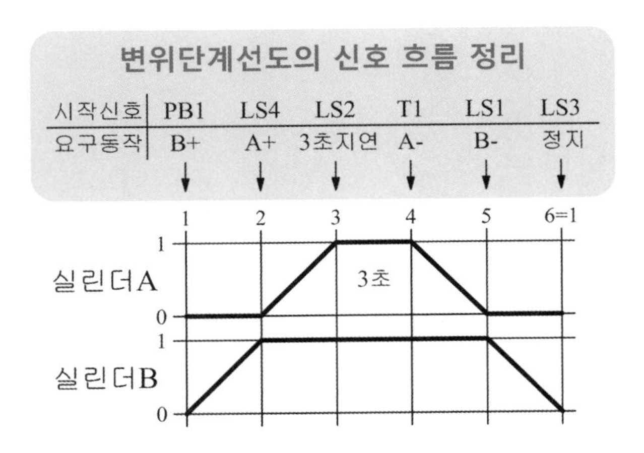

○ 기본 동작 전기회로도 설계

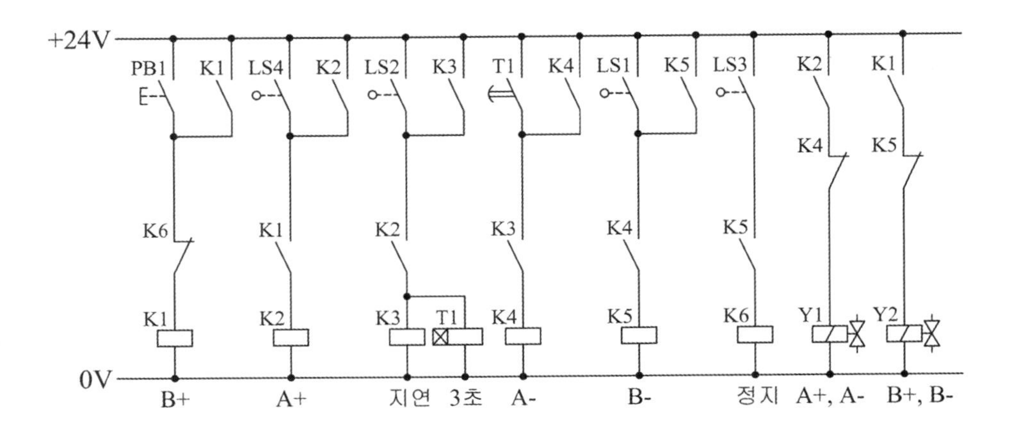

5. 유지 보수 계획

○ 공기압 회로도 변경

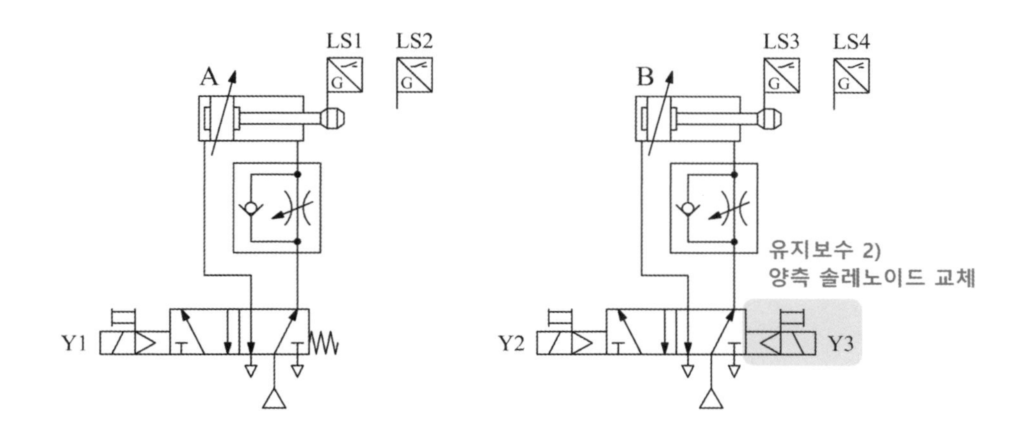

○ 전기회로도 변경

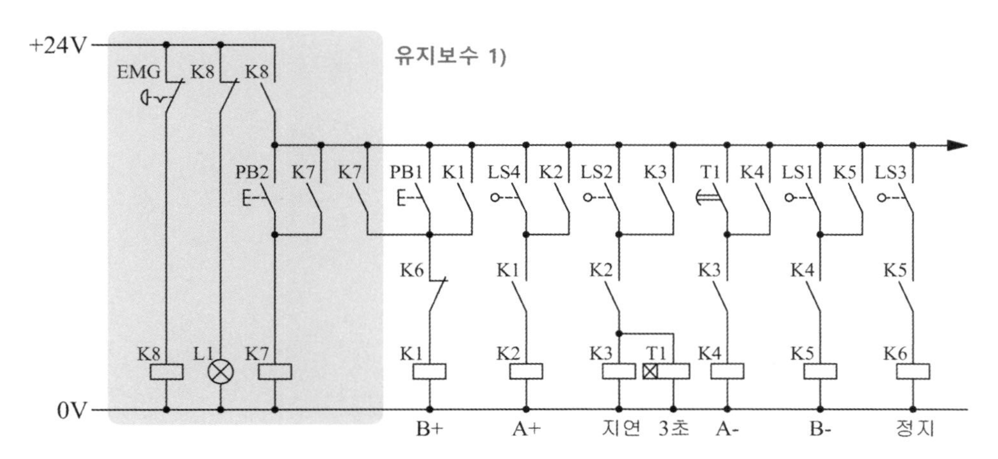

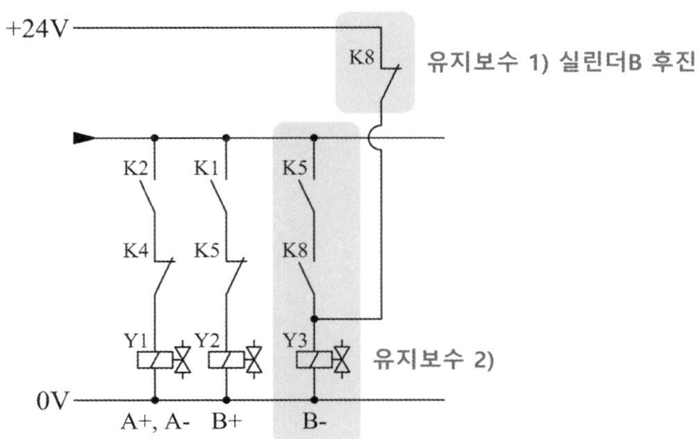

[공개 8번]

자격 종목	설비보전산업기사	과제명	유압 시스템 설계 및 구성

3. 도면

가. 유압 회로도

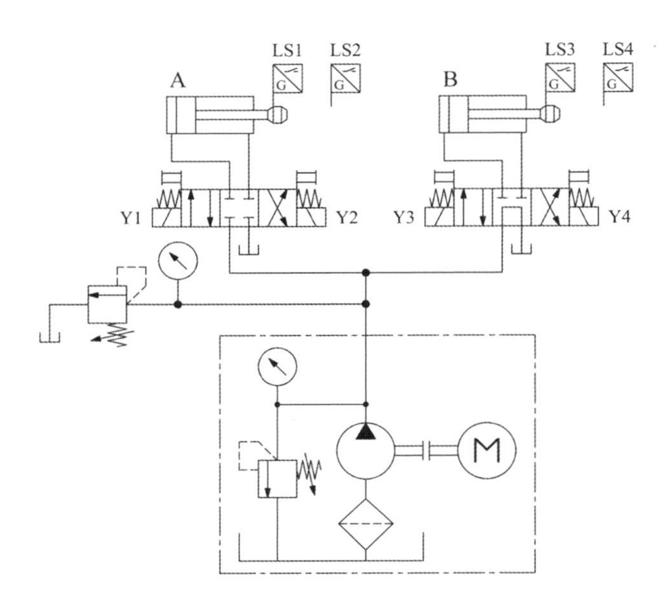

나. 변위단계선도

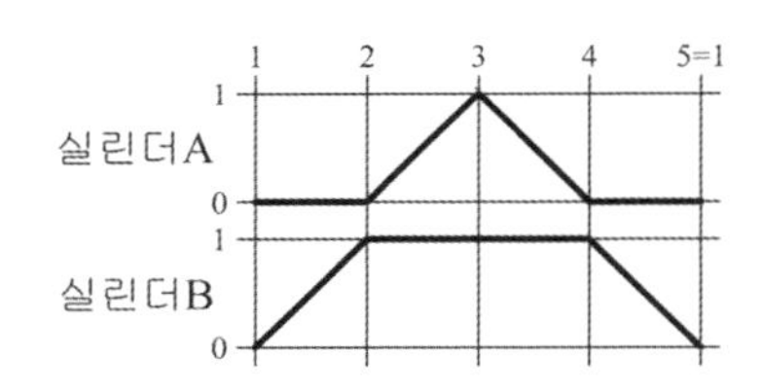

다. 유지 보수 계획

1) 실린더 A의 전진 리밋스위치 LS2를 제거하고 압력 스위치와 압력 게이지를 설치하여 전진 완료 후 압력 스위치의 설정 압력에 도달했을 때 실린더 A가 후진하도록 회로를 변경하시오.
 (단, 압력은 3±0.5MPa이 되도록 설정하시오.)
2) 실린더 B의 방향 제어 밸브를 4 포트 3 위치 A-B-T 접속형 밸브로 교체하고, 로드측에 파일럿 조작 체크 밸브를 사용하여 로킹 회로가 되도록 변경하시오.
3) 실린더 A의 전·후진 속도가 제어되도록 공급 라인에 양방향 유량 조절 밸브를 사용하여 회로를 구성하시오.
 (단, 속도는 약 50% 정도가 되도록 설정하시오.)

4. 기본 동작 전기회로도 설계

○ 기본 동작 신호 분석

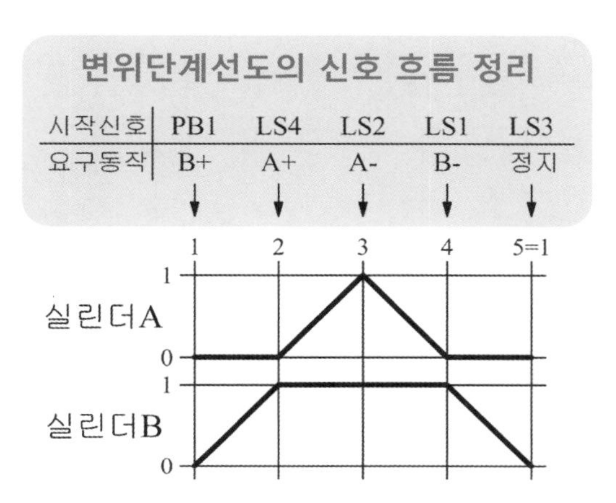

○ 기본 동작 전기회로도 설계

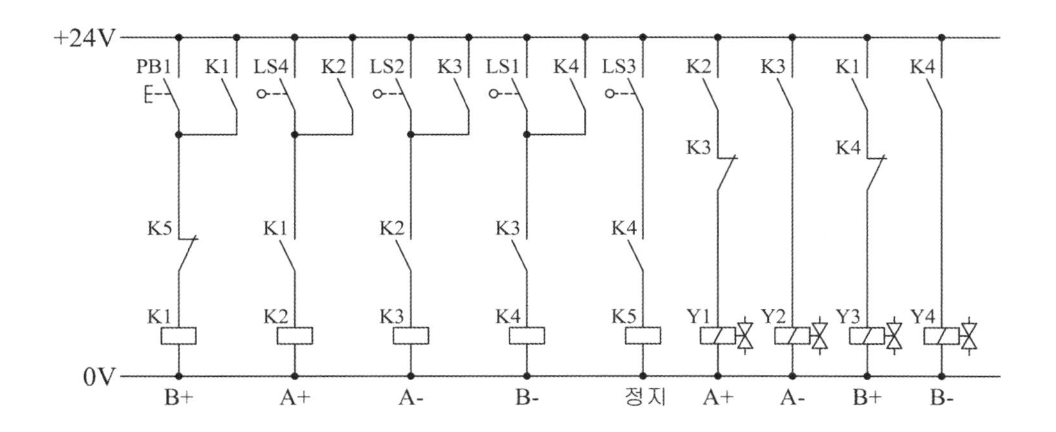

5. 유지 보수 계획

○ 유압 회로도 변경

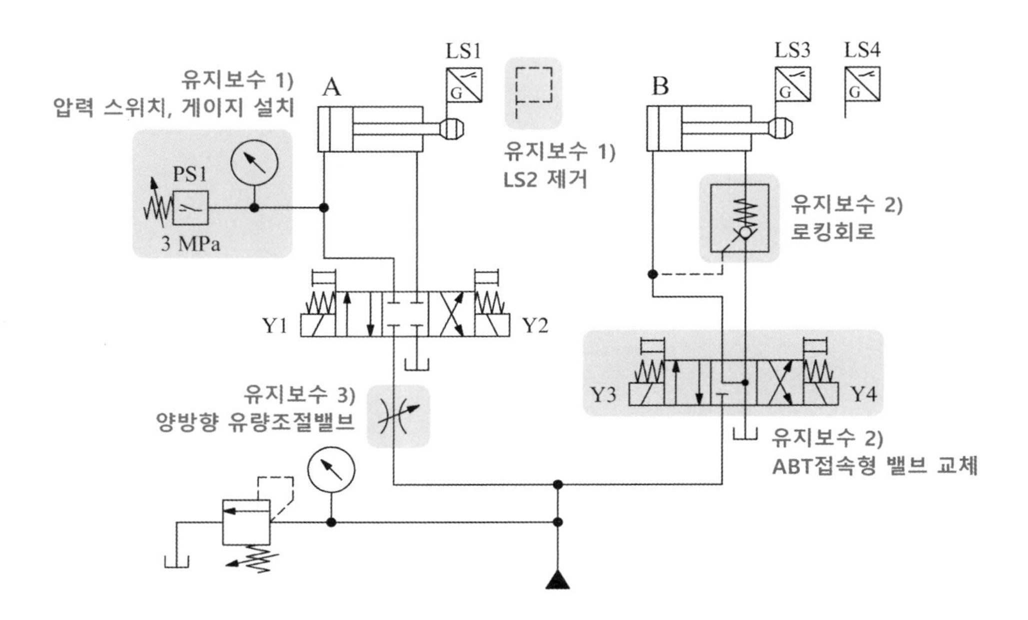

○ 전기회로도 변경

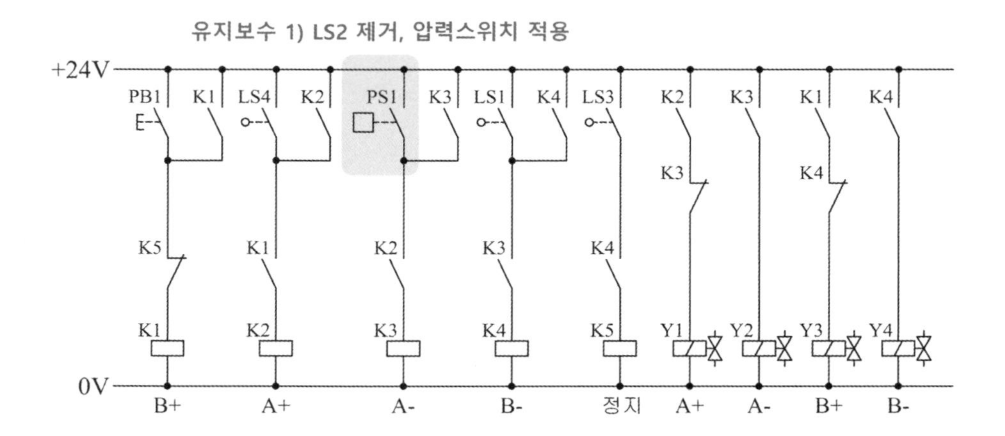

설비보전기사 실기 공개 문제

[공개]

자격 종목	설비보전기사	과제명	공기압 시스템 진단 및 구성

※ 시험 시간: [제1과제] 1시간

1. 요구 사항

※ 지급된 재료 및 시설을 사용하여 아래 작업을 완성하시오.

※ 한 번 제출한 작품의 재작업은 허용되지 않습니다.

가. 공기압 회로도 구성

1) 공기압 회로도와 같이 기기를 선정하여 고정판에 배치하시오.
   가) 기기는 수평 또는 수직 방향으로 수험자가 임의로 배치하고, 리밋스위치는 방향성을 고려하여 설치하시오.
2) 공기압 호스를 적절한 길이로 절단 및 사용하여 기기를 연결하시오.
   가) 공기압 호스가 시스템 동작에 영향을 주지 않도록 정리하시오.
3) 작업 압력(서비스 유닛)을 0.5±0.05MPa로 설정하시오.
4) 실린더 A의 동작을 위해 S1, S2는 정전용량형 센서를 사용하고, 실린더 B의 동작을 위해 LS1, LS2는 전기 리밋스위치를 사용하시오.
5) 작업이 완료된 상태에서 압축 공기를 공급했을 때 공기 누설이 발생하지 않도록 하시오.

나. 기본 동작

1) 전기회로도 중 오류 부분을 수험자가 정정하고 PB1을 ON-OFF 하면 변위단계선도와 같이 동작되도록 시스템을 구성하고 시험감독위원에게 확인받으시오.
   (단, 주어진 전기회로도에서 릴레이의 개수가 증가되거나 감소되지 않도록 하시오.)
   가) 전기 배선은 +는 적색으로, -는 청색 또는 흑색으로 연결하고, 전선이 시스템 동작에 영향을 주지 않도록 정리하시오.
   나) 지정되지 않은 누름 버튼스위치는 자동 복귀형 스위치를 사용하시오.

다. 시스템 유지 보수

1) 기본 동작을 유지 보수 계획과 같이 시스템을 변경하고 시험감독위원에게 확인받으시오.

라. 정리정돈

1) 평가 종료 후 작업한 자리의 부품 정리, 공기압 호스 정리, 전선 정리 등 모든 상태를 초기 상태로 정리하시오.

2. 수험자 유의 사항

※ 다음의 유의 사항을 고려하여 요구 사항을 완성하시오.

※ 작업형 과제별 배점은 [공기압 시스템 진단 및 구성 20점, 유압 시스템 진단 및 구성 20점, 보수 용접 및 누수 시험 20점]이며, 이외 세부 항목 배점은 비공개입니다.

1) 시험 시작 전 장비의 이상 유무를 확인합니다.
2) 시험 중 반드시 시험감독위원의 지시에 따라야 하며, 시험감독위원의 지시가 없는 한 시험장을 임의로 이탈할 수 없습니다.
3) 시험에 필요한 기기 이외의 부품이나 장비에 임의로 접촉하지 않도록 주의하시기 바랍니다.
4) 공기압 호스의 제거는 공급 압력을 차단한 후 실시하시기 바랍니다.
5) 전기 합선 시에는 즉시 전원 공급 장치의 전원을 차단하시기 바랍니다.
6) 실린더의 작동 부분에는 전선 및 호스가 접촉되지 않도록 주의하여야 합니다.
7) "기본 동작→시스템 유지 보수" 순서대로 시험감독위원에게 평가받습니다.
   (단, 각 동작의 평가는 전원이 유지된 상태에서 2회 이상 시도하여 동일하게 정상 동작이 되어야 하며, 1회만 동작하고 정상적으로 재동작하지 않으면 인정하지 않습니다.)
8) 평가 기회는 한 번만 부여되오니, 이 점 유의하여 평가를 요청하시기 바랍니다.
   (단, 평가가 불명확하여 재확인이 필요한 경우 시험감독위원의 판단에 따라 다시 동작시킬 수 있습니다. 회로를 변경 또는 수정할 수 없고, 동작만 재시도합니다.)
9) 평가 종료 후 정리정돈 상태에 따라 감점될 수 있음을 유의하시기 바랍니다.
10) 시험 중 작업복 및 안전 보호구를 착용하여 안전 수칙을 준수하여야 하며, 안전 수칙 미준수로 인해 감점될 수 있음을 유의하시기 바랍니다.
    (단, 슬리퍼, 샌들 착용 등 복장이 작업에 부적합할 경우 응시가 불가능합니다.)
11) 다음 사항은 실격에 해당하여 채점 대상에서 제외됩니다.
    가) 수험자 본인이 수험 도중 시험에 대한 기권 의사를 표현하는 경우
    나) 실기 시험 과정 중 1개 과정이라도 불참한 경우
    다) 시설·장비의 조작 또는 재료의 취급이 미숙하여 위해를 일으킬 것으로 시험감독위원 전원이 합의하여 판단한 경우
    라) 기능이 해당 등급 수준에 전혀 도달하지 못한 것으로 시험감독위원이 판단할 경우
    마) 부정행위를 한 경우
    바) 시험 시간 내에 작품을 제출하지 못한 경우
    사) 다른 부품 사용 등으로 주어진 공기압 회로도와 수험자가 작업한 회로가 일치하지 않는 경우
    아) 기본 동작을 완성하지 못한 경우
    자) 기본 동작 구성 시 릴레이의 개수가 증가되거나 감소된 경우

[공개]

자격 종목	설비보전기사	과제명	유압 시스템 진단 및 구성

※ 시험 시간: [제2과제] 1시간

1. 요구 사항

※ 지급된 재료 및 시설을 사용하여 아래 작업을 완성하시오.

※ 한 번 제출한 작품의 재작업은 허용되지 않습니다.

가. 유압 회로도 구성

1) 유압 회로도와 같이 기기를 선정하여 고정판에 배치하시오.
   가) 기기는 수평 또는 수직 방향으로 수험자가 임의로 배치하고, 리밋스위치는 방향성을 고려하여 설치하시오.
2) 유압 호스를 사용하여 기기를 연결하시오.
   가) 유압 호스가 시스템 동작에 영향을 주지 않도록 정리하시오.
3) 유압 회로 내 최고 압력을 4±0.2 MPa로 설정하시오.
4) 작업이 완료된 상태에서 유압을 공급했을 때 유압유의 누설이 발생하지 않도록 하시오.

나. 기본 동작

1) 전기회로도 중 오류 부분을 수험자가 정정하고 PB1을 ON-OFF 하면 변위단계선도와 같이 동작되도록 시스템을 구성하고 시험감독위원에게 확인받으시오.
   (단, 주어진 전기회로도에서 릴레이의 개수가 증가되거나 감소되지 않도록 하시오.)
   가) 전기 배선은 +는 적색으로, -는 청색 또는 흑색으로 연결하고, 전선이 시스템 동작에 영향을 주지 않도록 정리하시오.
   나) 지정되지 않은 누름 버튼스위치는 자동 복귀형 스위치를 사용하시오.

다. 시스템 유지 보수

1) 기본 동작을 유지 보수 계획과 같이 시스템을 변경하고 시험감독위원에게 확인받으시오.

라. 정리정돈

1) 평가 종료 후 작업한 자리의 부품 정리, 기름 제거, 유압 배관 정리, 전선 정리 등 모든 상태를 초기 상태로 정리하시오.

2. 수험자 유의 사항

※ 다음의 유의 사항을 고려하여 요구 사항을 완성하시오.

※ 작업형 과제별 배점은 [공기압 시스템 진단 및 구성 20점, 유압 시스템 진단 및 구성 20점, 보수 용접 및 누수 시험 20점]이며, 이외 세부 항목 배점은 비공개입니다.

1) 시험 시작 전 장비의 이상 유무를 확인합니다.
2) 시험 중 반드시 시험감독위원의 지시에 따라야 하며, 시험감독위원의 지시가 없는 한 시험장을 임의로 이탈할 수 없습니다.
3) 시험에 필요한 기기 이외의 부품이나 장비에 임의로 접촉하지 않도록 주의하시기 바랍니다.
4) 유압 배관의 제거는 공급 압력을 차단한 후 실시하시기 바랍니다.
5) 유압펌프는 OFF 상태를 기본으로 하고, 회로 검증 등 필요한 경우에만 동작시키기 바랍니다.
6) 유압 회로가 무부하 회로일 경우 압력 설정에 주의하시기 바랍니다.
7) 전기 합선 시에는 즉시 전원 공급 장치의 전원을 차단하시기 바랍니다.
8) 실린더의 작동 부분에는 전선 및 호스가 접촉되지 않도록 주의하여야 합니다.
9) "기본 동작→시스템 유지 보수" 순서대로 시험감독위원에게 평가받습니다.
   (단, 각 동작의 평가는 전원이 유지된 상태에서 2회 이상 시도하여 동일하게 정상 동작이 되어야 하며, 1회만 동작하고 정상적으로 재동작하지 않으면 인정하지 않습니다.)
10) 평가 기회는 한 번만 부여되오니, 이 점 유의하여 평가를 요청하시기 바랍니다.
   (단, 평가가 불명확하여 재확인이 필요한 경우 시험감독위원의 판단에 따라 다시 동작시킬 수 있습니다. 회로를 변경 또는 수정할 수 없고, 동작만 재시도합니다.)
11) 평가 종료 후 정리정돈 상태에 따라 감점될 수 있음을 유의하시기 바랍니다.
12) 시험 중 작업복 및 안전 보호구를 착용하여 안전 수칙을 준수하여야 하며, 안전 수칙 미준수로 인해 감점될 수 있음을 유의하시기 바랍니다.
   (단, 슬리퍼, 샌들 착용 등 복장이 작업에 부적합할 경우 응시가 불가능합니다.)
13) 다음 사항은 실격에 해당하여 채점 대상에서 제외됩니다.
   가) 수험자 본인이 수험 도중 시험에 대한 기권 의사를 표현하는 경우
   나) 실기 시험 과정 중 1개 과정이라도 불참한 경우
   다) 시설·장비의 조작 또는 재료의 취급이 미숙하여 위해를 일으킬 것으로 시험감독위원 전원이 합의하여 판단한 경우
   라) 기능이 해당 등급 수준에 전혀 도달하지 못한 것으로 시험감독위원이 판단할 경우
   마) 부정행위를 한 경우
   바) 시험 시간 내에 작품을 제출하지 못한 경우
   사) 다른 부품 사용 등으로 주어진 유압 회로도와 수험자가 작업한 회로가 일치하지 않는 경우
   아) 기본 동작을 완성하지 못한 경우
   자) 기본 동작 구성 시 릴레이의 개수가 증가되거나 감소된 경우

[공개 1번]

자격 종목	설비보전기사	과제명	공기압 시스템 진단 및 구성

3. 도면

가. 공기압 회로도

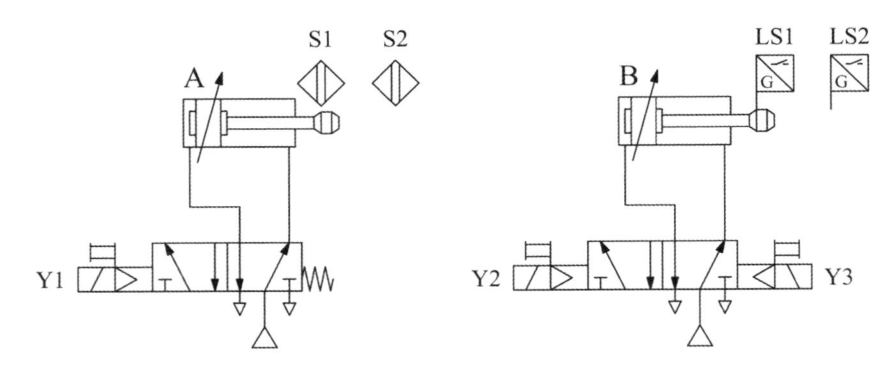

나. 전기회로도

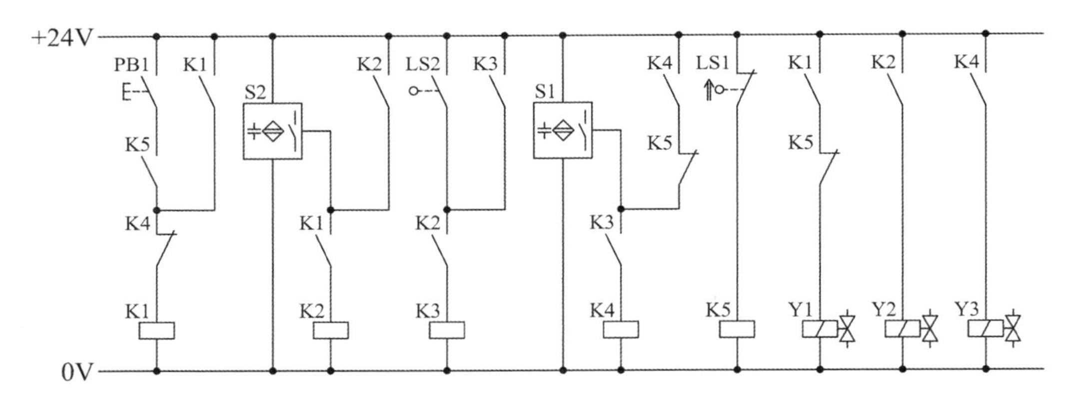

다. 변위단계선도

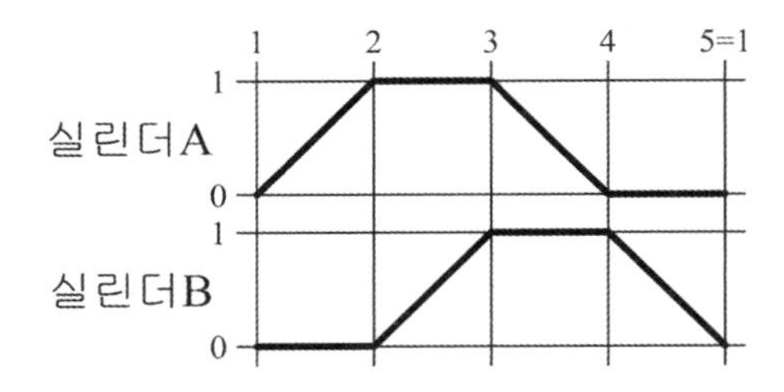

라. 유지 보수 계획

1) 연속 스위치(PB2), 카운터 리셋스위치(PB3)를 추가하여 다음과 같이 동작하도록 회로를 변경하시오.
   ① PB2를 1회 ON-OFF 하면, 기본 동작을 3회 연속 동작한 후 정지합니다.
   ② PB3를 1회 ON-OFF 하면, 카운터가 리셋됩니다.
   ③ 카운터 리셋 후 PB2를 1회 ON-OFF 하면, 연속 동작이 재동작합니다.
2) 실린더 A의 전진이 완료되면 3초 후에 실린더 B가 동작하도록 전기 타이머를 사용하여 회로를 변경하시오.
3) 실린더 B의 후진 속도를 조절하기 위하여 일방향 유량 조절 밸브를 사용하여 미터 아웃 방식으로 회로를 변경하시오.

4. 기본 동작 전기회로도 오류 수정

○ 기본 동작 신호 분석

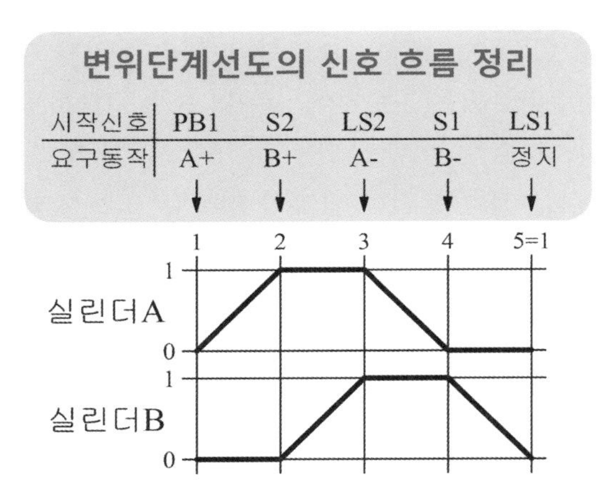

○ 기본 동작 전기회로도 오류 수정

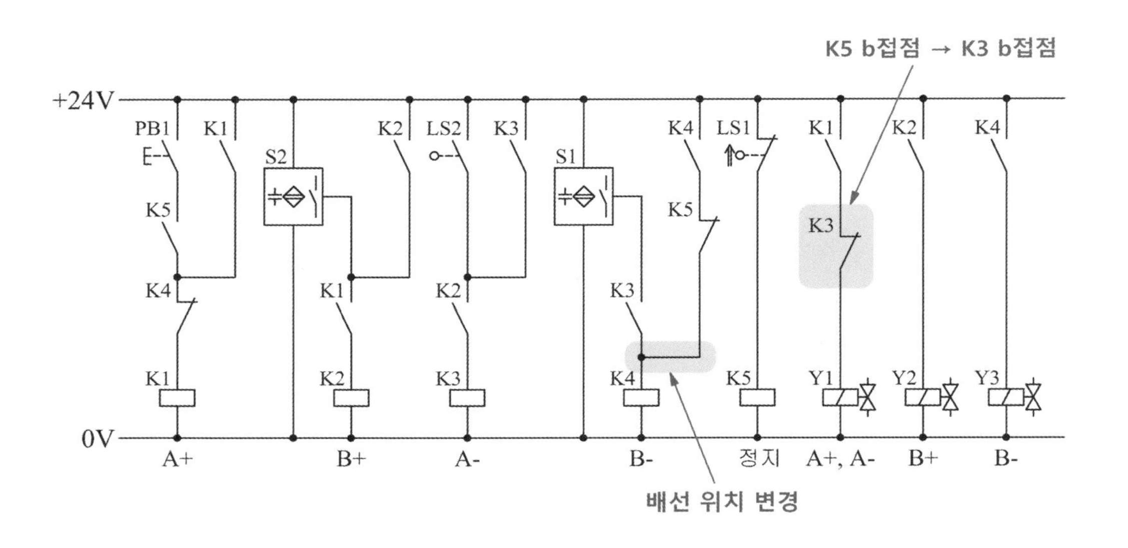

5. 유지 보수 계획

○ 공기압 회로도 변경

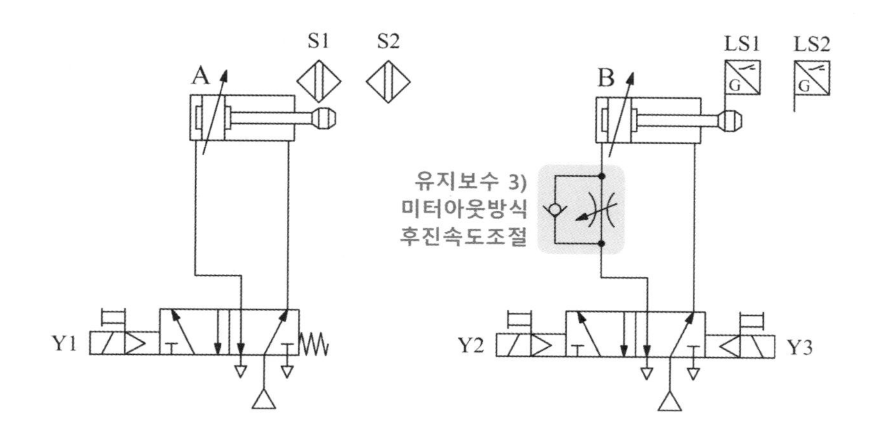

○ 전기회로도 변경

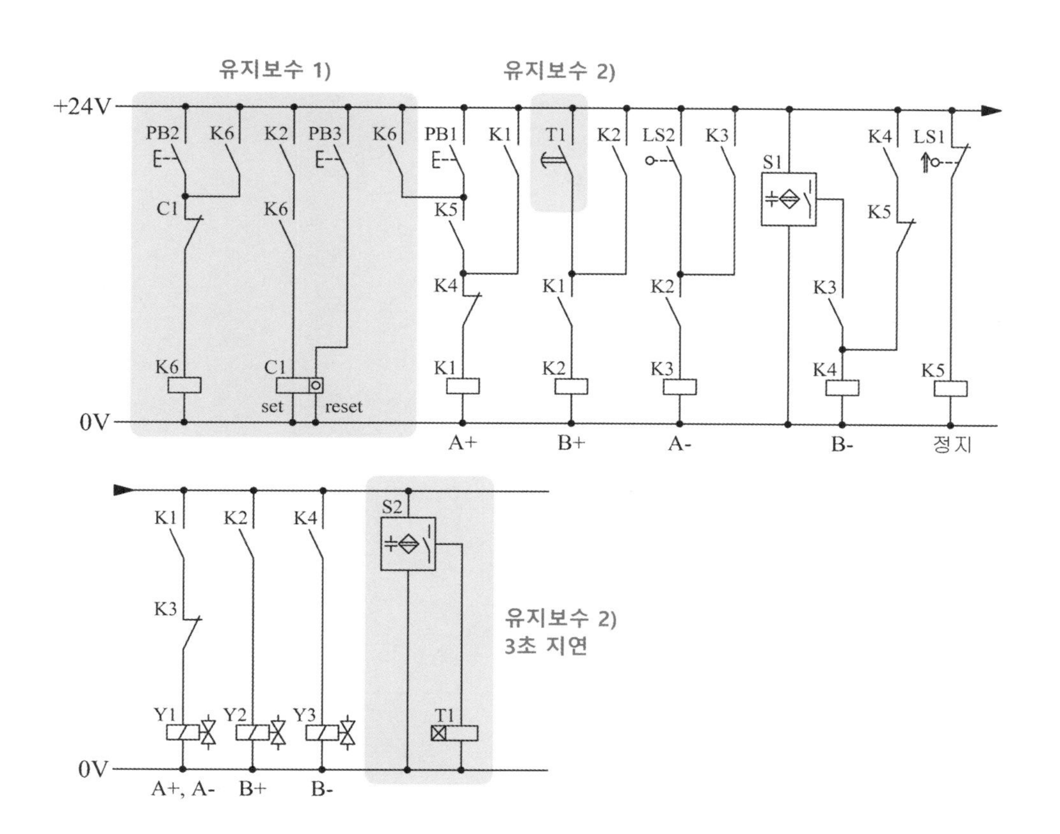

[공개 1번]

자격 종목	설비보전기사	과제명	유압 시스템 진단 및 구성

3. 도면

가. 유압 회로도

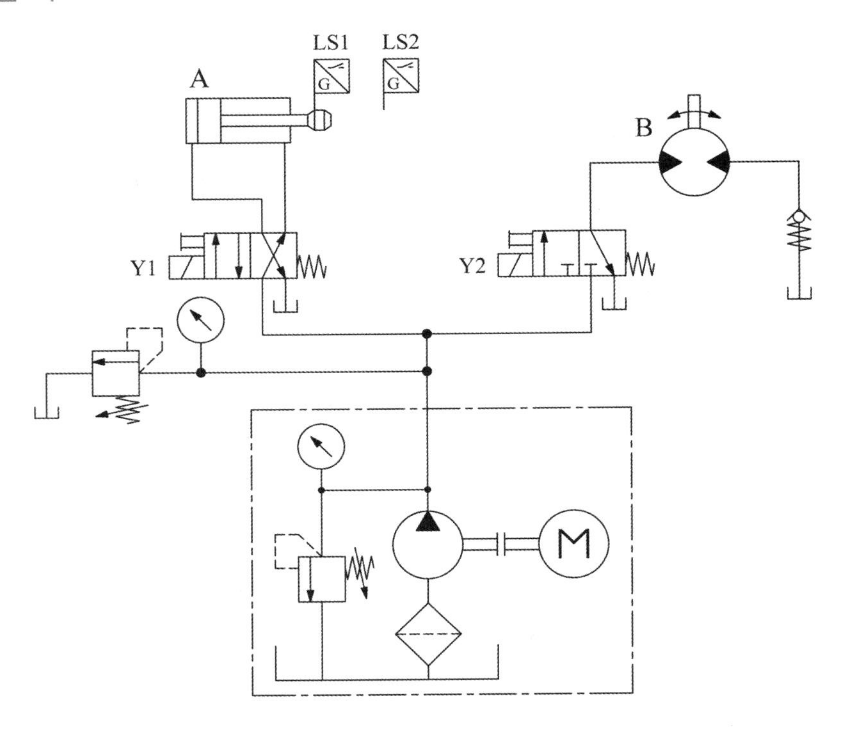

나. 전기회로도

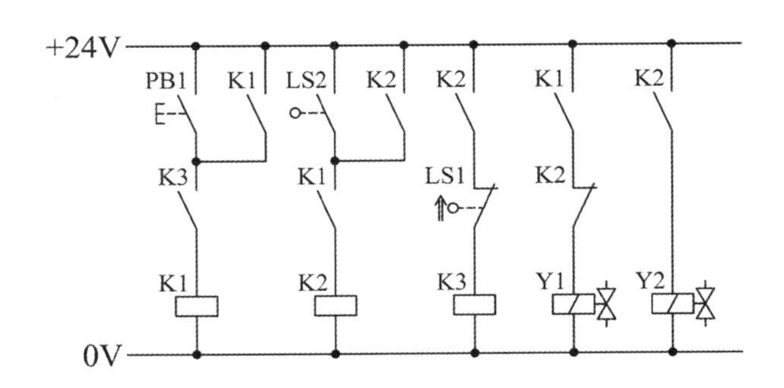

다. 변위단계선도

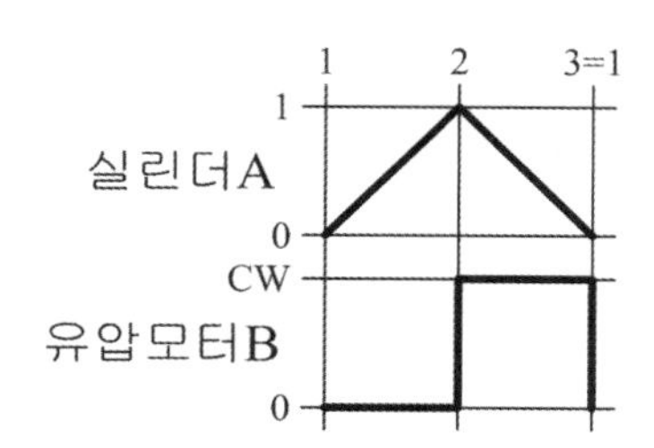

※ 유압모터는 축 방향에서 볼 때 시계 방향(CW)은 정회전, 반시계 방향(CCW)은 역회전이 되도록 작업하시오.

라. 유지 보수 계획

1) 연속 스위치(PB2), 카운터 리셋스위치(PB3)를 추가하여 다음과 같이 동작하도록 회로를 변경하시오.
   ① PB2를 1회 ON-OFF 하면, 기본 동작을 3회 연속 동작한 후 정지합니다.
   ② PB3를 1회 ON-OFF 하면, 카운터가 리셋됩니다.
   ③ 카운터 리셋 후 PB2를 1회 ON-OFF 하면, 연속 동작이 재동작합니다.
2) 실린더 A 전진 시 일방향 유량 조절 밸브를 사용하여 미터인 회로를 구성하고, 실린더 로드 측에 카운터 밸런스 밸브와 압력계를 사용하여 자중 낙하 방지 회로를 구성하시오.
   (단, 속도는 약 50% 정도로, 압력은 3±0.5MPa이 되도록 설정하시오.)
3) 유압유의 역류를 방지하기 위해 파워 유닛의 토출구에 체크 밸브를 추가하여 구성하시오.

4. 기본 동작 전기회로도 오류 수정

○ 기본 동작 신호 분석

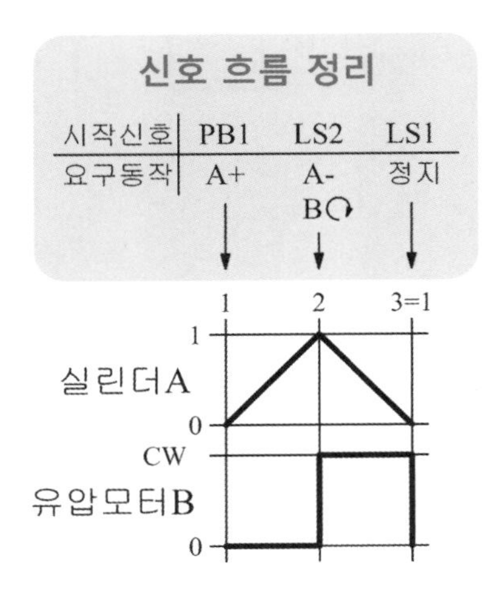

○ 기본 동작 전기회로도 오류 수정

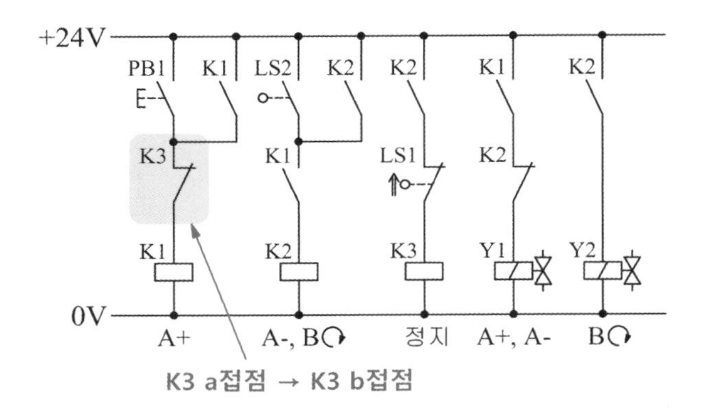

5. 유지 보수 계획

○ 유압 회로도 변경

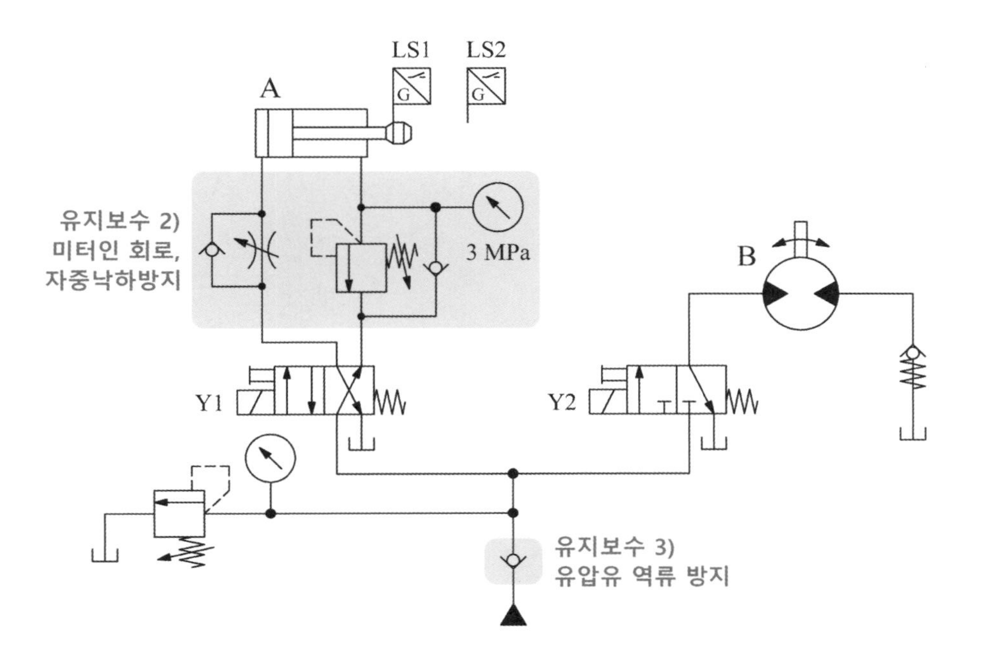

○ 전기회로도 변경

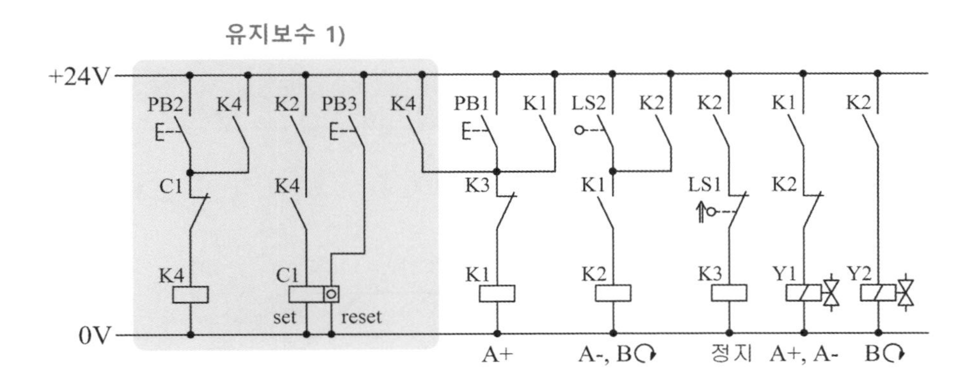

[공개 2번]

자격 종목	설비보전기사	과제명	공기압 시스템 진단 및 구성

3. 도면

가. 공기압 회로도

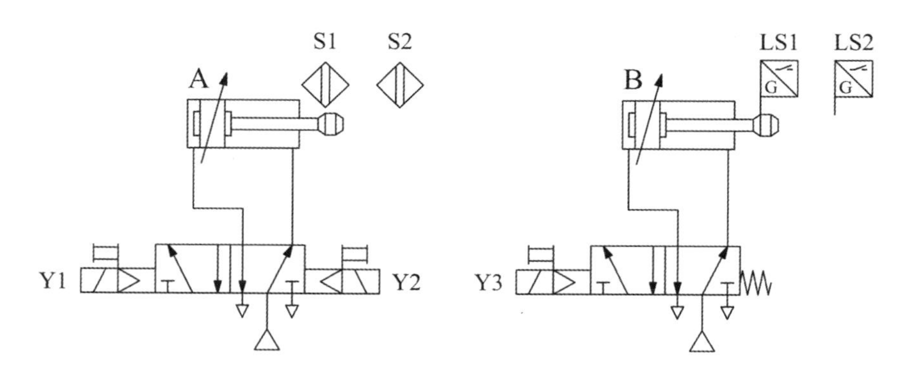

나. 전기회로도

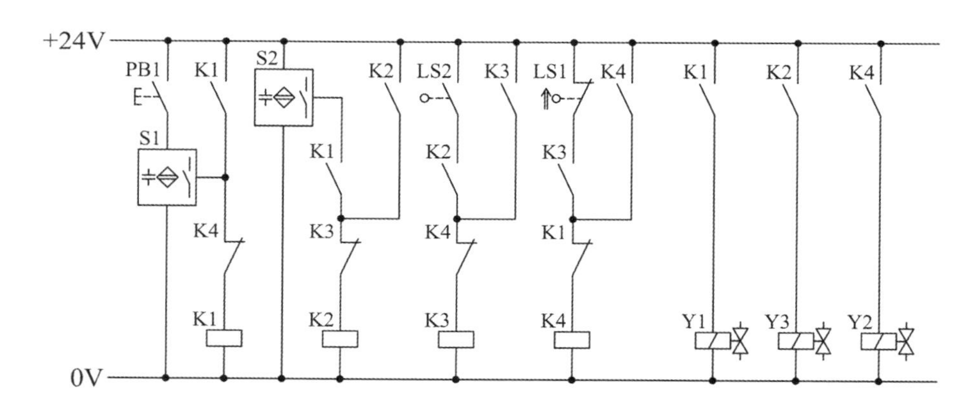

다. 변위단계선도

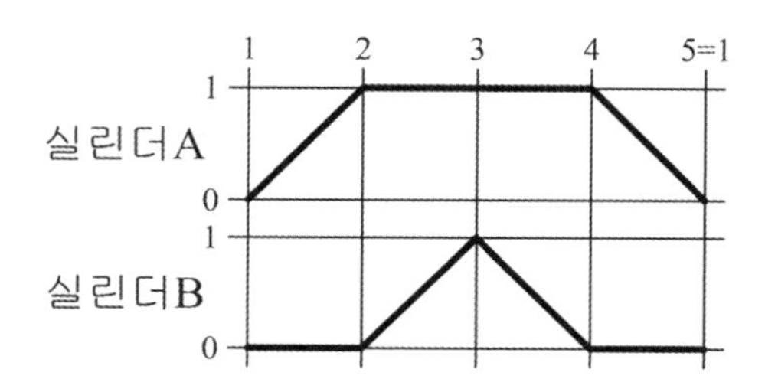

라. 유지 보수 계획

1) 연속 스위치(PB2), 카운터 리셋스위치(PB3)를 추가하여 다음과 같이 동작하도록 회로를 변경하시오.
   ① PB2를 1회 ON-OFF 하면, 기본 동작을 3회 연속 동작한 후 정지합니다.
   ② PB3를 1회 ON-OFF 하면, 카운터가 리셋됩니다.
   ③ 카운터 리셋 후 PB2를 1회 ON-OFF 하면, 연속 동작이 재동작합니다.
2) 실린더 B의 방향 제어 밸브를 양측 솔레노이드 밸브로 교체한 후 변위단계선도와 같은 동작을 수행할 수 있도록 회로를 변경하시오.
3) 감압 밸브를 사용하여 실린더 B의 작동 압력이 0.3±0.05MPa로 제어되도록 회로를 변경하시오.

4. 기본 동작 전기회로도 오류 수정

○ 기본 동작 신호 분석

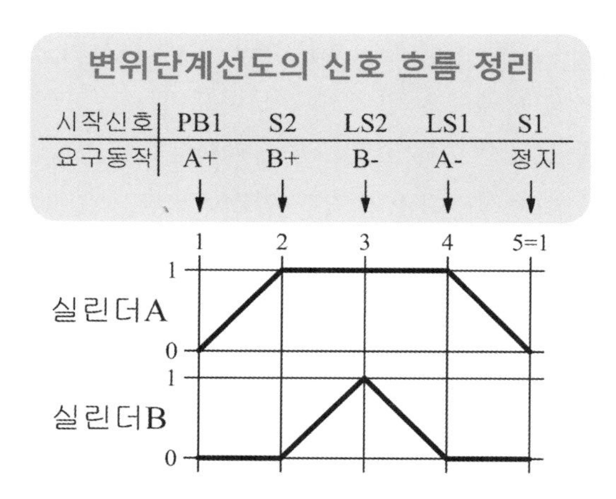

○ 기본 동작 전기회로도 오류 수정

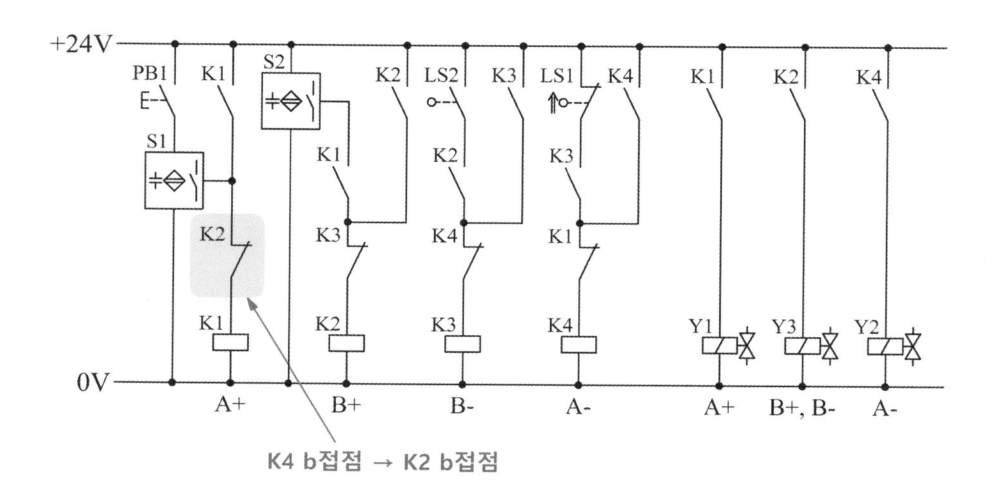

5. 유지 보수 계획

○ 공기압 회로도 변경

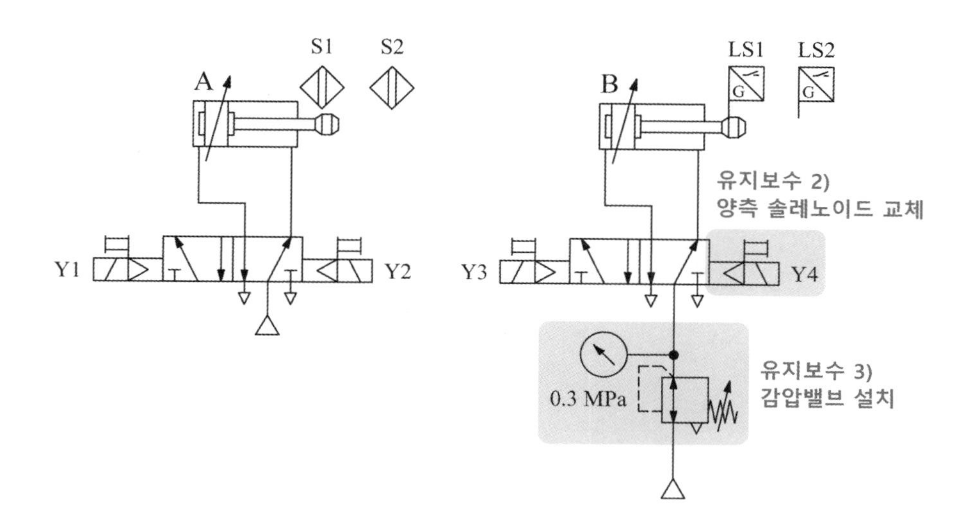

○ 전기회로도 변경

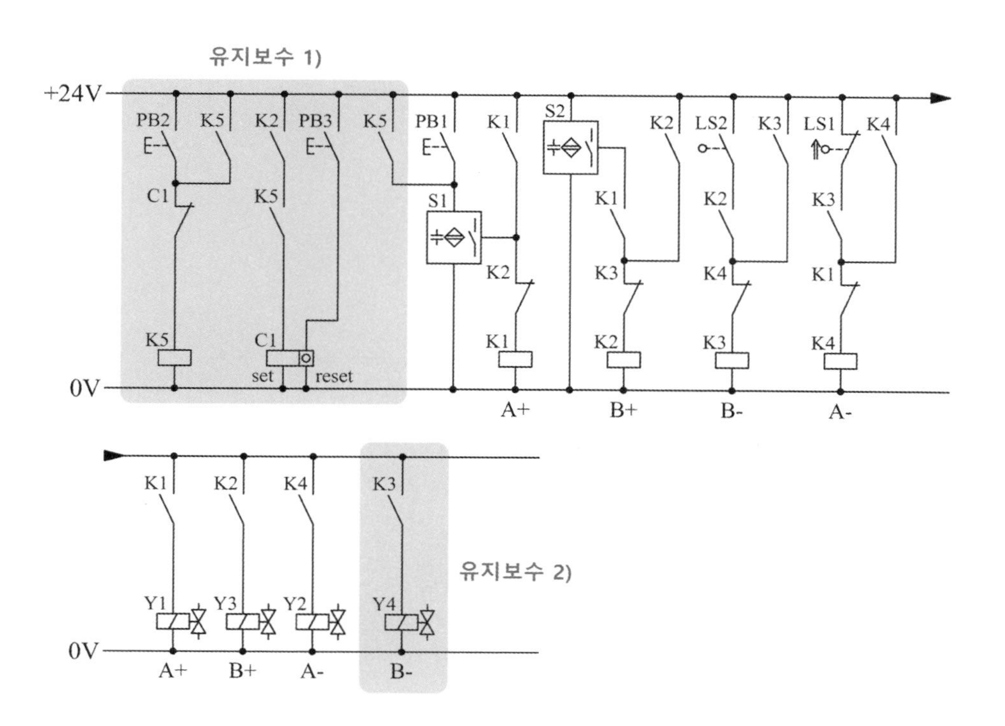

[공개 2번]

자격 종목	설비보전기사	과제명	유압 시스템 진단 및 구성

3. 도면

가. 유압 회로도

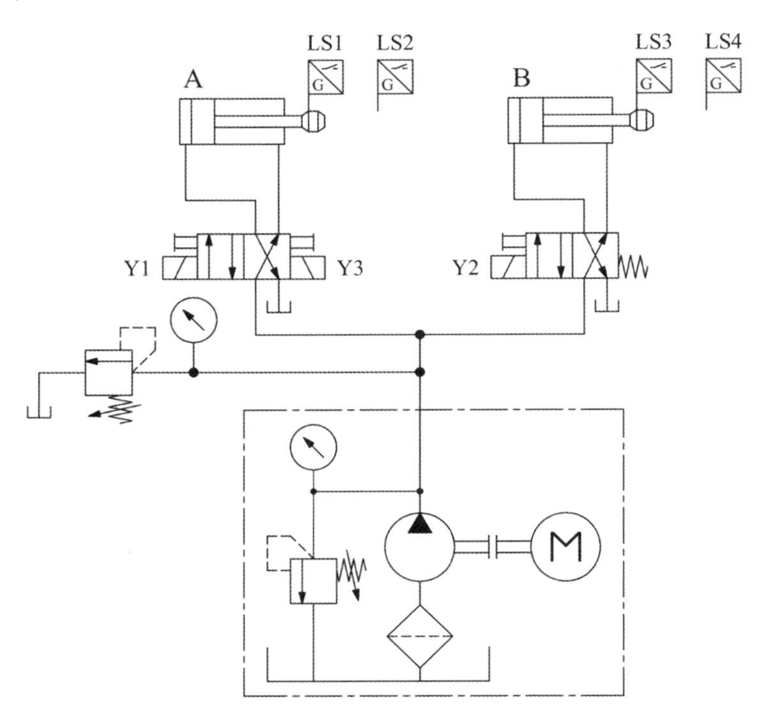

나. 전기회로도

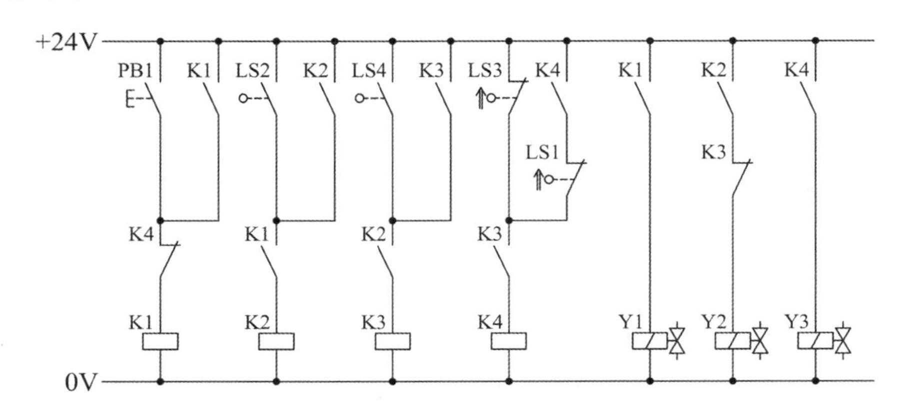

다. 변위단계선도

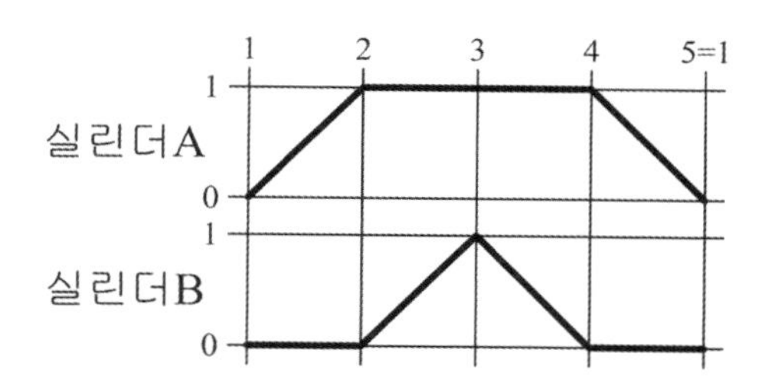

라. 유지 보수 계획

1) 연속 스위치(PB2), 연속 정지 스위치(PB3)를 추가하여 다음과 같이 동작하도록 변경하시오.
   ① PB2를 1회 ON-OFF 하면, 기본 동작을 연속적으로 동작합니다.
   ② PB3를 1회 ON-OFF 하면, 해당 행정이 완료된 후 동작이 정지합니다.
   (단, 초기화 및 재동작이 가능하여야 합니다.)
2) 실린더 A의 압력 라인(P)에 감압 밸브와 압력계를 설치하여 유압 회로도를 변경하고, 2차 측의 압력이 2±0.5MPa이 되도록 조정하시오.
3) 실린더 B의 전진 속도를 조절하기 위하여 일방향 유량 조절 밸브를 사용하여 미터인 방식으로 회로를 구성하시오.
   (단, 속도는 약 50% 정도가 되도록 설정하시오.)

4. 기본 동작 전기회로도 오류 수정

○ 기본 동작 신호 분석

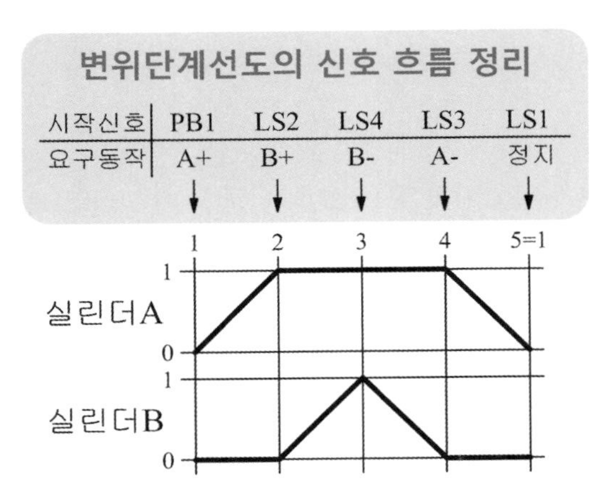

○ 기본 동작 전기회로도 오류 수정

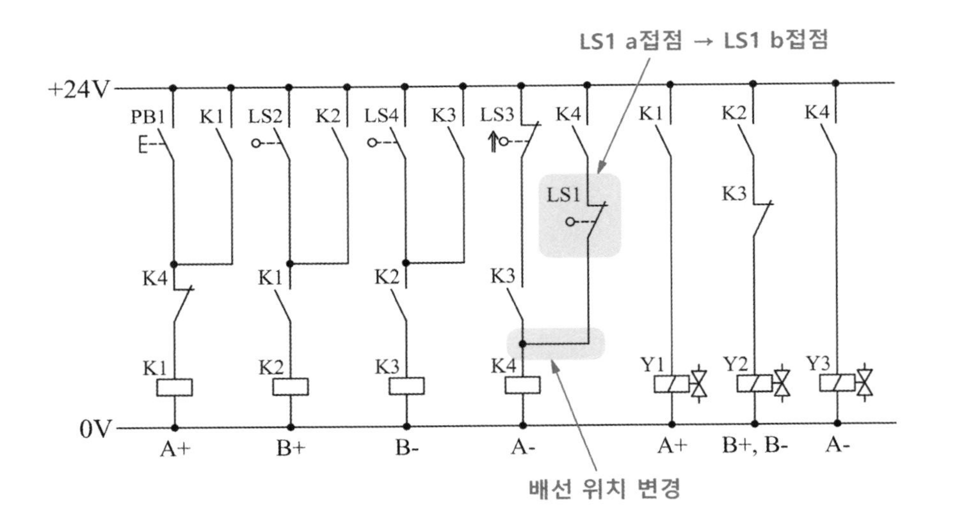

5. 유지 보수 계획

○ 유압 회로도 변경

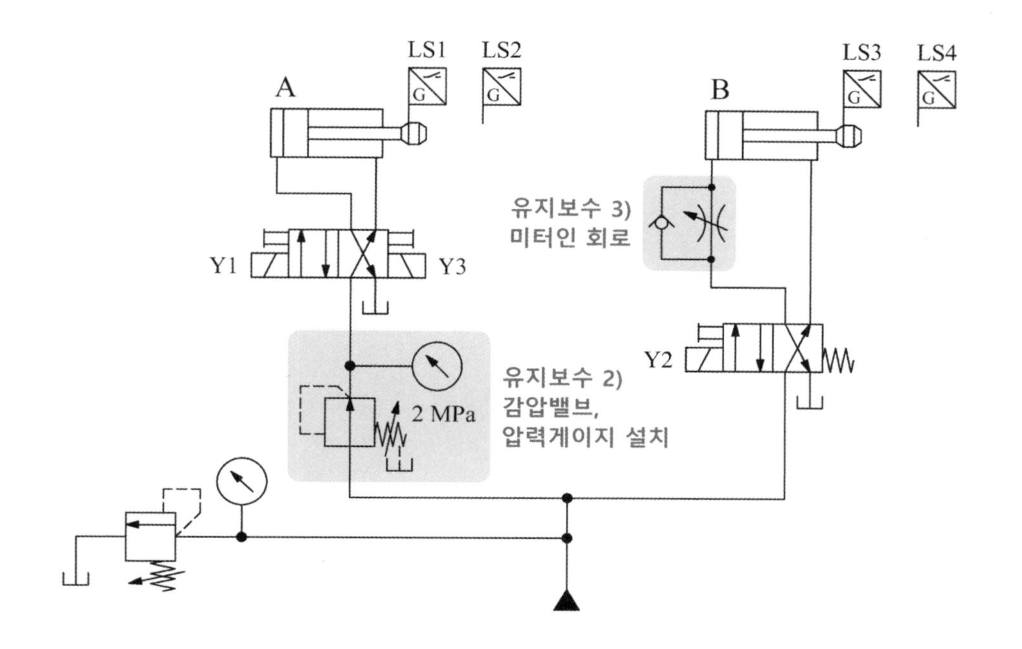

○ 전기회로도 변경

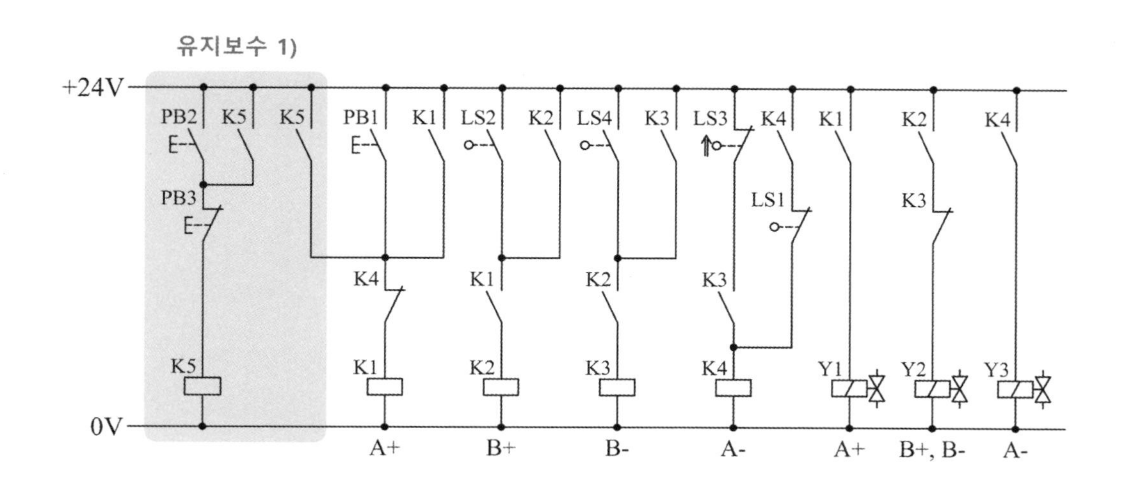

[공개 3번]

자격 종목	설비보전기사	과제명	공기압 시스템 진단 및 구성

3. 도면

가. 공기압 회로도

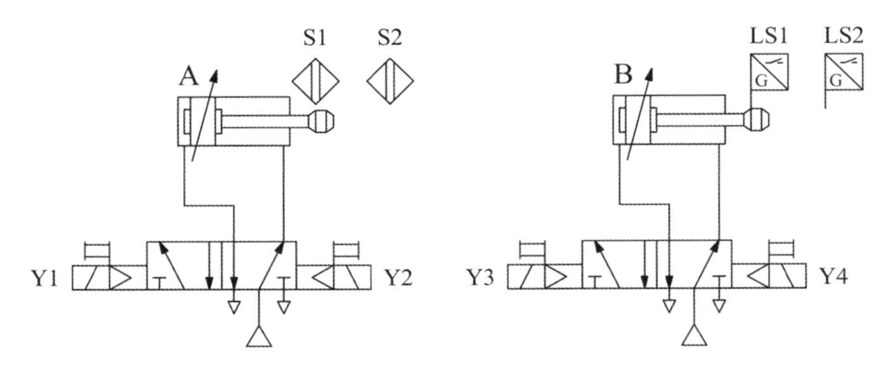

나. 전기회로도

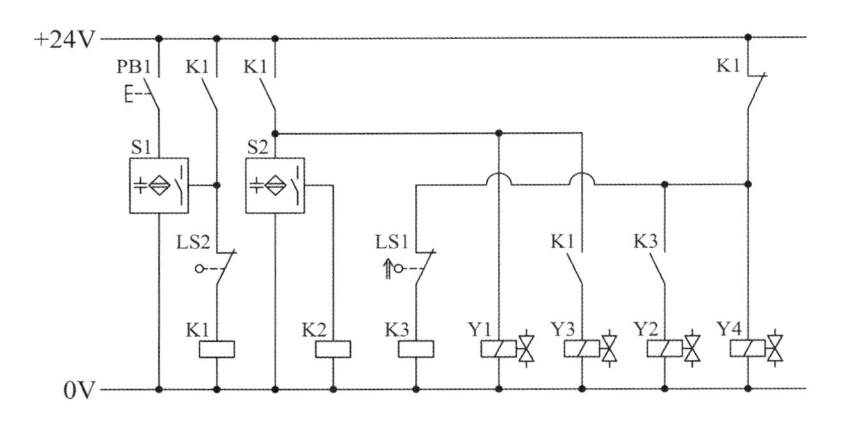

다. 변위단계선도

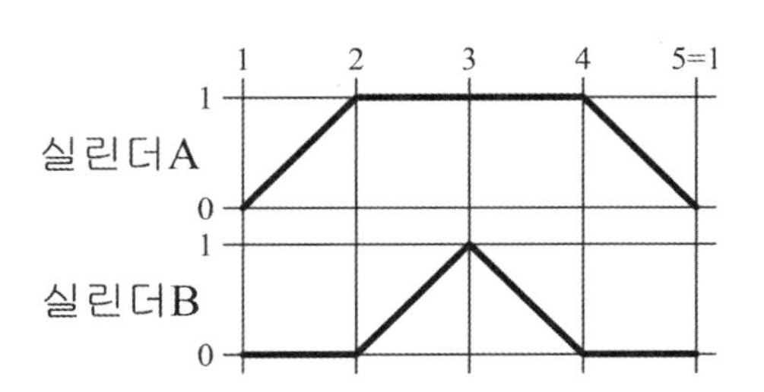

라. 유지 보수 계획

1) 연속 스위치(PB2), 비상 정지 스위치(유지형 스위치 사용 가능), 램프를 추가하여 다음과 같이 동작하도록 회로를 변경하시오.
   ① PB2를 1회 ON-OFF 하면, 기본 동작이 연속적으로 동작합니다.
   ② 연속 동작 중 비상 정지 스위치를 ON 하면, 모든 실린더는 후진하며 램프가 점등됩니다.
   ③ 비상 정지 스위치를 OFF 하면, 램프는 소등되고 시스템은 초기화됩니다.
   ④ 초기화 후 PB2를 1회 ON-OFF 하면, 연속 동작이 재동작합니다.
2) 실린더 A의 전진이 완료되면 3초 후에 실린더 B가 동작하도록 전기 타이머를 사용하여 회로를 변경하시오.
3) 실린더 B의 후진 속도를 증가시키기 위하여 급속 배기 밸브를 사용하여 회로를 변경하시오.

4. 기본 동작 전기회로도 오류 수정

○ 기본 동작 신호 분석

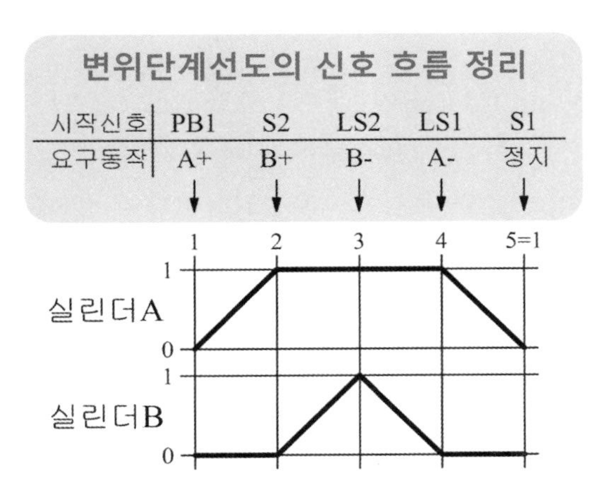

○ 기본 동작 전기회로도 오류 수정

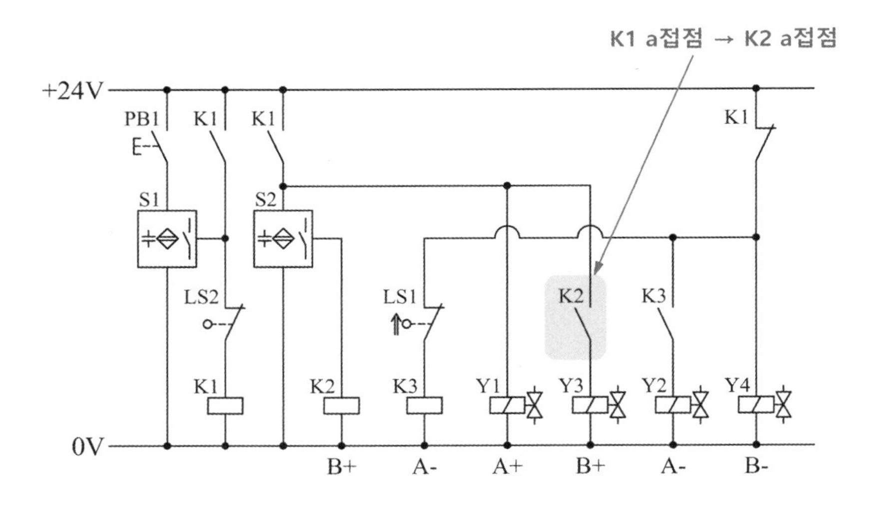

5. 유지 보수 계획

○ 공기압 회로도 변경

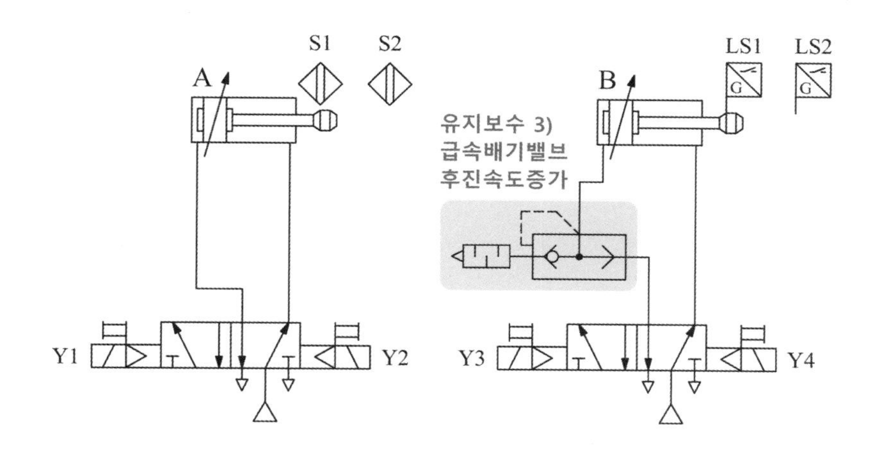

○ 전기회로도 변경

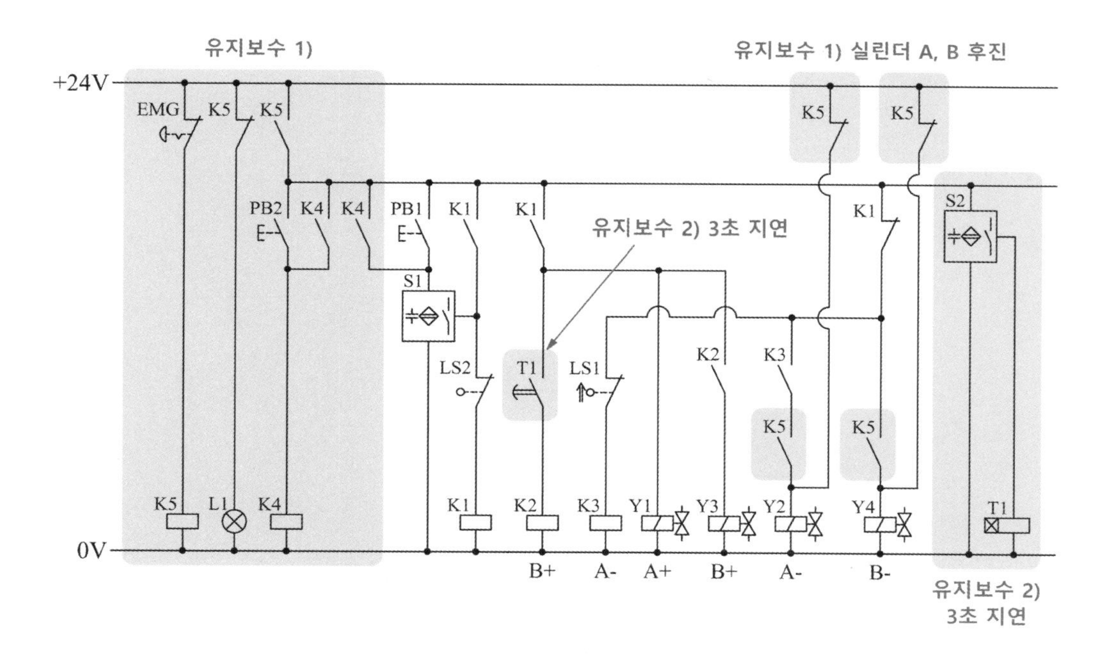

[공개 3번]

자격 종목	설비보전기사	과제명	유압 시스템 진단 및 구성

3. 도면

가. 유압 회로도

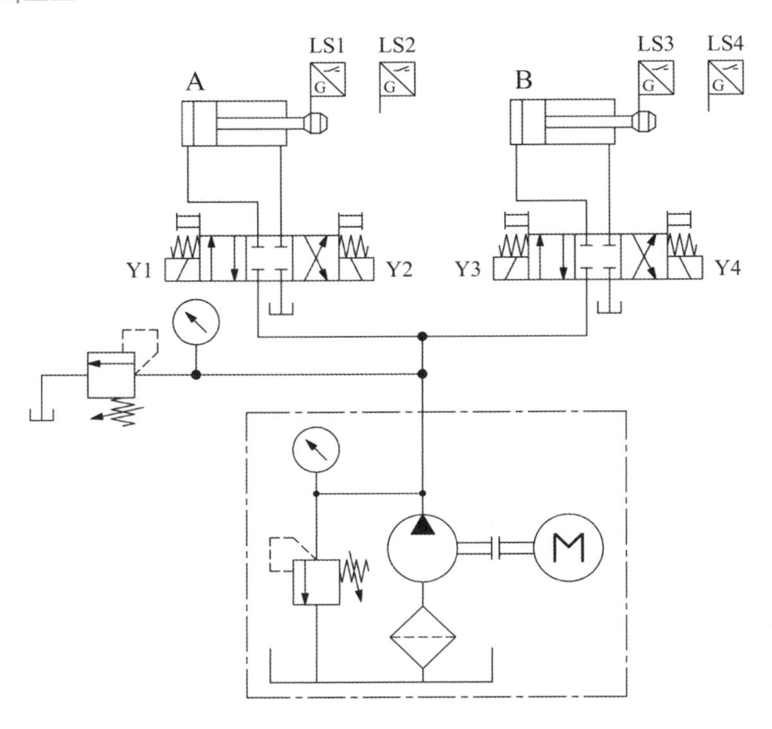

나. 전기회로도

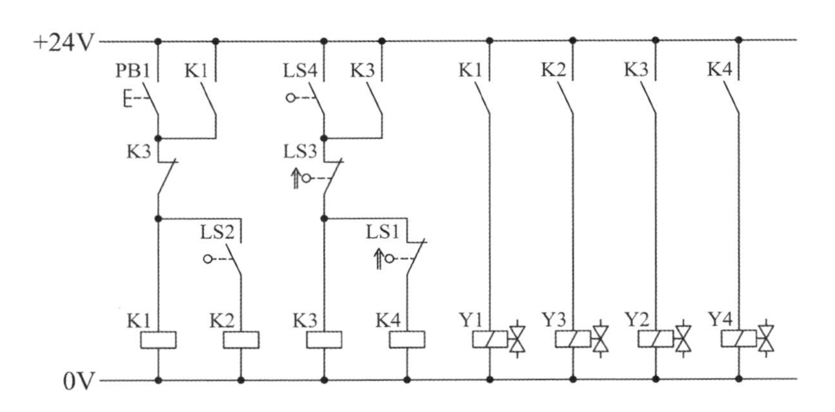

다. 변위단계선도

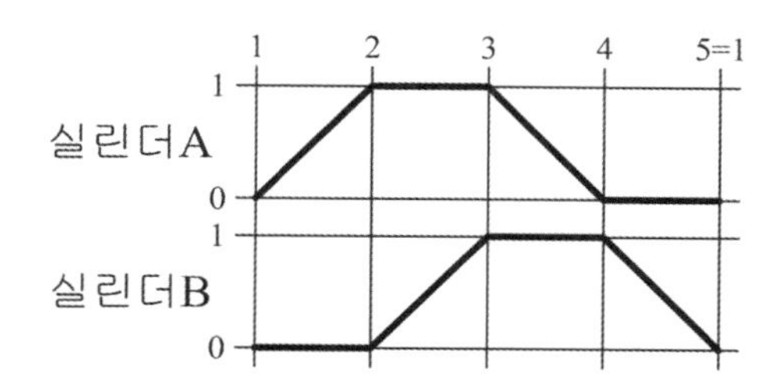

라. 유지 보수 계획

1) 실린더 A의 전진이 완료되면 3초 후에 실린더 B가 동작하도록 전기 타이머를 사용하여 회로를 변경하시오.
2) 실린더 B의 전진 리밋스위치 LS4를 제거하고 압력 스위치 및 압력 게이지를 설치하여 전진 완료 후 압력 스위치의 설정 압력에 도달했을 때 실린더 A가 후진하도록 회로를 변경하시오.
   (단, 압력은 3±0.5MPa이 되도록 설정하시오.)
3) 실린더 B의 전·후진 속도가 제어되도록 공급 라인에 양방향 유량 조절 밸브를 사용하여 회로를 구성하시오.
   (단, 속도는 약 50% 정도가 되도록 설정하시오.)

4. 기본 동작 전기회로도 오류 수정

○ 기본 동작 신호 분석

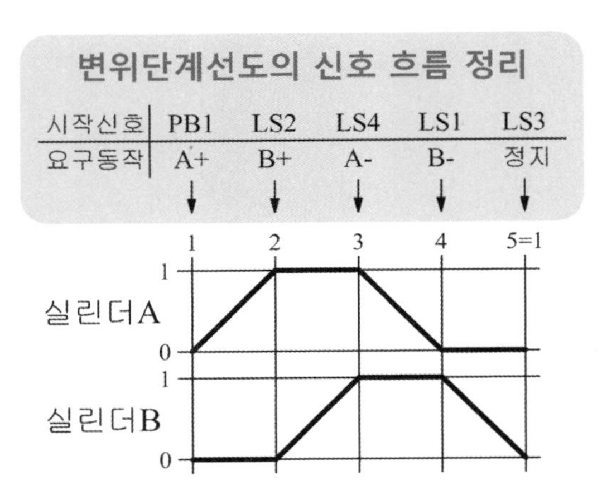

○ 기본 동작 전기회로도 오류 수정

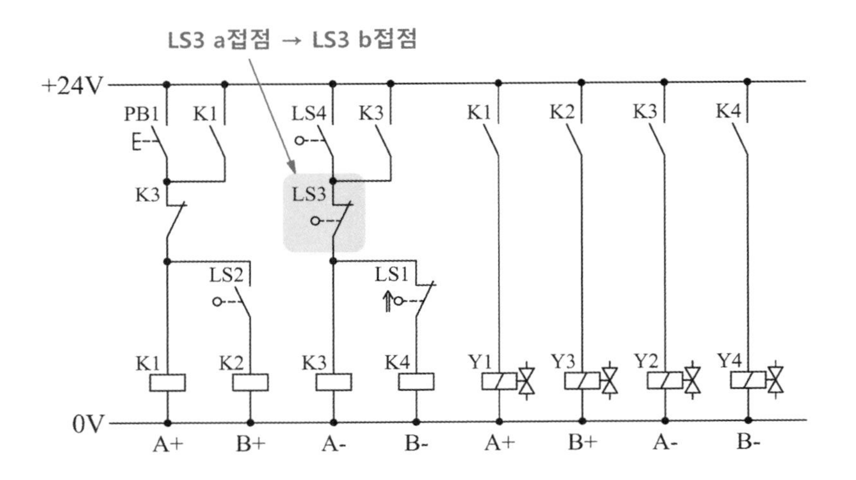

5. 유지 보수 계획

○ 유압 회로도 변경

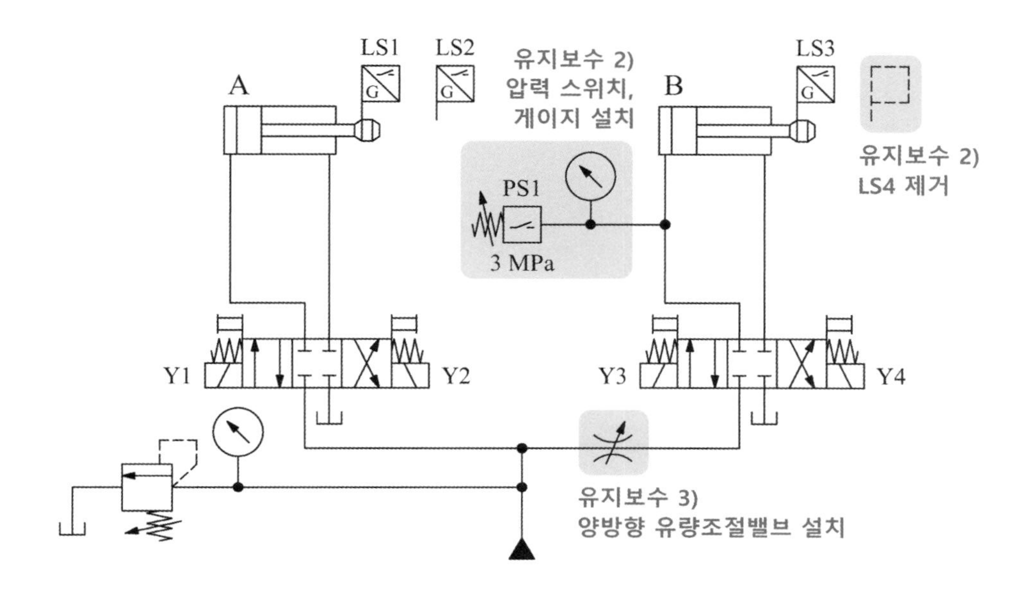

○ 전기회로도 변경

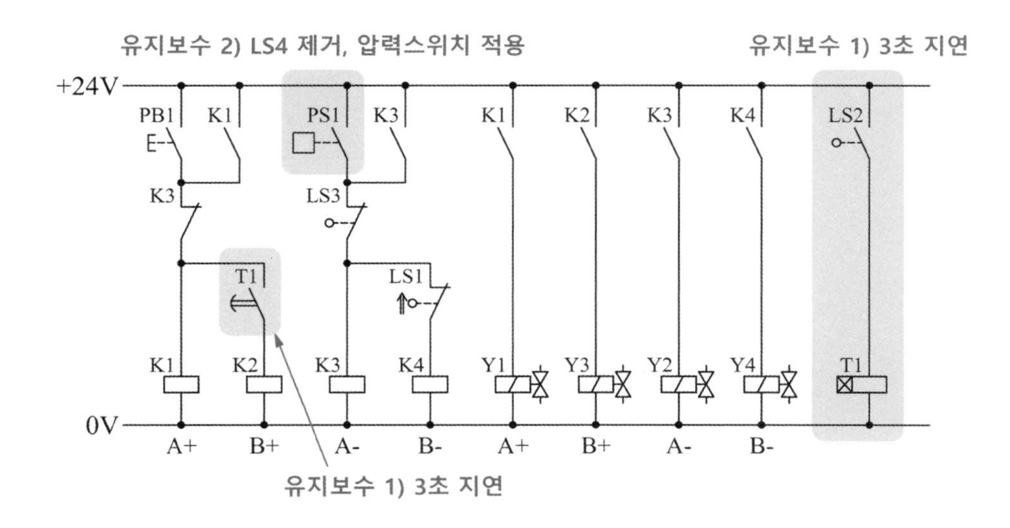

[공개 4번]

자격 종목	설비보전기사	과제명	공기압 시스템 진단 및 구성

3. 도면

가. 공기압 회로도

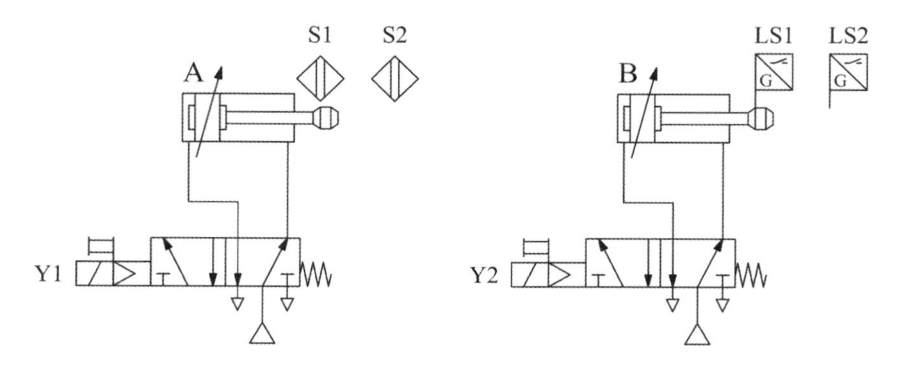

나. 전기회로도

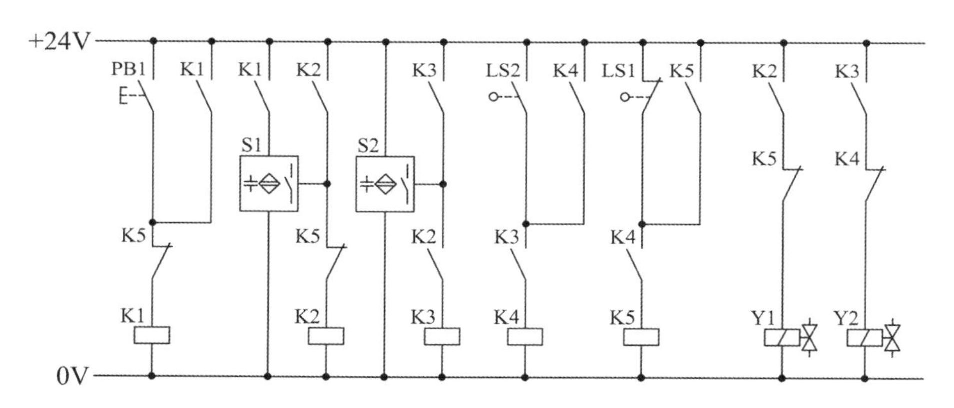

다. 변위단계선도

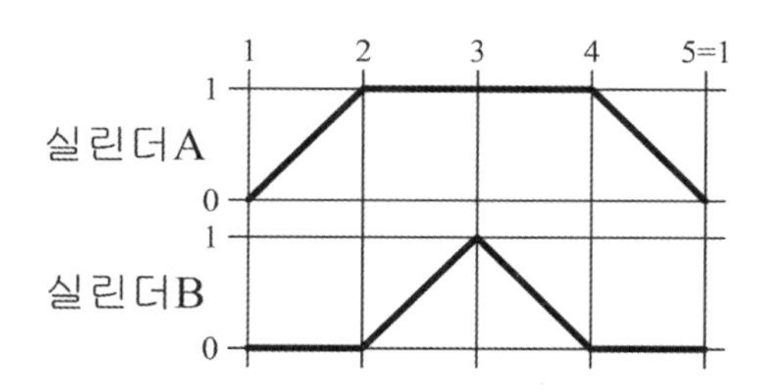

라. 유지 보수 계획

1) 연속 스위치(PB2), 카운터 리셋스위치(PB3)를 추가하여 다음과 같이 동작하도록 회로를 변경하시오.
   ① PB2를 1회 ON-OFF 하면, 기본 동작을 3회 연속 동작한 후 정지합니다.
   ② PB3를 1회 ON-OFF 하면, 카운터가 리셋됩니다.
   ③ 카운터 리셋 후 PB2를 1회 ON-OFF 하면, 연속 동작이 재동작합니다.
2) 실린더 A의 전진이 완료되면 3초 후에 실린더 B가 동작하도록 전기 타이머를 사용하여 회로를 변경하시오.
3) 실린더 B의 후진 속도를 조절하기 위하여 일방향 유량 조절 밸브를 사용하여 미터 아웃 방식으로 회로를 변경하시오.

4. 기본 동작 전기회로도 오류 수정

○ 기본 동작 신호 분석

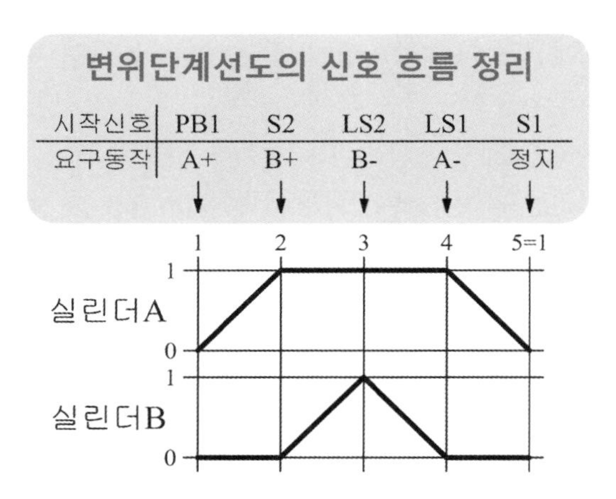

○ 기본 동작 전기회로도 오류 수정

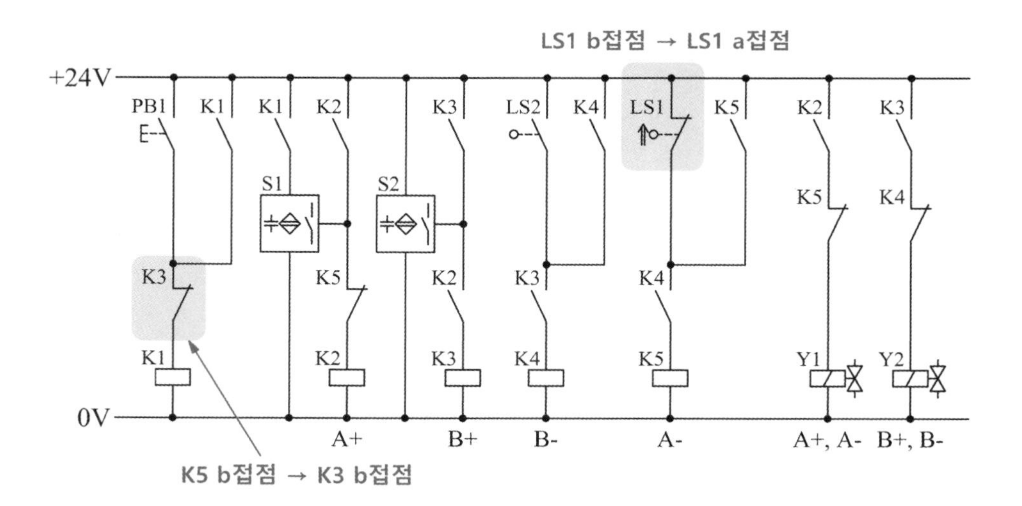

5. 유지 보수 계획

○ 공기압 회로도 변경

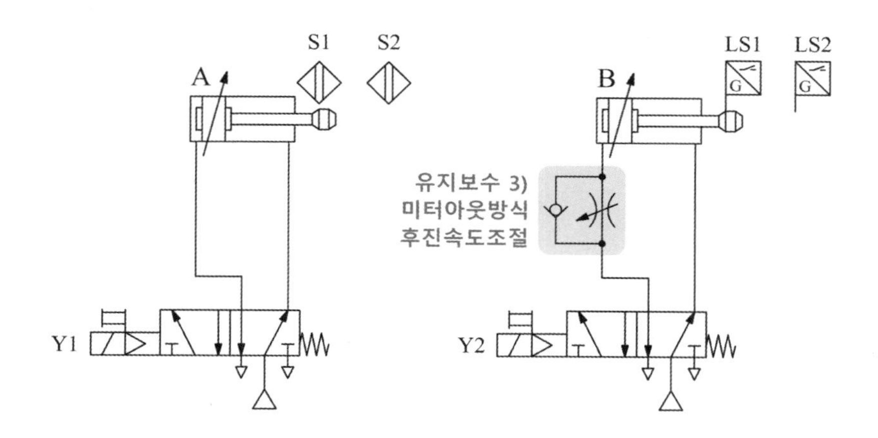

○ 전기회로도 변경

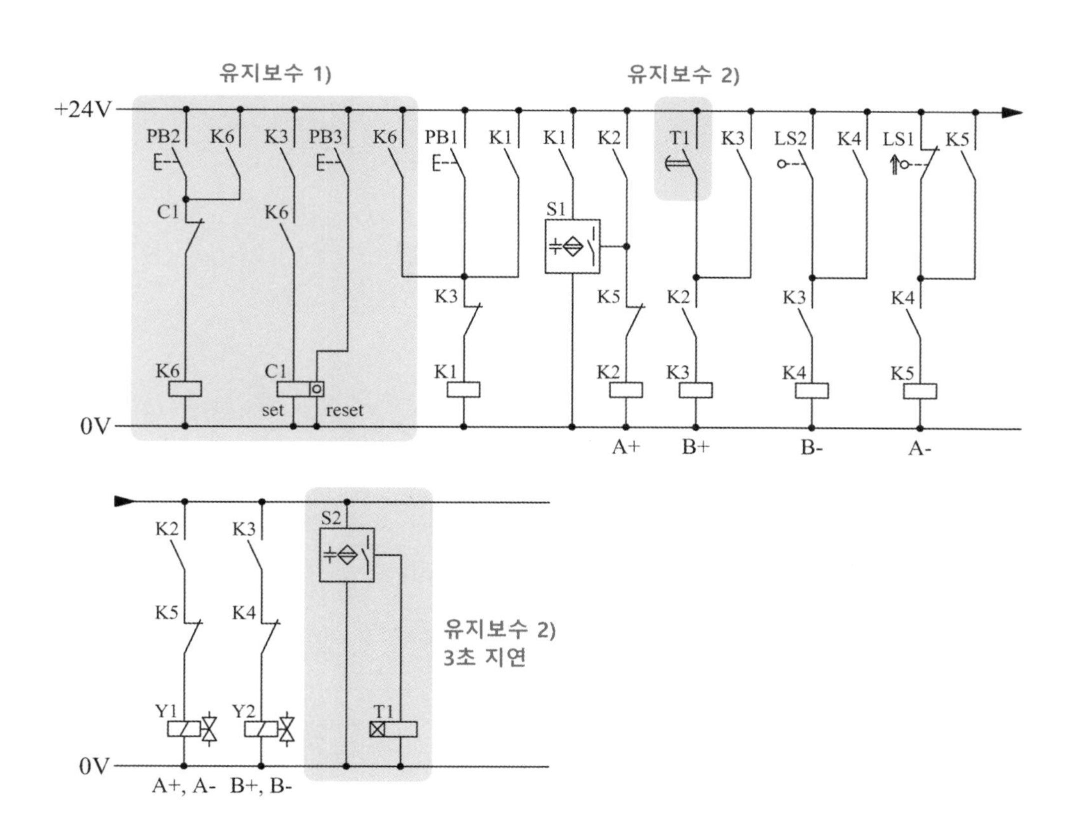

[공개 4번]

자격 종목	설비보전기사	과제명	유압 시스템 진단 및 구성

3. 도면

가. 유압 회로도

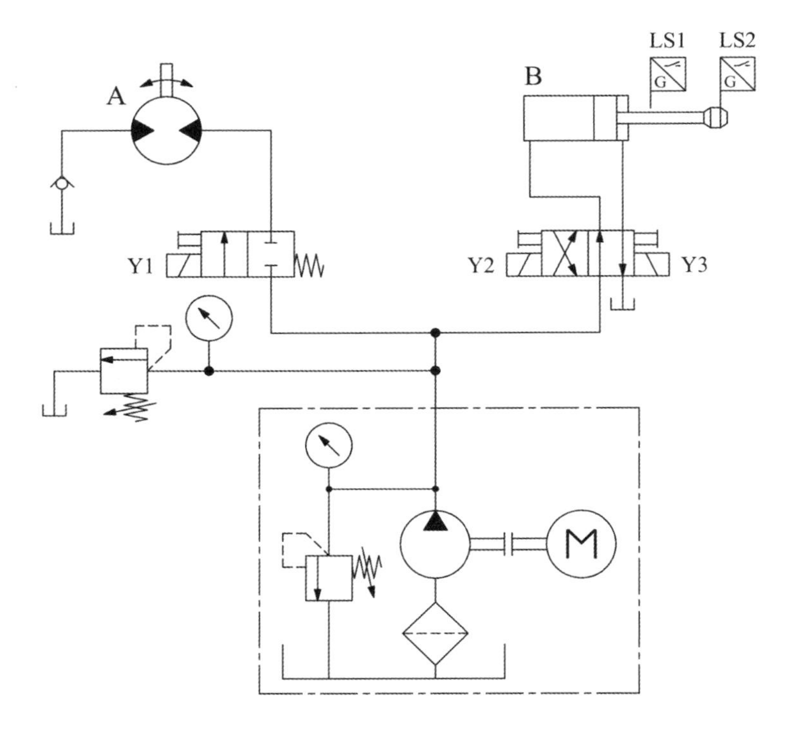

나. 전기회로도

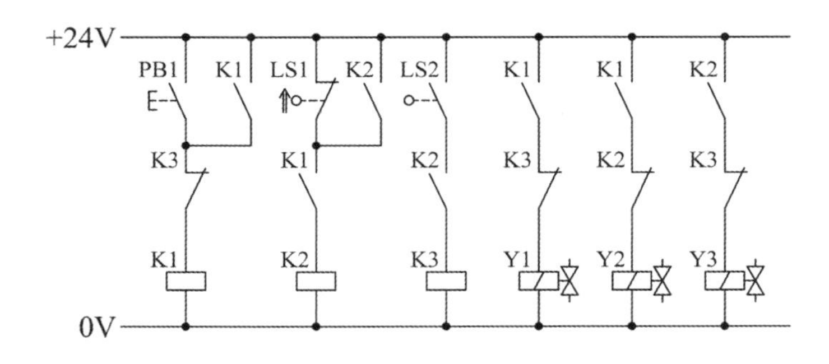

다. 변위단계선도

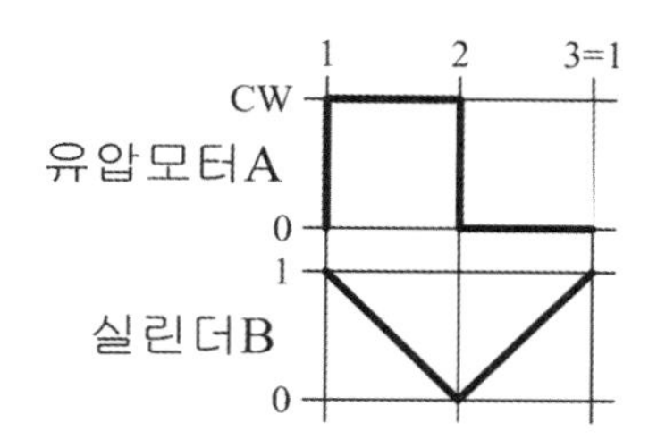

※ 유압모터는 축 방향에서 볼 때 시계 방향(CW)은 정회전, 반시계 방향(CCW)은 역회전이 되도록 작업하시오.

라. 유지 보수 계획

1) 연속 스위치(PB2), 카운터 리셋 스위치(PB3)를 추가하여 다음과 같이 동작하도록 회로를 변경하시오.
   ① PB2를 1회 ON-OFF 하면, 기본 동작을 3회 연속 동작한 후 정지합니다.
   ② PB3를 1회 ON-OFF 하면, 카운터가 리셋됩니다.
   ③ 카운터 리셋 후 PB2를 1회 ON-OFF 하면, 연속 동작이 재동작합니다.
2) 실린더 B 전진 시 일방향 유량 조절 밸브를 사용하여 미터인 회로를 구성하고, 실린더 로드 측에 카운터 밸런스 밸브와 압력계를 사용하여 자중 낙하 방지 회로를 구성하시오.
   (단, 속도는 약 50% 정도로, 압력은 3±0.5MPa이 되도록 설정하시오.)
3) 유압유의 역류를 방지하기 위해 파워 유닛의 토출구에 체크 밸브를 추가하여 구성하시오.

4. 기본 동작 전기회로도 오류 수정

○ 기본 동작 신호 분석

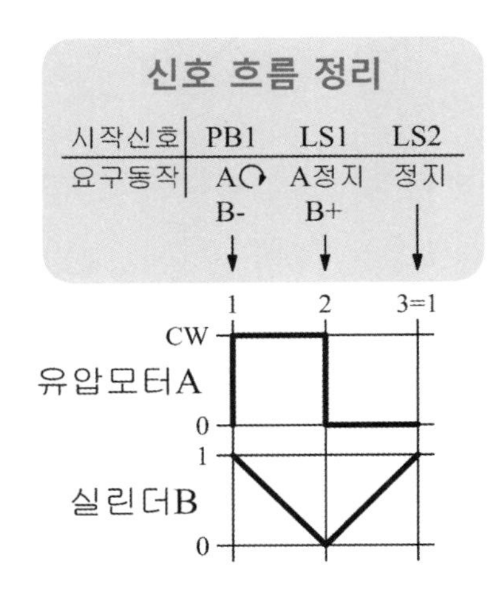

○ 기본 동작 전기회로도 오류 수정

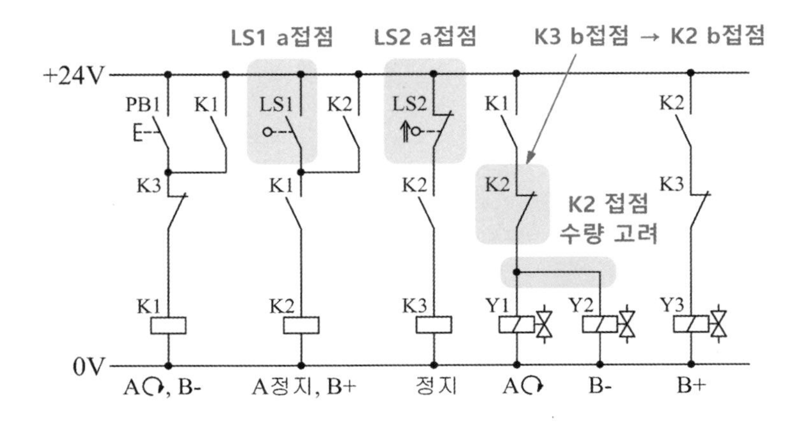

※ 접점의 허용 전류 용량에 여유가 있는 경우 Y1과 Y2를 병렬로 연결

5. 유지 보수 계획

○ 유압 회로도 변경

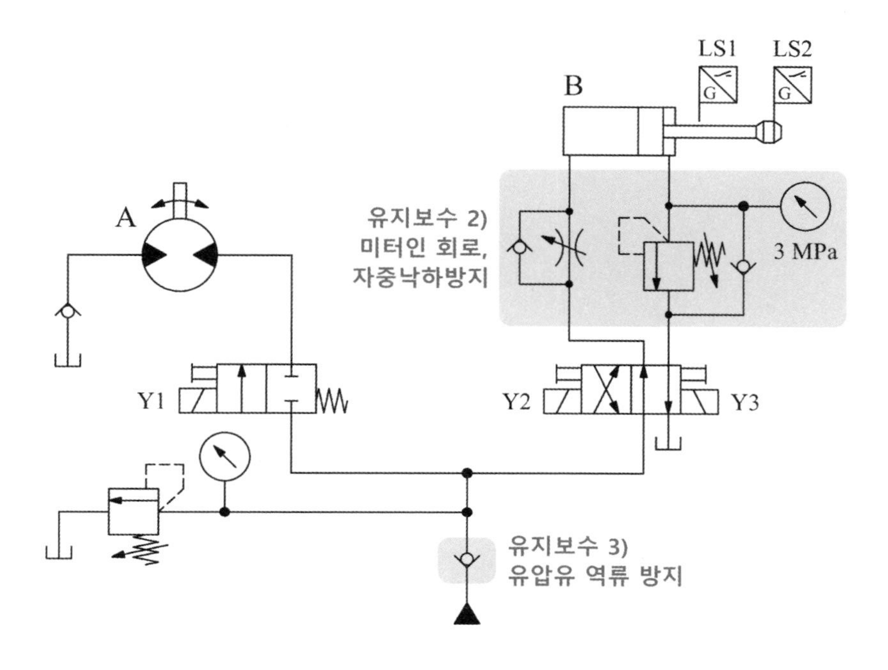

○ 전기회로도 변경

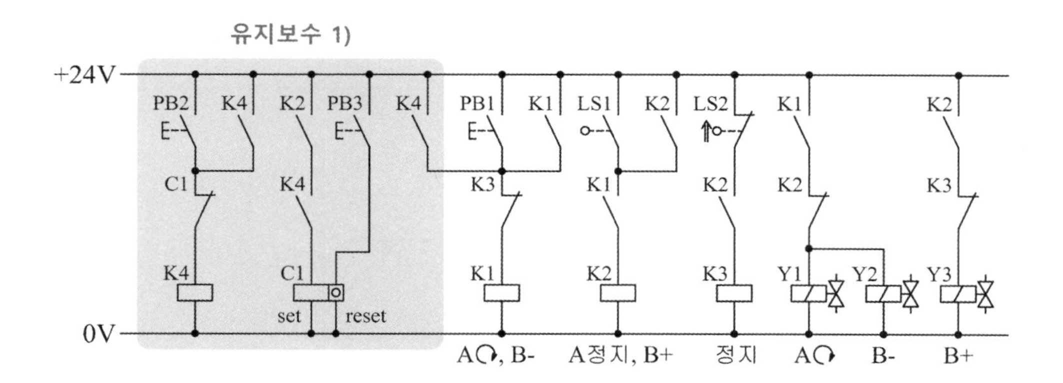

[공개 5번]

자격 종목	설비보전기사	과제명	공기압 시스템 진단 및 구성

3. 도면

가. 공기압 회로도

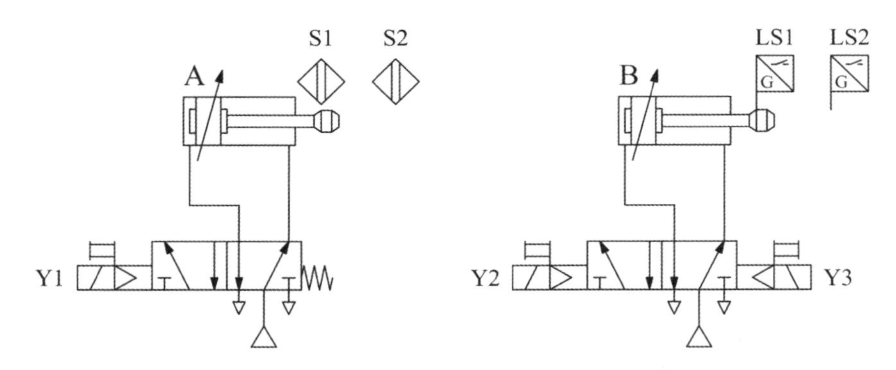

나. 전기회로도

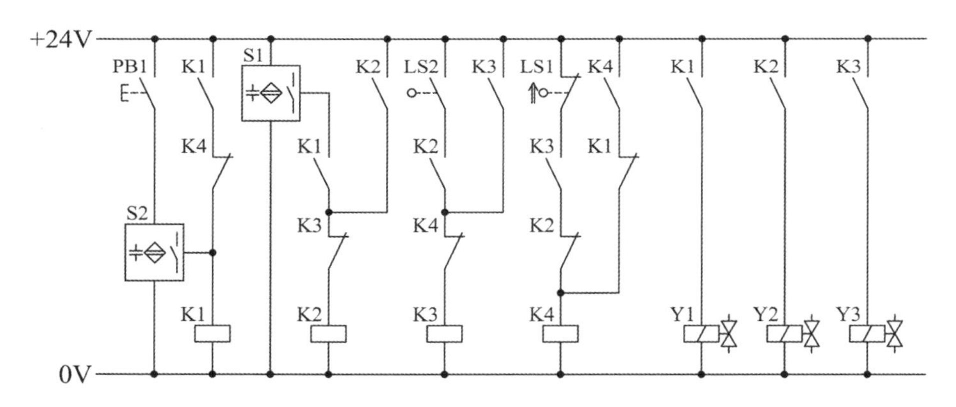

다. 변위단계선도

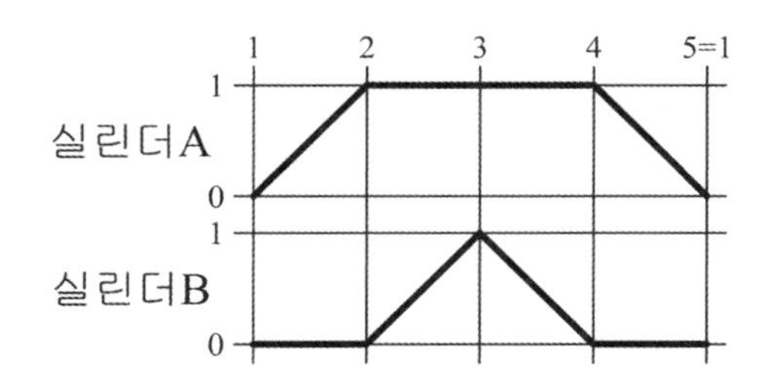

라. 유지 보수 계획

1) 연속 스위치(PB2), 비상 정지 스위치(유지형 스위치 사용 가능), 램프를 추가하여 다음과 같이 동작하도록 회로를 변경하시오.
   ① PB2를 1회 ON-OFF 하면, 기본 동작이 연속적으로 동작합니다.
   ② 연속 동작 중 비상 정지 스위치를 ON 하면, 모든 실린더는 후진하며 램프가 점등됩니다.
   ③ 비상 정지 스위치를 OFF 하면, 램프는 소등되고 시스템은 초기화됩니다.
   ④ 초기화 후 PB2를 1회 ON-OFF 하면, 연속 동작이 재동작합니다.
2) 실린더 A의 방향 제어 밸브를 양측 솔레노이드 밸브로 교체한 후 변위단계선도와 같은 동작을 수행할 수 있도록 회로를 변경하시오.
3) 감압 밸브를 사용하여 실린더 B의 작동 압력이 0.3±0.05MPa로 제어되도록 회로를 변경하시오.

4. 기본 동작 전기회로도 오류 수정

○ 기본 동작 신호 분석

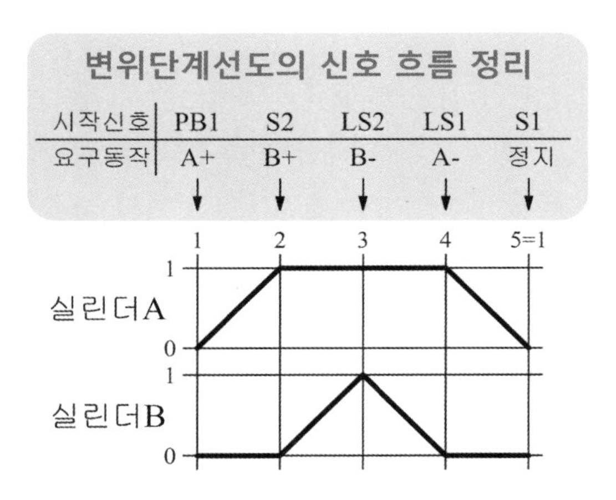

○ 기본 동작 전기회로도 오류 수정

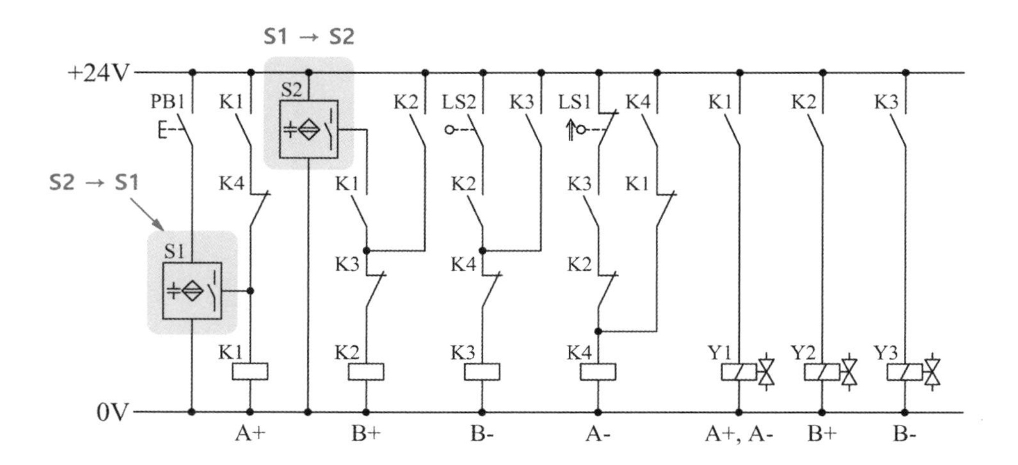

5. 유지 보수 계획

○ 공기압 회로도 변경

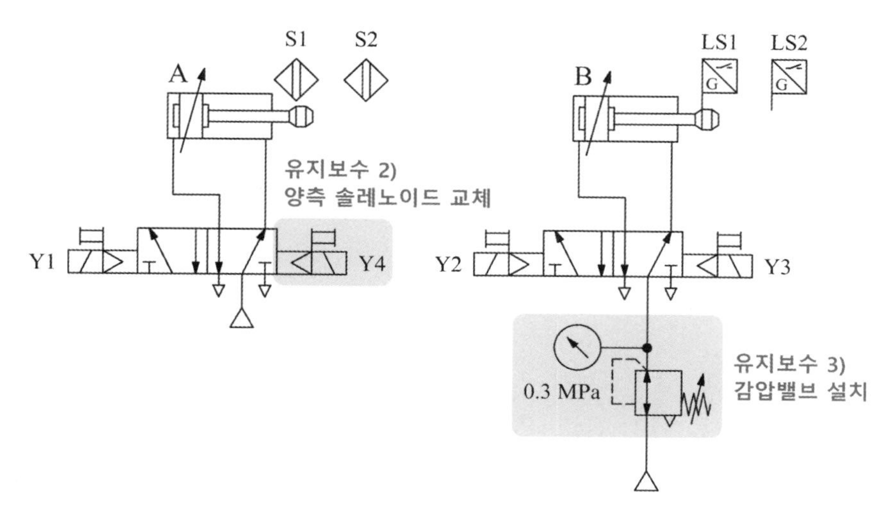

○ 전기회로도 변경

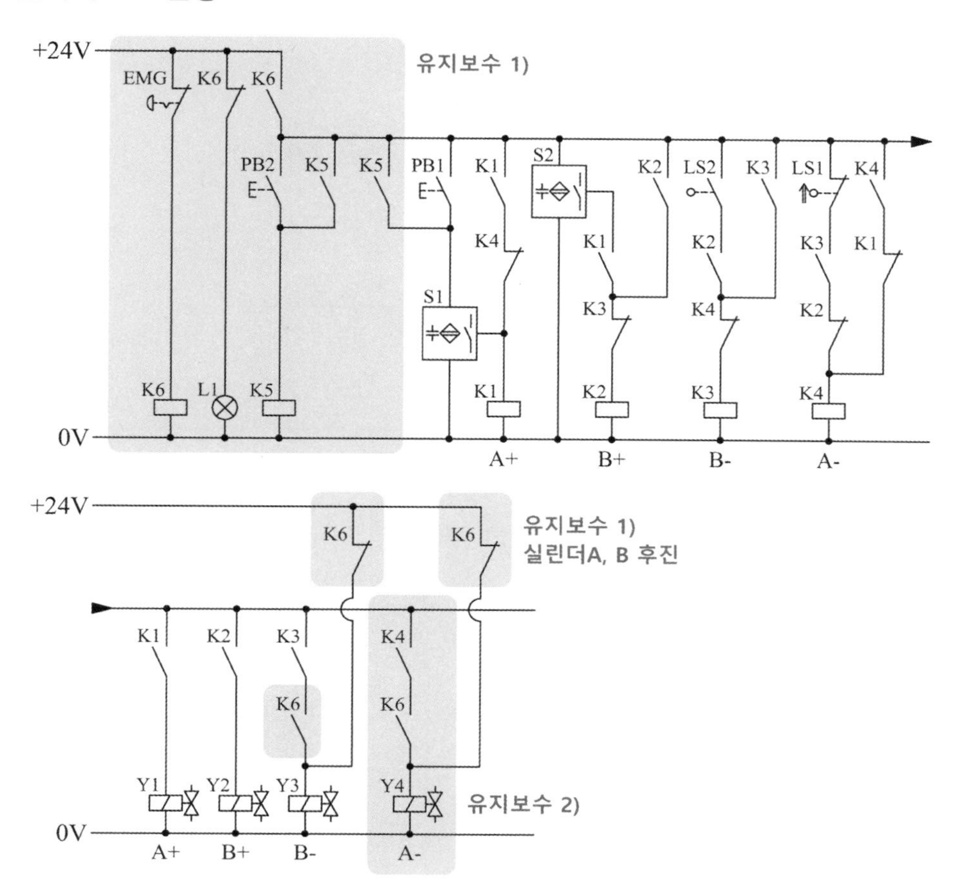

[공개 5번]

자격 종목	설비보전기사	과제명	유압 시스템 진단 및 구성

3. 도면

가. 유압 회로도

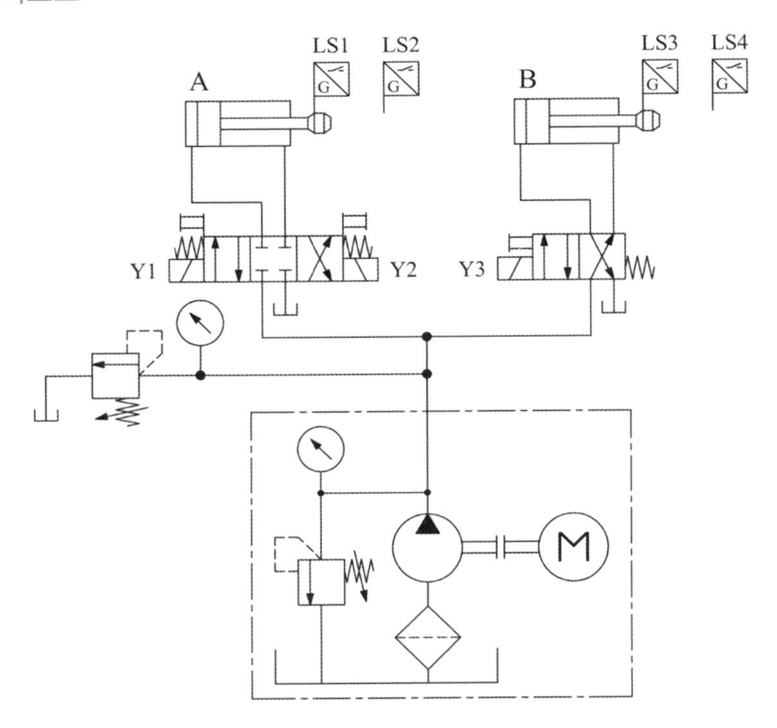

나. 전기회로도

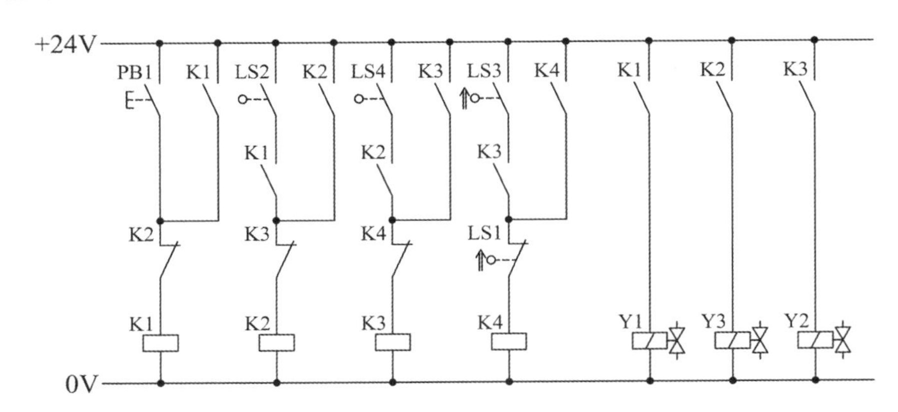

다. 변위단계선도

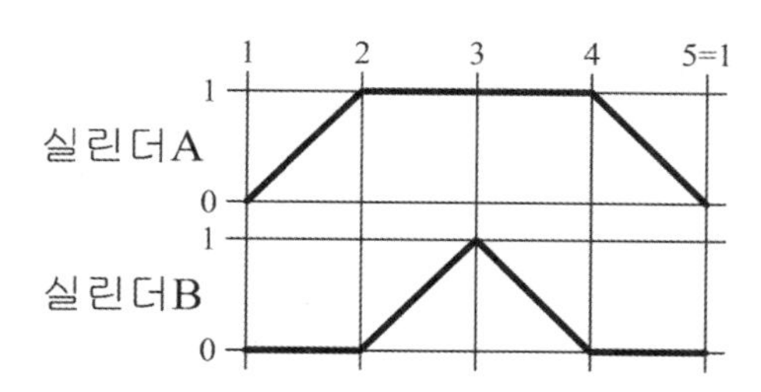

라. 유지 보수 계획

1) 연속 스위치(PB2), 비상 정지 스위치(유지형 스위치 사용 가능), 램프를 추가하여 다음과 같이 동작하도록 회로를 변경하시오.
   ① PB2를 1회 ON-OFF 하면, 기본 동작이 연속적으로 동작합니다.
   ② 연속 동작 중 비상 정지 스위치를 ON 하면, 모든 실린더는 후진하며 램프가 점등됩니다.
   ③ 비상 정지 스위치를 OFF 하면, 램프는 소등되고 시스템은 초기화됩니다.
   ④ 초기화 후 PB2를 1회 ON-OFF 하면, 연속 동작이 재동작합니다.
2) 실린더 B의 전진 리밋스위치 LS4를 제거하고 압력 스위치 및 압력 게이지를 설치하여 전진 완료 후 압력 스위치의 설정 압력에 도달했을 때 실린더 B가 후진하도록 회로를 변경하시오.
   (단, 압력은 3±0.5MPa이 되도록 설정하시오.)
3) 실린더 A, B의 전진 속도를 조절하기 위하여 일방향 유량 조절 밸브를 사용하여 미터인 방식으로 회로를 구성하시오.
   (단, 속도는 약 50% 정도가 되도록 설정하시오.)

4. 기본 동작 전기회로도 오류 수정

○ 기본 동작 신호 분석

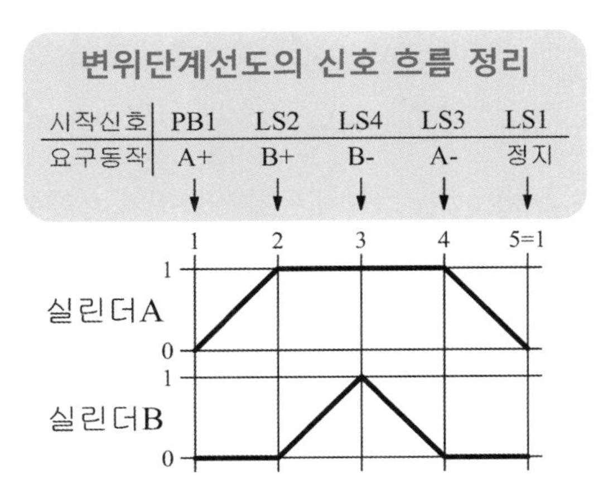

○ 기본 동작 전기회로도 오류 수정

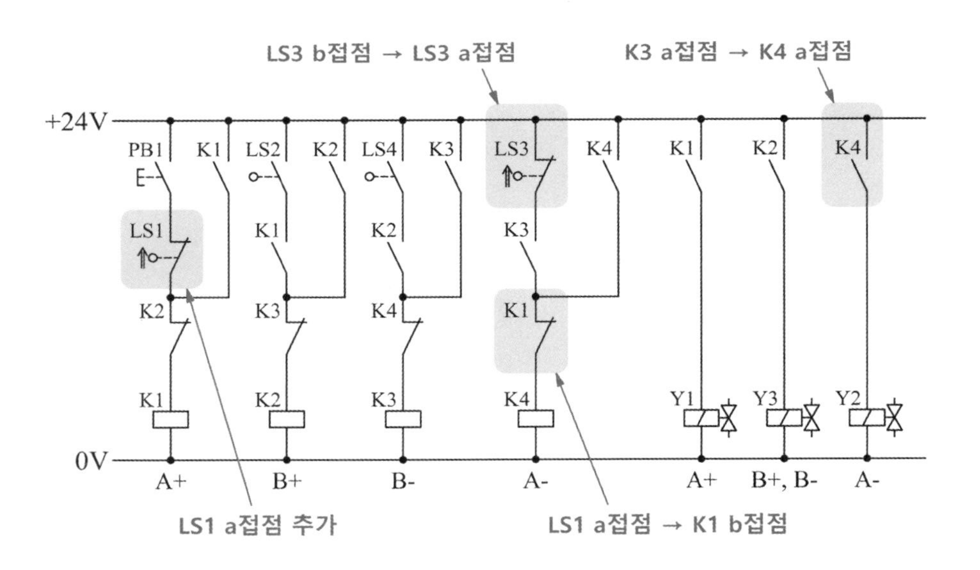

5. 유지 보수 계획

○ 유압 회로도 변경

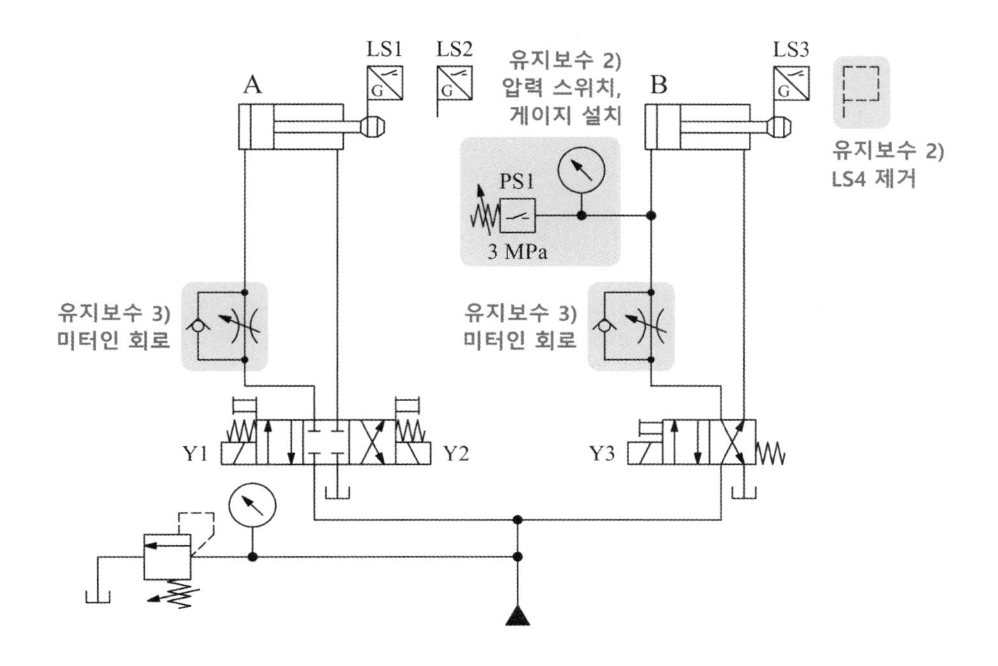

○ 전기회로도 변경

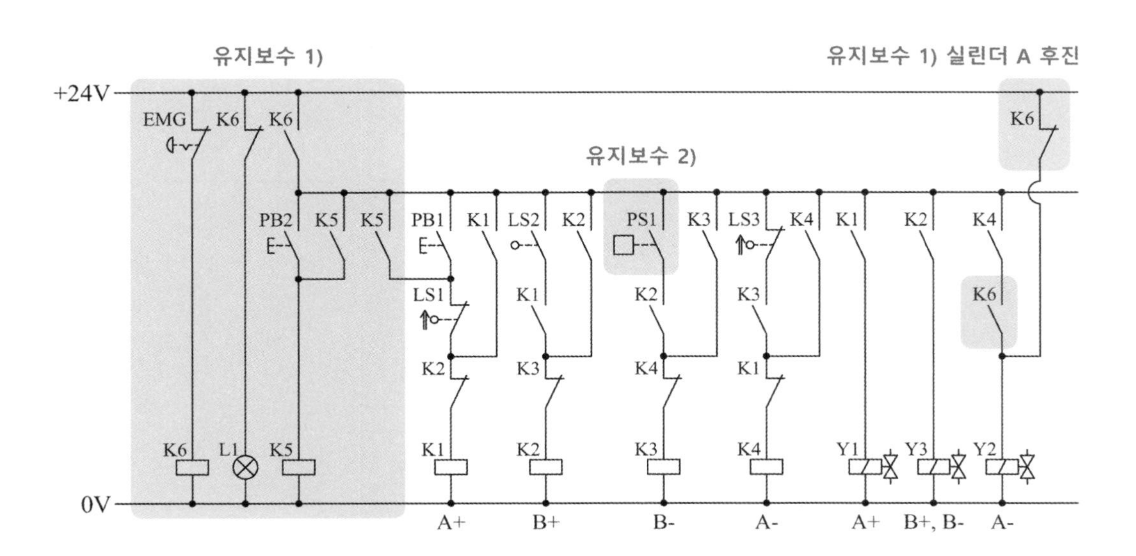

[공개 6번]

자격 종목	설비보전기사	과제명	공기압 시스템 진단 및 구성

3. 도면

가. 공기압 회로도

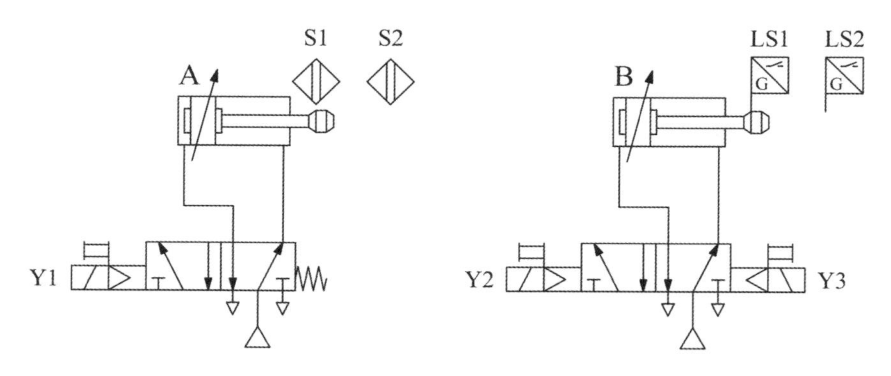

나. 전기회로도

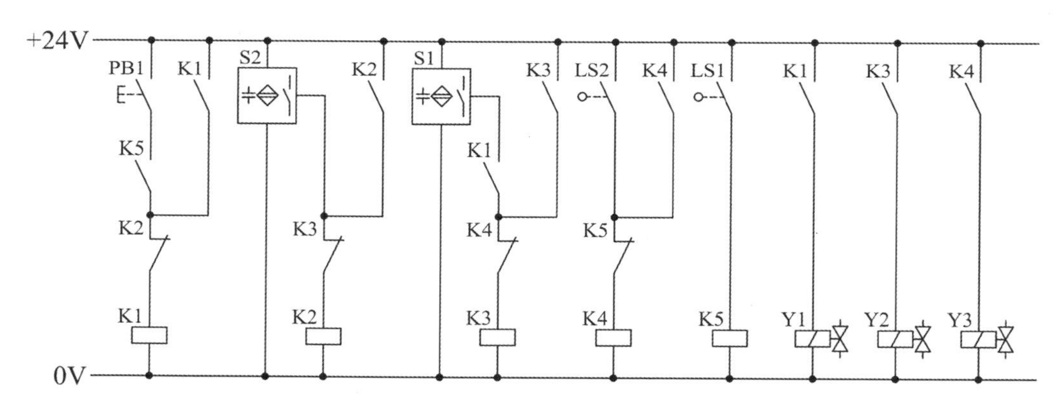

다. 변위단계선도

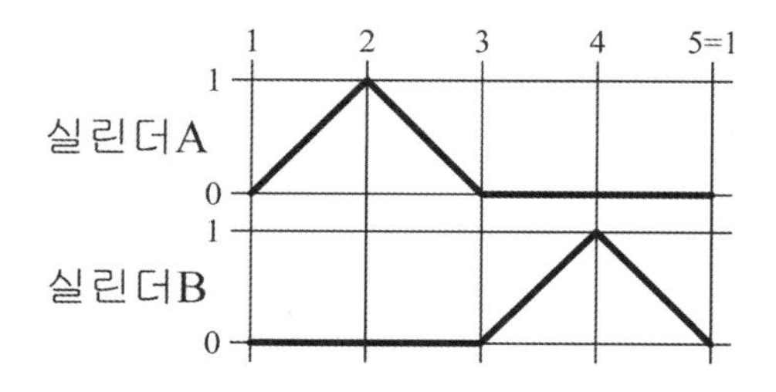

라. 유지 보수 계획

1) 연속 스위치(PB2), 비상 정지 스위치(유지형 스위치 사용 가능), 램프를 추가하여 다음과 같이 동작하도록 회로를 변경하시오.

① PB2를 1회 ON-OFF 하면, 기본 동작이 연속적으로 동작합니다.

② 연속 동작 중 비상 정지 스위치를 ON 하면, 모든 실린더는 후진하며 램프가 점등됩니다.

③ 비상 정지 스위치를 OFF 하면, 램프는 소등되고 시스템은 초기화됩니다.

④ 초기화 후 PB2를 1회 ON-OFF 하면, 연속 동작이 재동작합니다.

2) 실린더 A의 방향 제어 밸브를 양측 솔레노이드 밸브로 교체한 후 변위단계선도와 같은 동작을 수행할 수 있도록 회로를 변경하시오.

3) 실린더 B의 후진 속도를 증가시키기 위하여 급속 배기 밸브를 사용하여 회로를 변경하시오.

4. 기본 동작 전기회로도 오류 수정

○ 기본 동작 신호 분석

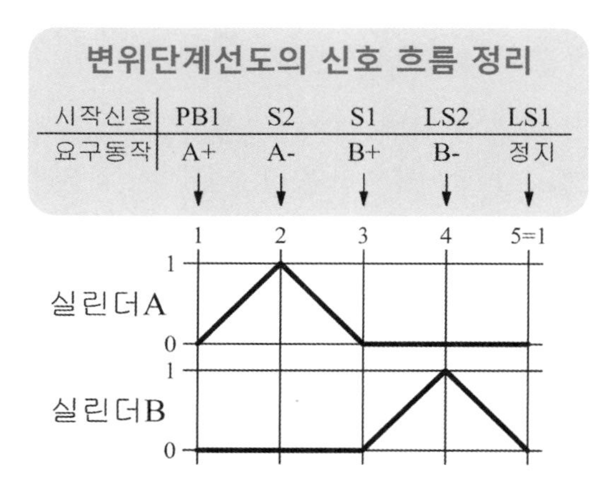

○ 기본 동작 전기회로도 오류 수정

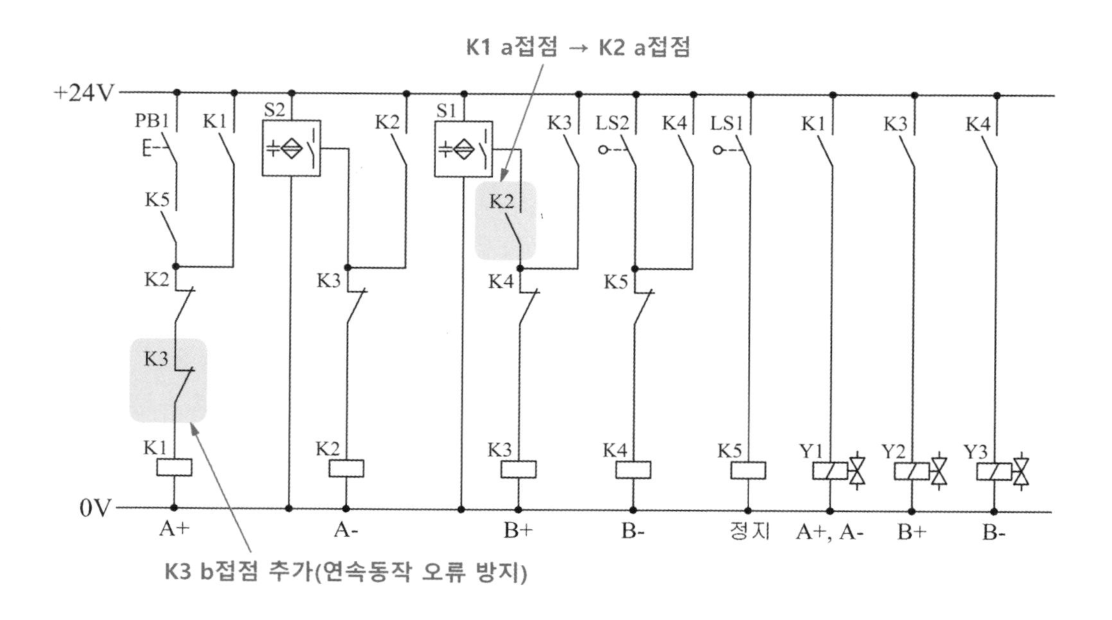

5. 유지 보수 계획

○ 공기압 회로도 변경

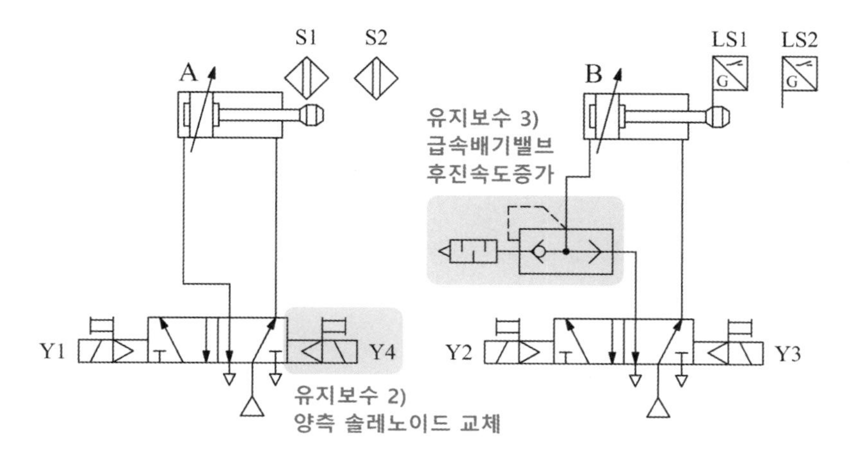

○ 전기회로도 변경

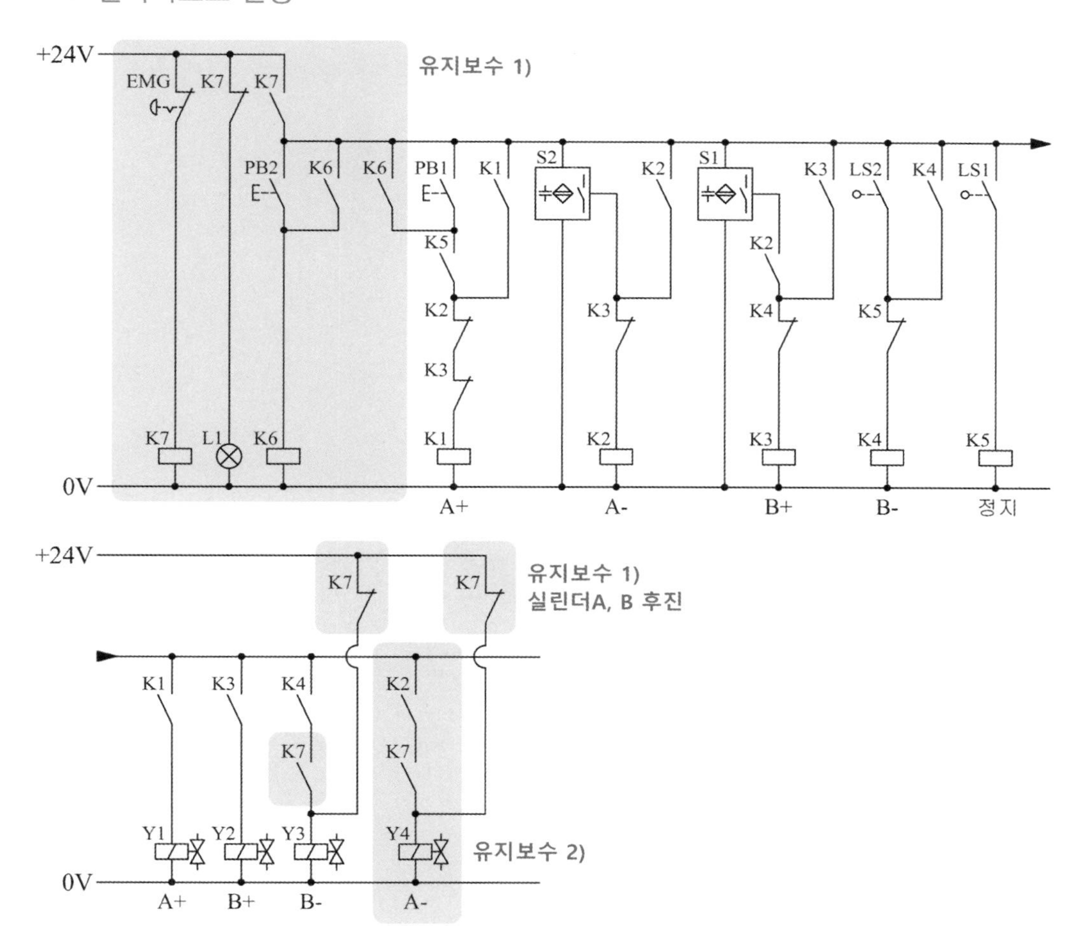

[공개 6번]

자격 종목	설비보전기사	과제명	유압 시스템 진단 및 구성

3. 도면

가. 유압 회로도

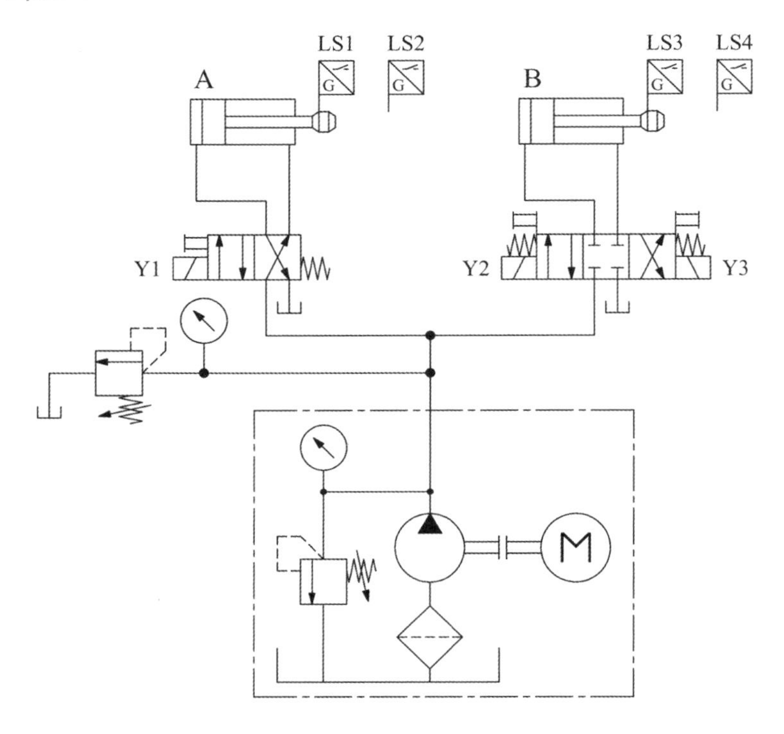

나. 전기회로도

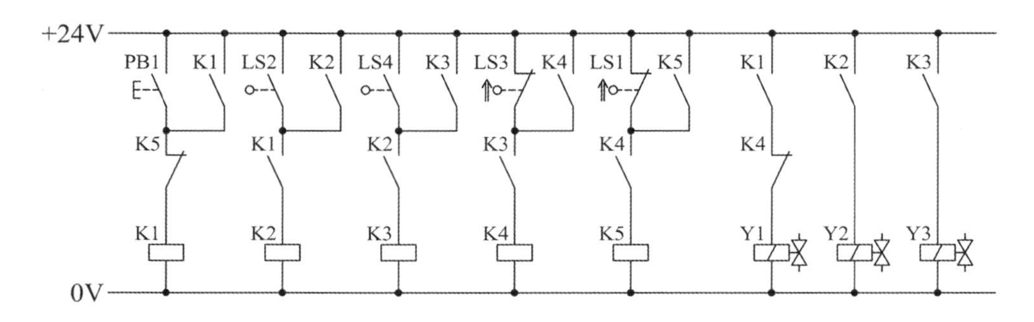

다. 변위단계선도

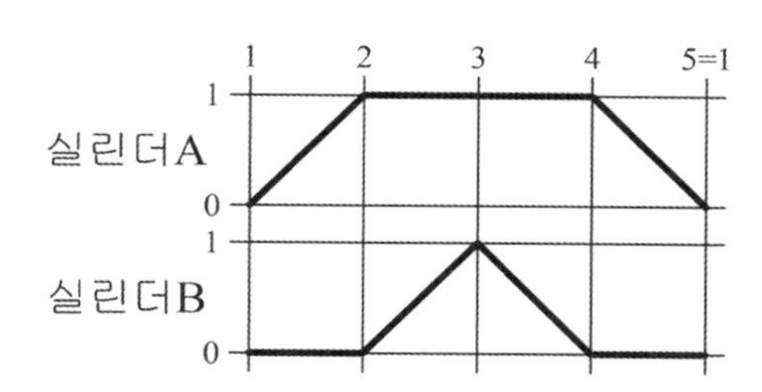

라. 유지 보수 계획

1) 연속 스위치(PB2), 비상 정지 스위치(유지형 스위치 사용 가능), 램프를 추가하여 다음과 같이 동작하도록 회로를 변경하시오.
   ① PB2를 1회 ON-OFF 하면, 기본 동작이 연속적으로 동작합니다.
   ② 연속 동작 중 비상 정지 스위치를 ON 하면, 모든 실린더는 후진하며 램프가 점등 됩니다.
   ③ 비상 정지 스위치를 OFF 하면, 램프는 소등되고 시스템은 초기화됩니다.
   ④ 초기화 후 PB2를 1회 ON-OFF 하면, 연속 동작이 재동작합니다.
2) 실린더 B의 방향 제어 밸브를 4 포트 3 위치 A-B-T 접속형 밸브로 교체하고, 로드 측에 파일럿 조작 체크 밸브를 사용하여 로킹 회로가 되도록 변경하시오.
3) 실린더 A의 전·후진 속도가 제어되도록 공급 라인에 양방향 유량 조절 밸브를 사용하여 회로를 구성하시오.
   (단, 속도는 약 50% 정도가 되도록 설정하시오.)

4. 기본 동작 전기회로도 오류 수정

○ 기본 동작 신호 분석

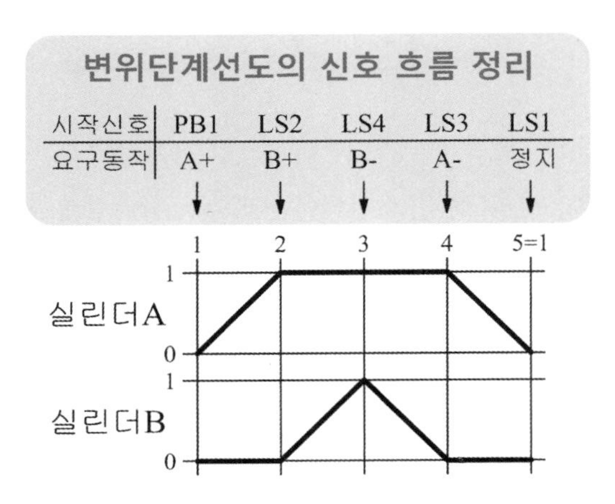

○ 기본 동작 전기회로도 오류 수정

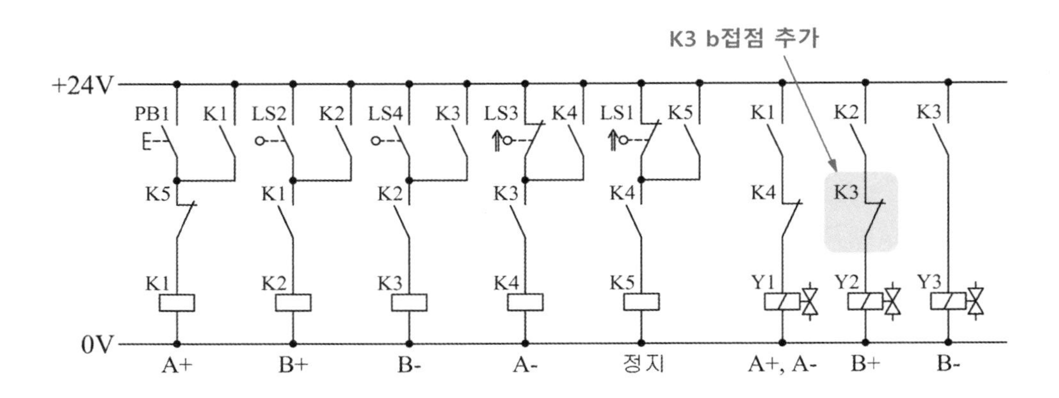

5. 유지 보수 계획

○ 유압 회로도 변경

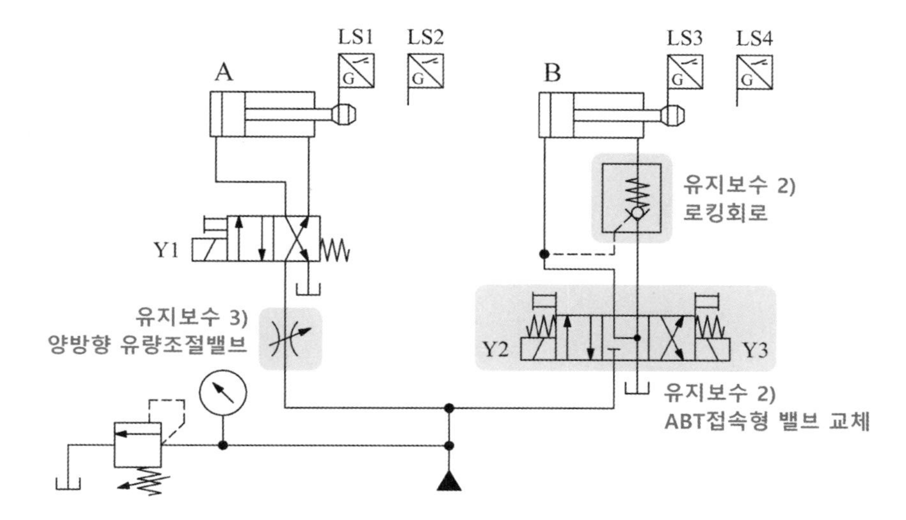

○ 전기회로도 변경

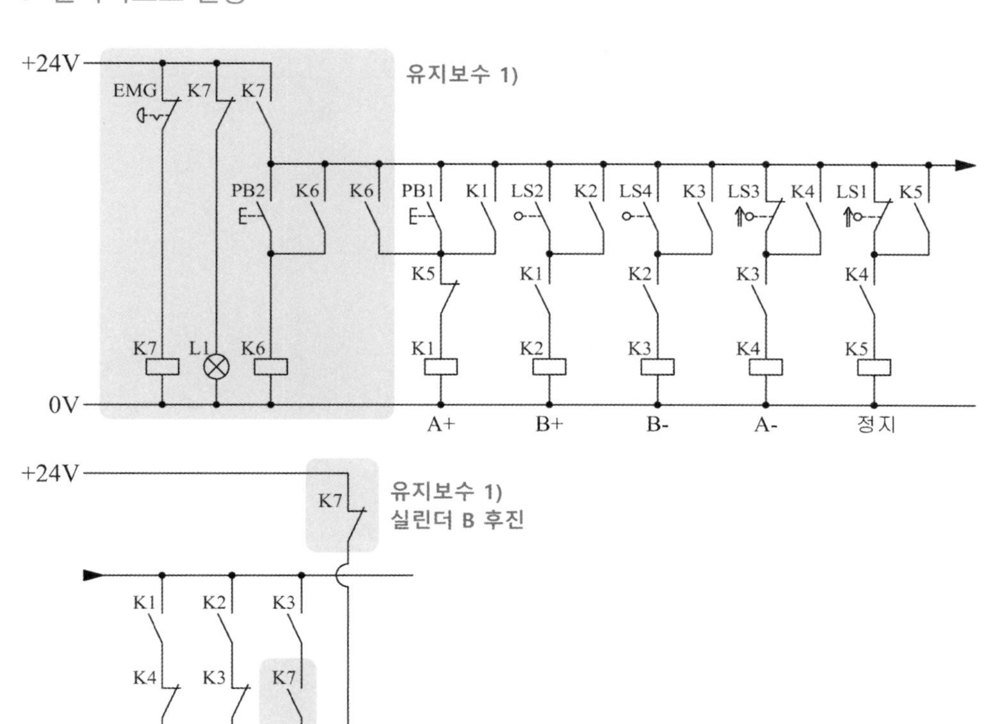

[공개 7번]

자격 종목	설비보전기사	과제명	공기압 시스템 진단 및 구성

3. 도면

가. 공기압 회로도

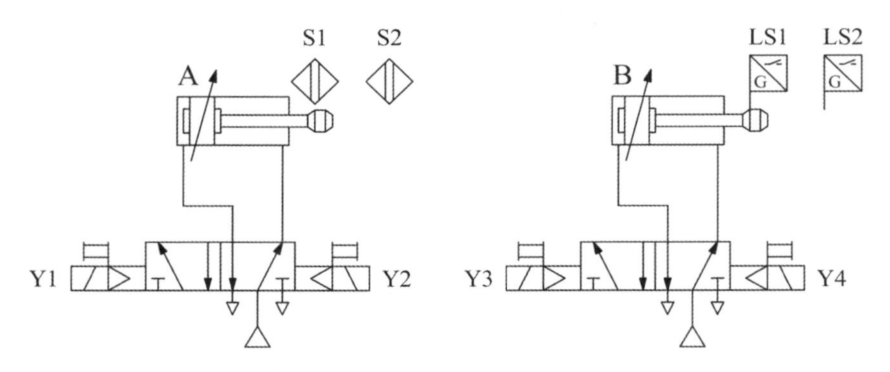

나. 전기회로도

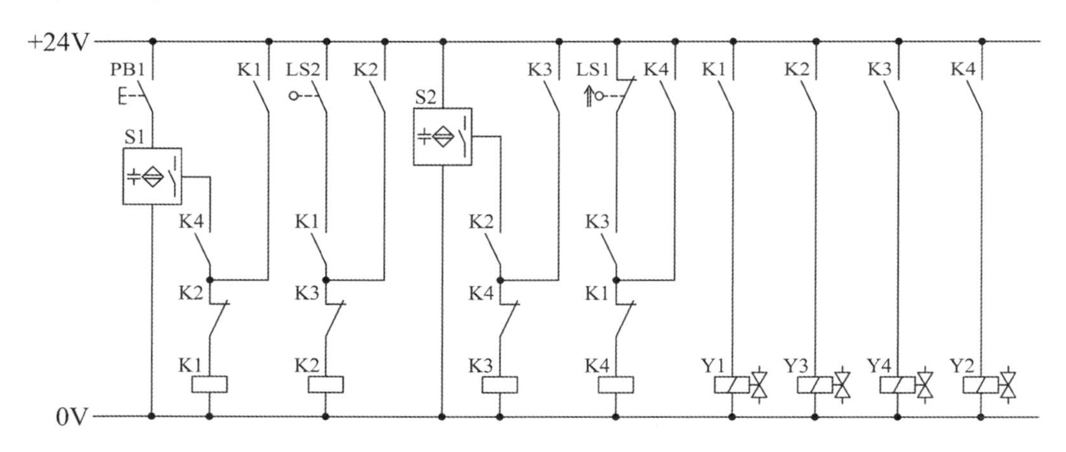

다. 변위단계선도

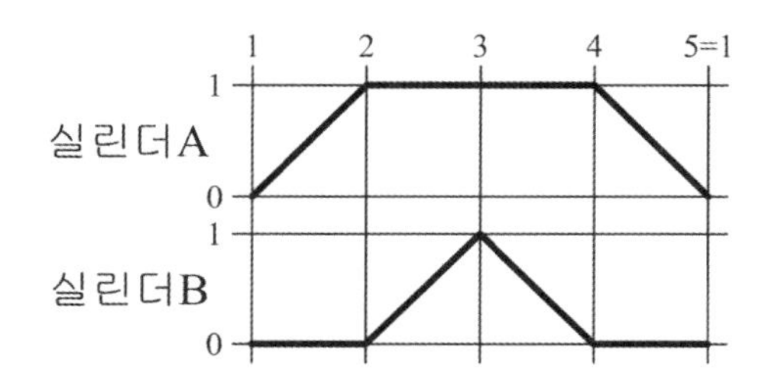

라. 유지 보수 계획

1) 연속 스위치(PB2), 비상 정지 스위치(유지형 스위치 사용 가능), 램프를 추가하여 다음과 같이 동작하도록 회로를 변경하시오.
   ① PB2를 1회 ON-OFF 하면, 기본 동작이 연속적으로 동작합니다.
   ② 연속 동작 중 비상 정지 스위치를 ON 하면, 모든 실린더는 후진하며 램프가 점등됩니다.
   ③ 비상 정지 스위치를 OFF 하면, 램프는 소등되고 시스템은 초기화됩니다.
   ④ 초기화 후 PB2를 1회 ON-OFF 하면, 연속 동작이 재동작합니다.
2) 실린더 A의 전진이 완료되면 3초 후에 실린더 B가 동작하도록 전기 타이머를 사용하여 회로를 변경하시오.
3) 실린더 B의 후진 속도를 조절하기 위하여 일방향 유량 조절 밸브를 사용하여 미터 아웃 방식으로 회로를 변경하시오.

4. 기본 동작 전기회로도 오류 수정

○ 기본 동작 신호 분석

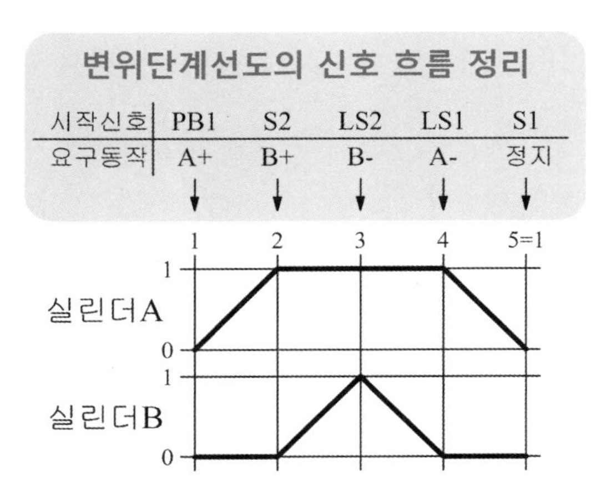

○ 기본 동작 전기회로도 오류 수정

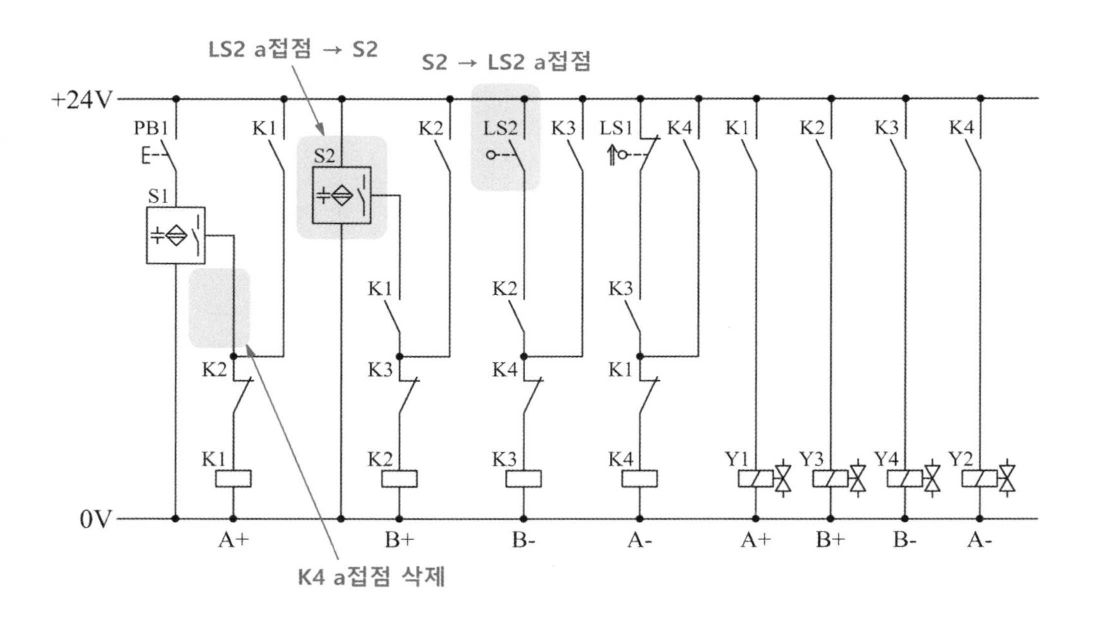

5. 유지 보수 계획

○ 공기압 회로도 변경

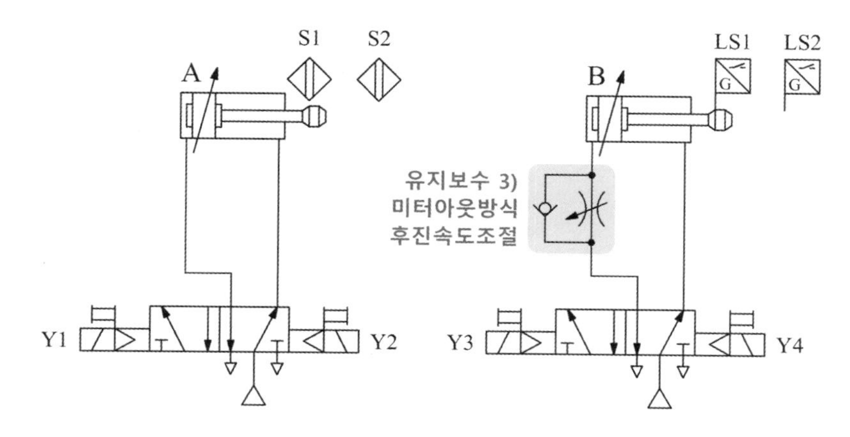

○ 전기회로도 변경

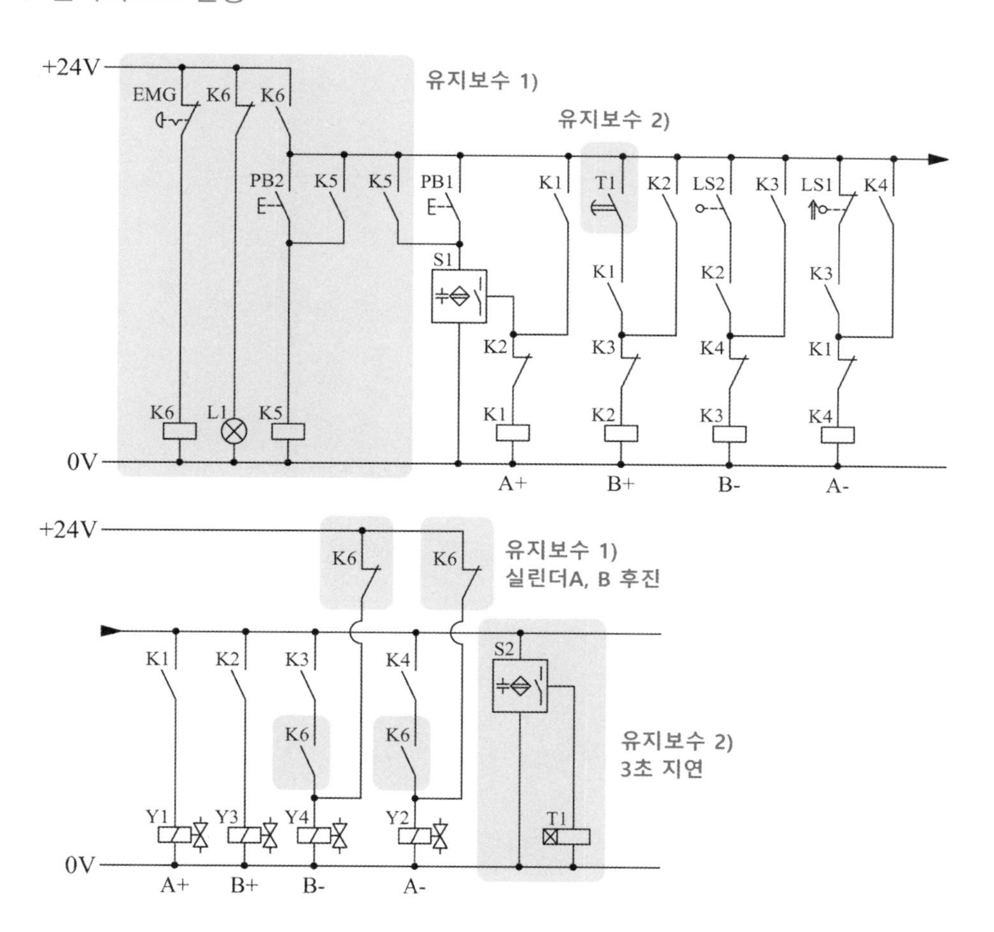

[공개 7번]

자격 종목	설비보전기사	과제명	유압 시스템 진단 및 구성

3. 도면

가. 유압 회로도

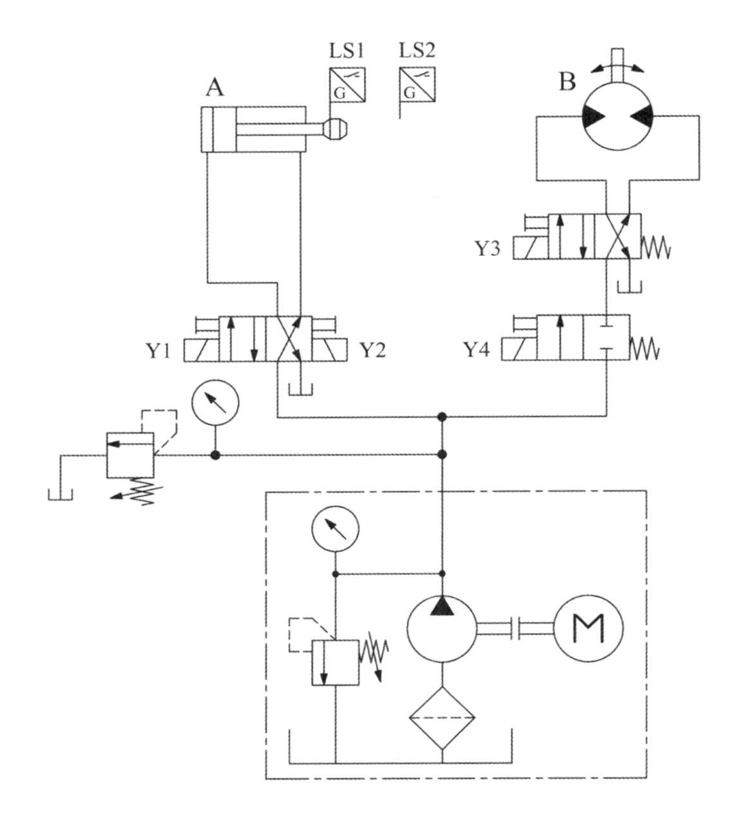

나. 전기회로도

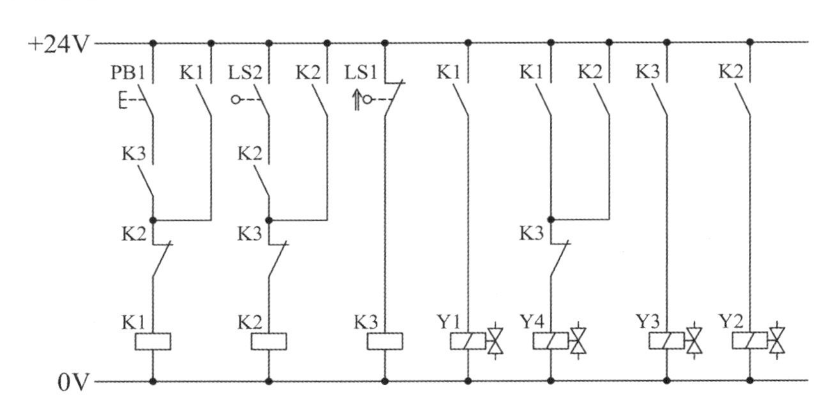

다. 변위단계선도

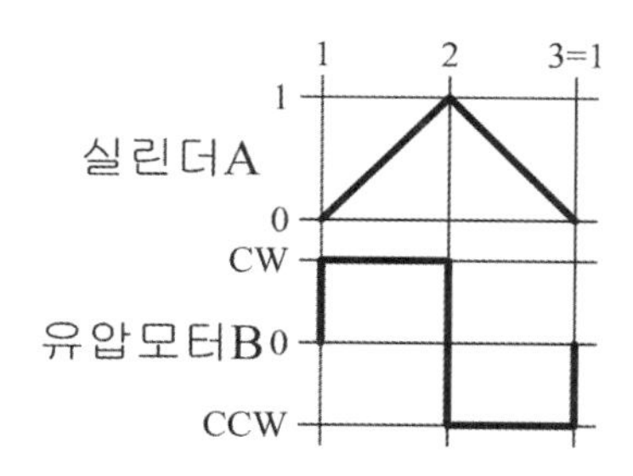

※ 유압모터는 축 방향에서 볼 때 시계 방향(CW)은 정회전, 반시계 방향(CCW)은 역회전이 되도록 작업하시오.

라. 유지 보수 계획

1) 연속 스위치(PB2), 비상 정지 스위치(유지형 스위치 사용 가능), 램프를 추가하여 다음과 같이 동작하도록 회로를 변경하시오.
   ① PB2를 1회 ON-OFF 하면, 기본 동작이 연속적으로 동작합니다.
   ② 연속 동작 중 비상 정지 스위치를 ON 하면, 실린더는 후진, 모터는 정지하며 램프가 점등됩니다.
   ③ 비상 정지 스위치를 OFF 하면, 램프는 소등되고 시스템은 초기화됩니다.
   ④ 초기화 후 PB2를 1회 ON-OFF 하면, 연속 동작이 재동작합니다.
2) 실린더 A의 방향 제어 밸브를 4 포트 3 위치 A-B-T 접속형 밸브로 교체하고, 로드측에 파일럿 조작 체크 밸브를 사용하여 로킹 회로가 되도록 변경하시오.
3) 유압유의 역류를 방지하기 위해 파워 유닛의 토출구에 체크 밸브를 추가하여 구성하시오.

4. 기본 동작 전기회로도 오류 수정

○ 기본 동작 신호 분석

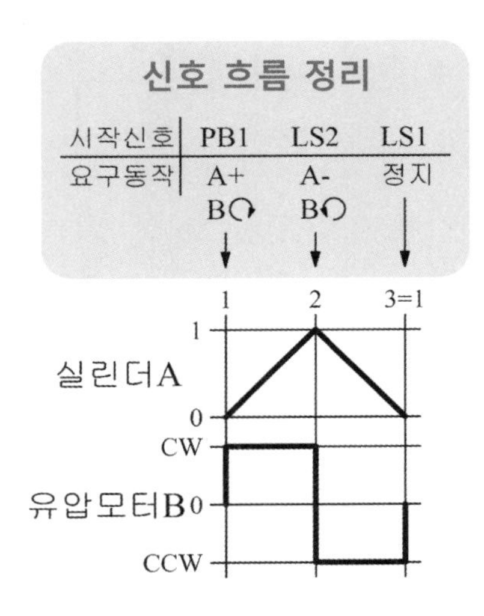

○ 기본 동작 전기회로도 오류 수정

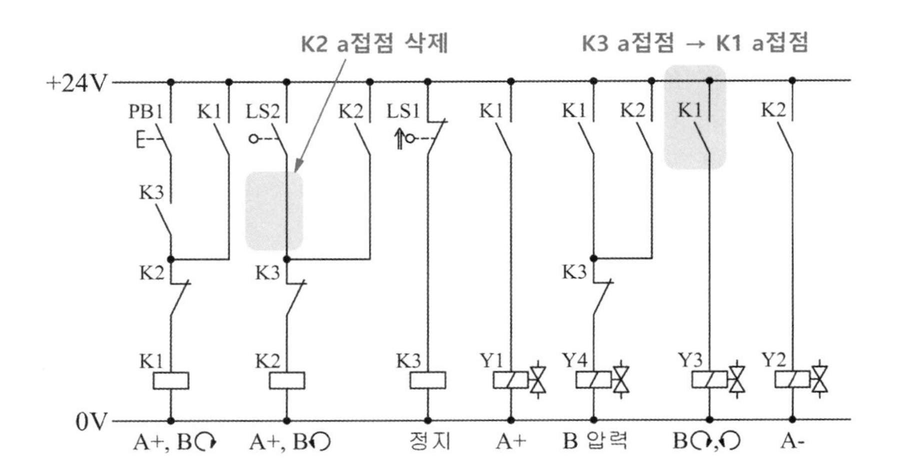

5. 유지 보수 계획

○ 유압 회로도 변경

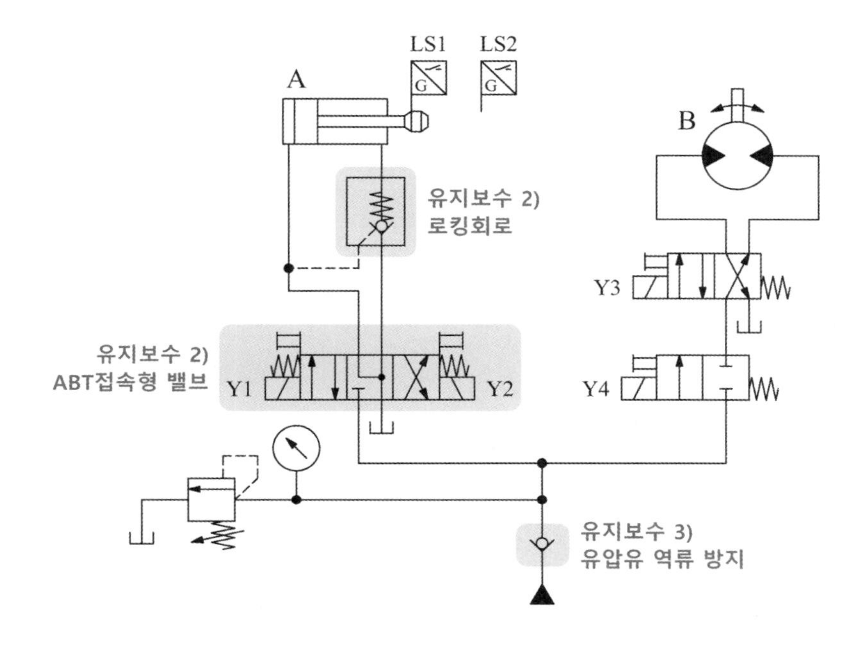

○ 전기회로도 변경

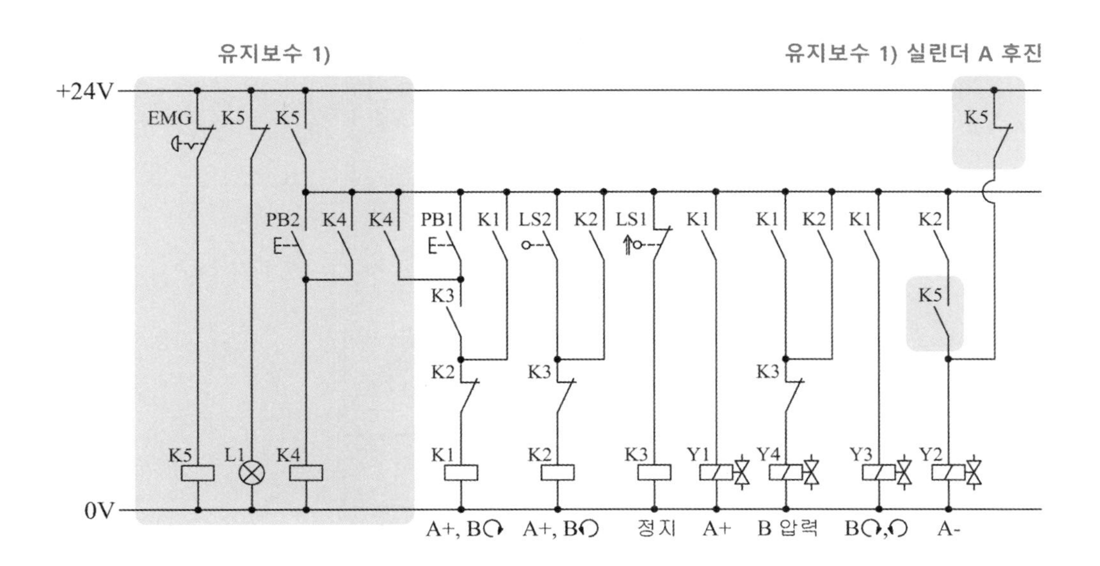

[공개 8번]

자격 종목	설비보전기사	과제명	공기압 시스템 진단 및 구성

3. 도면

가. 공기압 회로도

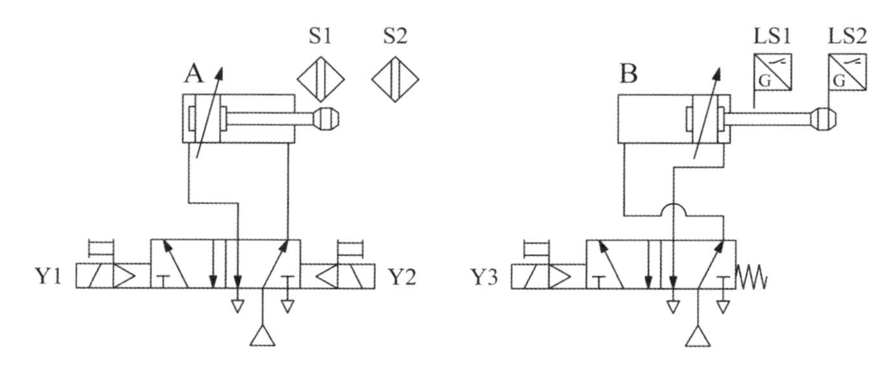

나. 전기회로도

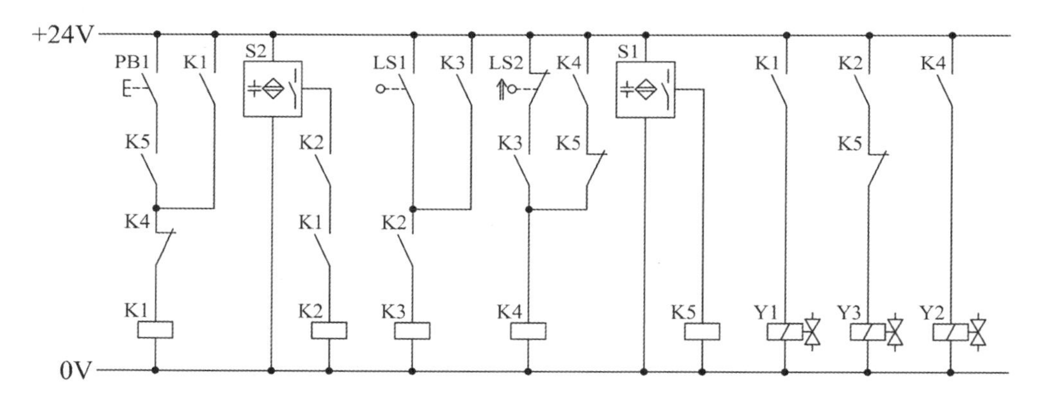

다. 변위단계선도

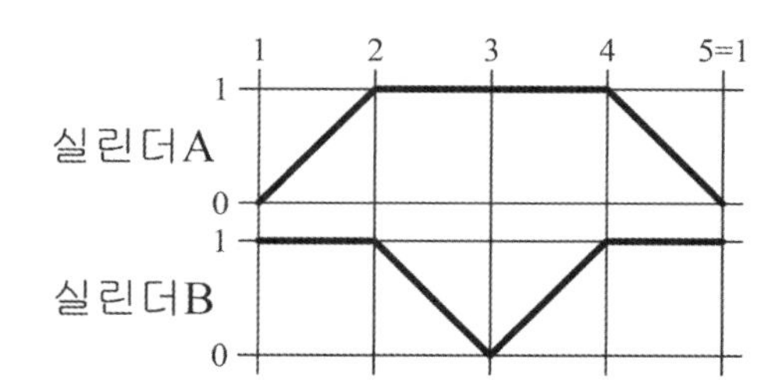

라. 유지 보수 계획

1) 연속 스위치(PB2), 카운터 리셋스위치(PB3)를 추가하여 다음과 같이 동작하도록 회로를 변경하시오.
   ① PB2를 1회 ON-OFF 하면, 기본 동작을 3회 연속 동작한 후 정지합니다.
   ② PB3를 1회 ON-OFF 하면, 카운터가 리셋됩니다.
   ③ 카운터 리셋 후 PB2를 1회 ON-OFF 하면, 연속 동작이 재동작합니다.
2) 실린더 B의 방향 제어 밸브를 양측 솔레노이드 밸브로 교체한 후 변위단계선도와 같은 동작을 수행할 수 있도록 회로를 변경하시오.
3) 감압 밸브를 사용하여 실린더 B의 작동 압력이 0.3±0.05MPa로 제어되도록 회로를 변경하시오.

4. 기본 동작 전기회로도 오류 수정

○ 기본 동작 신호 분석

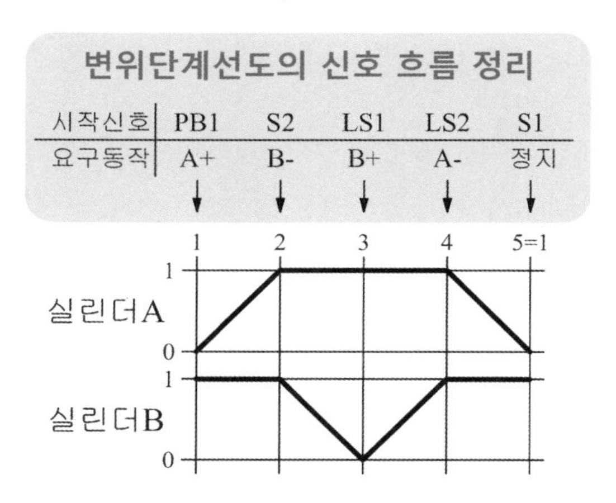

○ 기본 동작 전기회로도 오류 수정

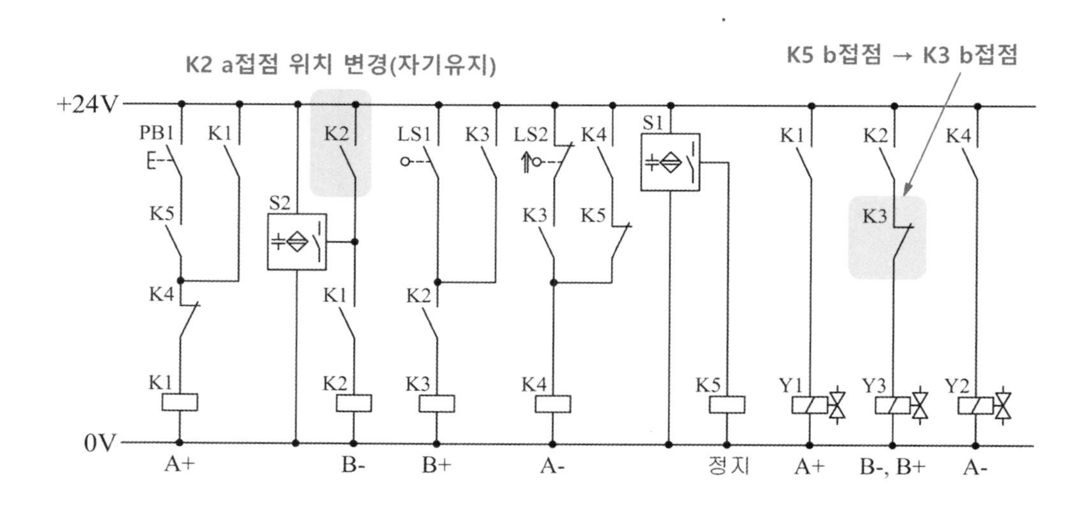

5. 유지 보수 계획

○ 공기압 회로도 변경

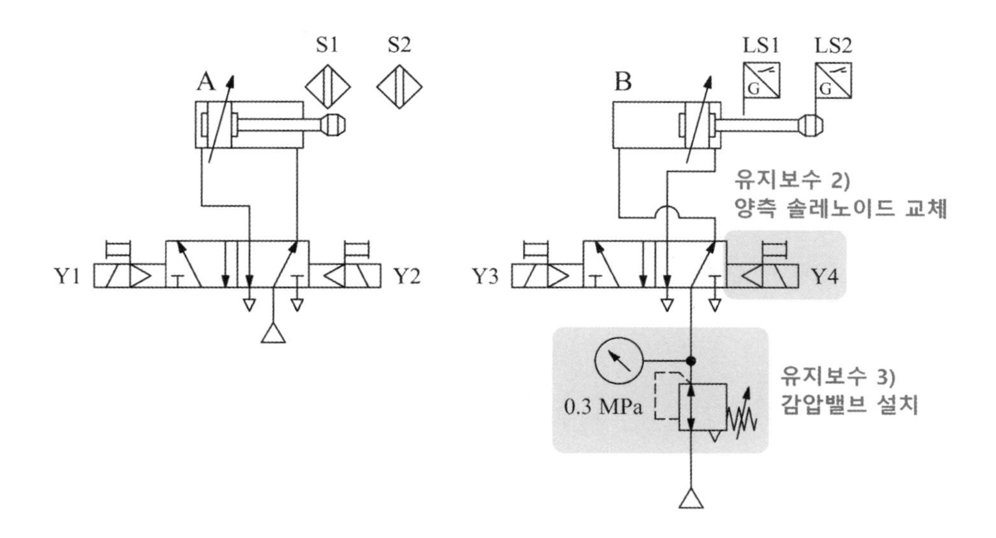

○ 전기회로도 변경

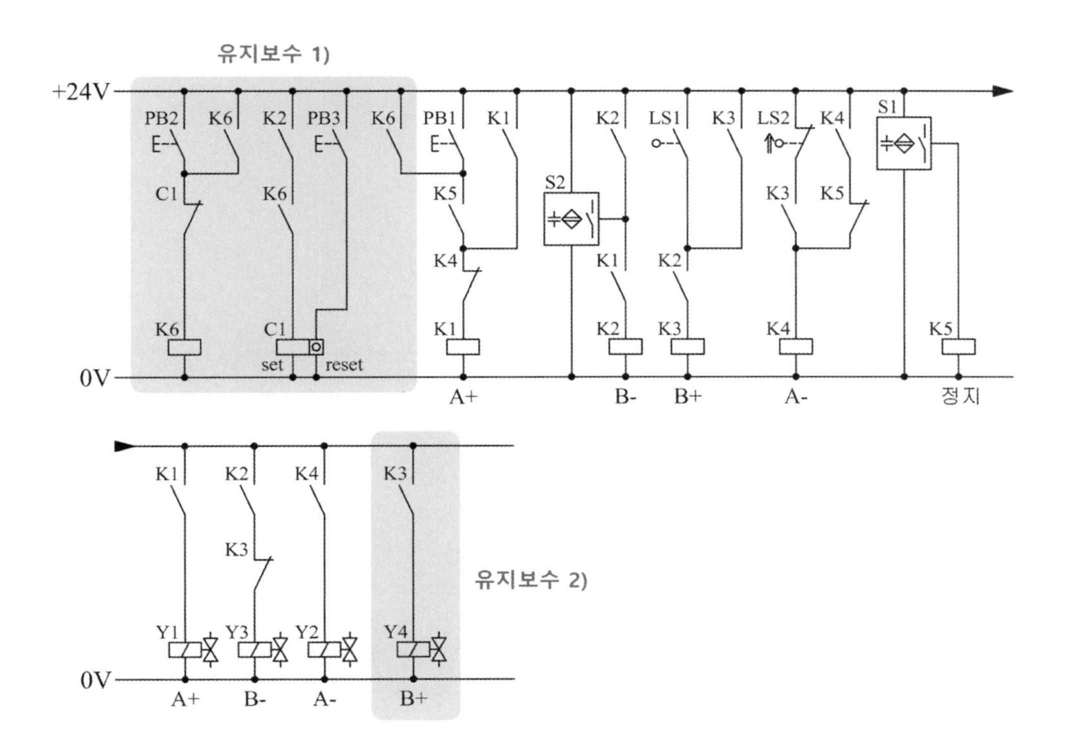

[공개 8번]

자격 종목	설비보전기사	과제명	유압 시스템 진단 및 구성

3. 도면

가. 유압 회로도

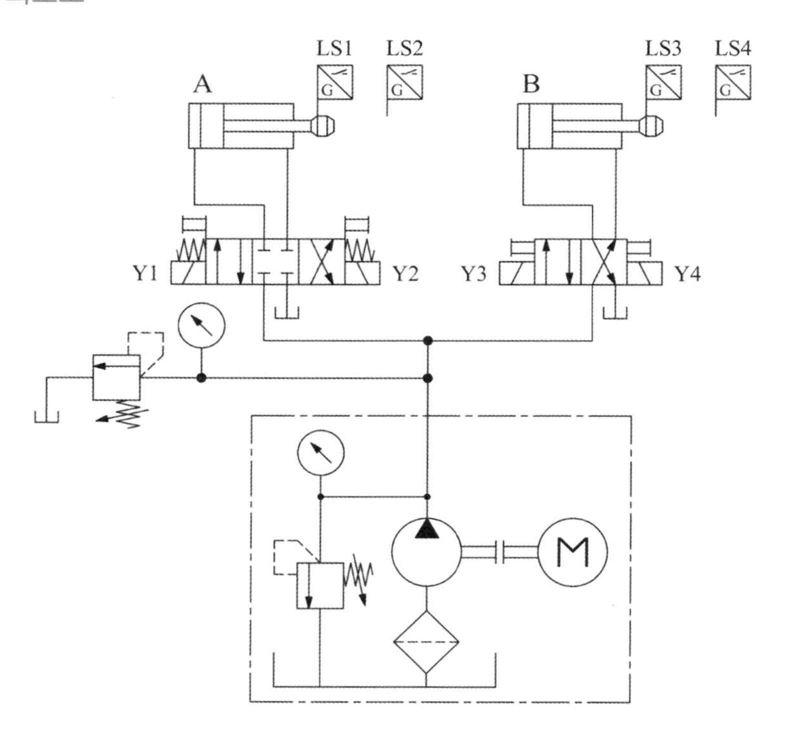

나. 전기회로도

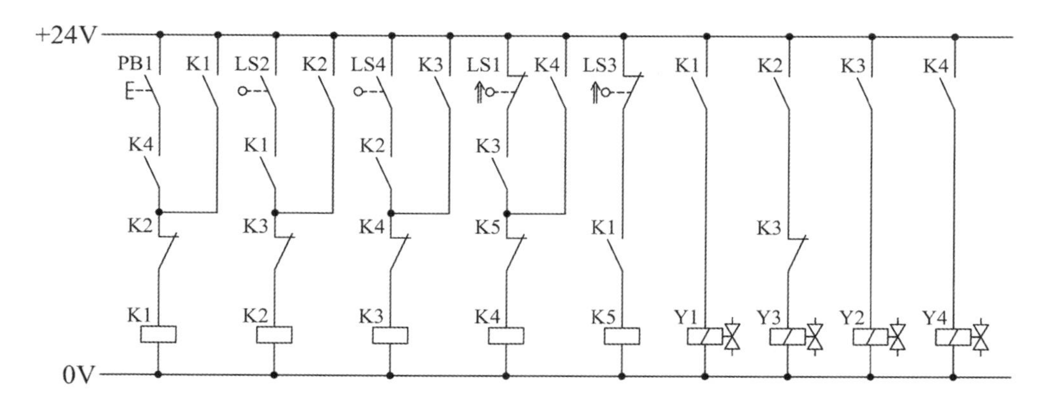

다. 변위단계선도

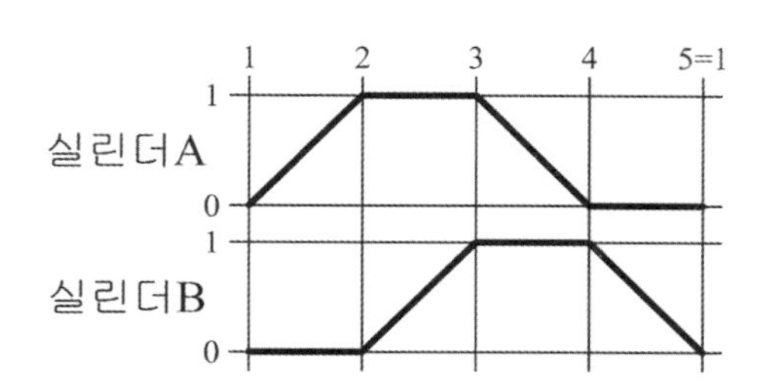

라. 유지 보수 계획

1) 연속 스위치(PB2), 비상 정지 스위치(유지형 스위치 사용 가능), 램프를 추가하여 다음과 같이 동작하도록 회로를 변경하시오.
   ① PB2를 1회 ON-OFF 하면, 기본 동작이 연속적으로 동작합니다.
   ② 연속 동작 중 비상 정지 스위치를 ON 하면, 모든 실린더는 후진하며 램프가 점등됩니다.
   ③ 비상 정지 스위치를 OFF 하면, 램프는 소등되고 시스템은 초기화됩니다.
   ④ 초기화 후 PB2를 1회 ON-OFF 하면, 연속 동작이 재동작합니다.
2) 실린더 B의 압력 라인(P)에 감압 밸브와 압력계를 설치하여 유압 회로도를 변경하고, 2차 측의 압력이 2±0.5MPa이 되도록 조정하시오.
3) 실린더 A의 전진 속도가 제어되도록 블리드오프 회로를 구성하시오.

4. 기본 동작 전기회로도 오류 수정

○ 기본 동작 신호 분석

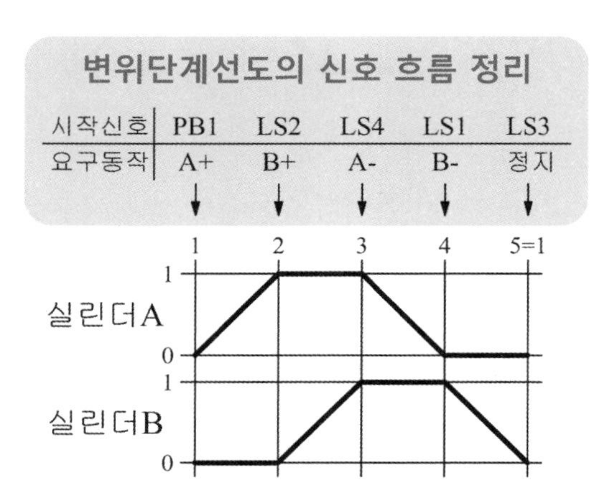

○ 기본 동작 전기회로도 오류 수정

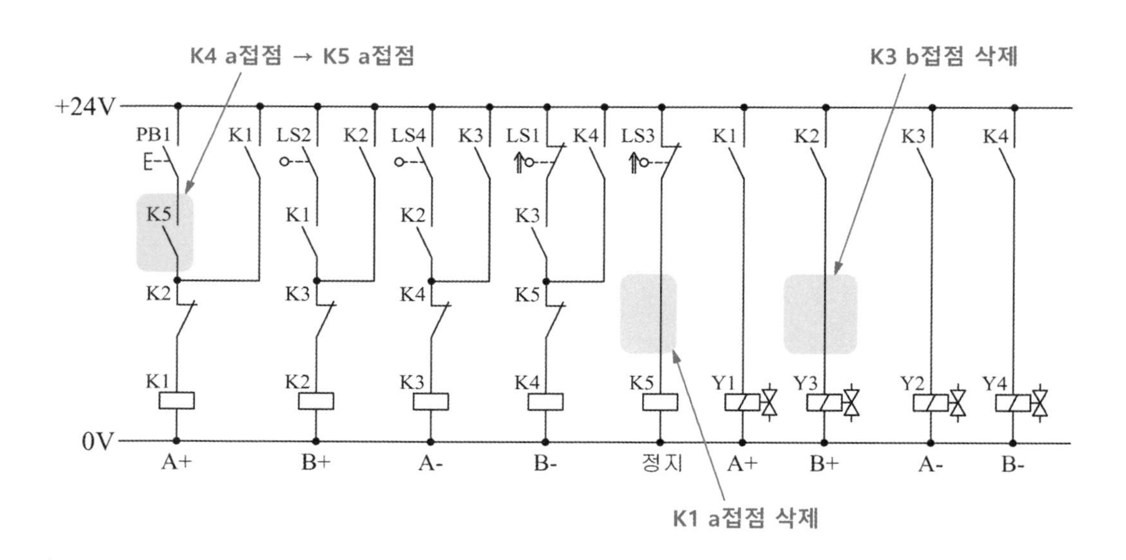

5. 유지 보수 계획

○ 유압회로도 변경

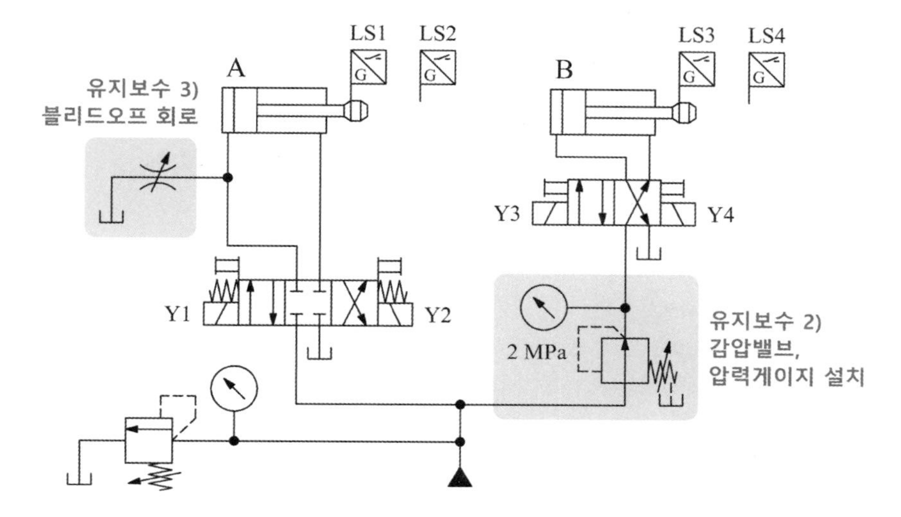

○ 전기회로도 변경

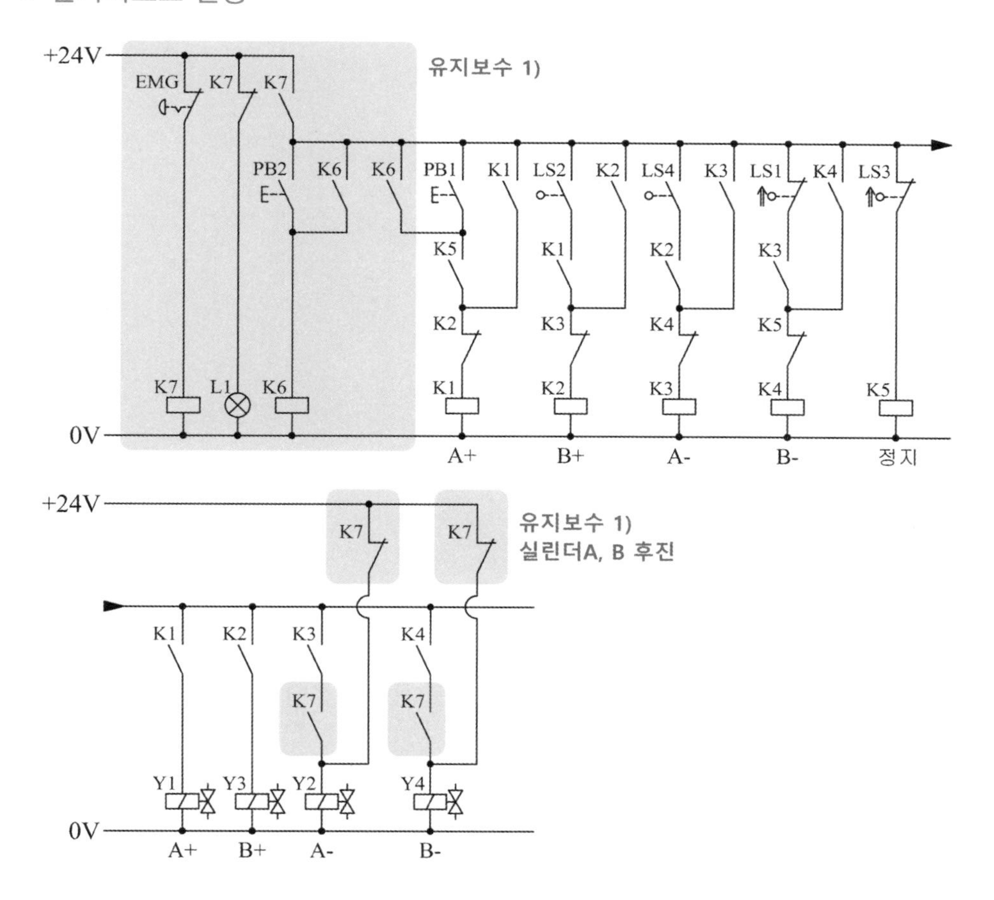

[참고 문헌]

§ ISO 1219-1, Fluid power systems and components – Graphic symbols and circuit diagrams – Part 1 : Graphic symbols for conventional use and data-processing applications, 2006.

§ ISO 1219-2, Fluid power systems and components – Graphic symbols and circuit diagrams – Part 2 : Circuit diagrams, 2012.

§ 허준영, 이인석, 유압제어, 유압제어연구회, 2003.

§ 김원회, 신형운, 김철수, 체계적 공압 기술 습득을 위한 공압 기술 이론과 실습, 성안당, 2006.

§ 한국산업인력공단, 자동제어공학, 2008.

§ 이일영, ㈜보쉬렉스로스코리아 교육사업부, 유압공학 단계적 학습 가이드, 문운당, 2012.

§ 이상호, 공유압일반, 복두출판사, 2019.

§ 윤홍식, 설비보전기사 실기, 광문각, 2022.

§ 설비보전산업기사 공개문제(2025년), Q-net, http://www.q-net.or.kr

§ 설비보전기사 공개문제(2025년), Q-net, http://www.q-net.or.kr

유튜브(YouTube) 검색창에서
'윤교수의 공유압실'을 검색하시면
윤홍식 저자의 다양한 공유압 관련 동영상 강의를 이용하실 수 있습니다.

전기 공유압 제어 이론 및 실습

**설비보전 산업기사/기사
실기 공개 문제 수록**

2025년 3월 5일 1판 1쇄 인 쇄
2025년 3월 15일 1판 1쇄 발 행

지 은 이 : 윤 홍 식
펴 낸 이 : 박 정 태

펴 낸 곳 : **광 문 각**

10881
경기도 파주시 파주출판문화도시 광인사길 161
광문각 B/D 4층
등 록 : 1991. 5. 31 제12-484호
전 화(代) : 031) 955-8787
팩 스 : 031) 955-3730
E - mail : kwangmk7@hanmail.net
홈페이지 : www.kwangmoonkag.co.kr

ISBN : 979-11-93965-14-6 93560

한국과학기술출판협회회원

값 : 22,000원

kwangmoonkag